U0236815

水利水电工程施工实用手册

灌浆工程施工

《水利水电工程施工实用手册》编委会　编

中国环境出版社

图书在版编目(CIP)数据

灌浆工程施工 /《水利水电工程施工实用手册》编委会编. —北京:中国环境出版社,2017.12
(水利水电工程施工实用手册)
ISBN 978-7-5111-3096-9

Ⅰ. ①灌… Ⅱ. ①水… Ⅲ. ①水利水电工程-灌浆工程-工程施工-技术手册 Ⅳ. ①TV543-62

中国版本图书馆 CIP 数据核字(2017)第 045292 号

出 版 人　武德凯
责任编辑　罗永席
责任校对　尹　芳
装帧设计　宋　瑞

出版发行　**中国环境出版社**
　　　　　(100062 北京市东城区广渠门内大街 16 号)
　　　　　网　　址:http://www. cesp. com. cn
　　　　　电子邮箱:bjgl@cesp. com. cn
　　　　　联系电话:010-67112765(编辑管理部)
　　　　　　　　　010-67112739(建筑分社)
　　　　　发行热线:010-67125803,010-67113405(传真)
　　　　　印装质量热线:010-67113404
印　　刷　北京盛通印刷股份有限公司
经　　销　各地新华书店
版　　次　2017 年 12 月第 1 版
印　　次　2017 年 12 月第 1 次印刷
开　　本　787×1092　1/32
印　　张　10.125
字　　数　269 千字
定　　价　30.00 元

《灌浆工程施工》

主　　编：肖恩尚

副 主 编：孔祥生　高宏志

参编人员：吴金伟　刘松富　任智锋　王海云

主　　审：贺永利　陈敦岗

前　言

　　水利水电工程施工虽然与一般的工民建、市政工程及其他土木工程施工有许多共同之处，但由于其施工条件较为复杂，工程规模较为庞大，施工技术要求高，因此又具有明显的复杂性、多样性、实践性、风险性和不连续性的特点。如何科学、规范地进行水利水电工程施工是一个不断实践和探索的过程。近 20 年来，我国水利水电建设事业有了突飞猛进的发展，一大批水利水电工程相继建成，取得了举世瞩目的成就，同时水利水电施工技术水平也得到极大的提高，很多方面已达到世界领先水平。对这些成熟的施工经验、技术成果进行总结，进而推广应用，是一项对企业、行业和全社会都有现实意义的任务。

　　为了满足水利水电工程施工一线工程技术人员和操作工人的业务需求，着眼提高其业务技术水平和操作技能，在中国水利工程协会指导下，湖北水总水利水电建设股份有限公司联合湖北水利水电职业技术学院、中国水电基础局有限公司、中国水电第三工程局有限公司制造安装分局、郑州水工机械有限公司、湖北正平水利水电工程质量检测公司、山东水总集团有限公司等十多家施工单位、大专院校和科研院所，共同组成《水利水电工程施工实用手册》丛书编委会，组织编写了《水利水电工程施工实用手册》丛书。本套丛书共计 16 册，参与编写的施工技术人员及专家达 150 余人，从 2015 年 5 月开始，历时两年多时间完成。

　　本套丛书以现场需要为目的，只讲做法和结论，突出“实用”二字，围绕“工程”做文章，让一线人员拿来就能学，学了就会用。为达到学以致用的目的，本丛书突出了两大特点：一是通俗易懂、注重实用，手册编写是有意把一些繁琐的原理分析去掉，直接将最实用的内容呈现在读者面前；二是专业独立、相互呼应，全套丛书共计 16 册，各册内容既相互关联，又相对独立，实际工作中可以根据工程和专业需要，选择一本或几本进行参考使用，为一线工程技术人员使用本手册提供最大的便利。

《水利水电工程施工实用手册》丛书涵盖以下内容：

1)工程识图与施工测量；2)建筑材料与检测；3)地基与基础处理工程施工；4)灌浆工程施工；5)混凝土防渗墙工程施工；6)土石方开挖工程施工；7)砌体工程施工；8)土石坝工程施工；9)混凝土面板堆石坝工程施工；10)堤防工程施工；11)疏浚与吹填工程施工；12)钢筋工程施工；13)模板工程施工；14)混凝土工程施工；15)金属结构制造与安装（上、下册）；16)机电设备安装。

在这套丛书编写和审稿过程中，我们遵循以下原则和要求对技术内容进行编写和审核：

1)各册的技术内容，要求符合现行国家或行业标准与技术规范。对于国内外先进施工技术，一般要经过国内工程实践证明实用可行，方可纳入。

2)以专业分类为纲，施工工序为目，各册、章、节格式基本保持一致，尽量做到简明化、数据化、表格化和图示化。对于技术内容，求对不求全，求准不求多，求实用不求系统，突出丛书的实用性。

3)为保持各册内容相对独立、完整，各册之间允许有部分内容重叠，但本册内应避免出现重复。

4)尽量反映近年来国内外水利水电施工领域的新技术、新工艺、新材料、新设备和科技创新成果，以便工程技术人员参考应用。

参加本套丛书编写的多为施工单位的一线工程技术人员，还有设计、科研单位和部分大专院校的专家、教授，参与审核的多为水利水电行业内有丰富施工经验的知名人士，全体参编人员和审核专家都付出了辛勤的劳动和智慧，在此一并表示感谢！在丛书的编写过程中，武汉大学水利水电学院的申明亮、朱传云教授，三峡大学水利与环境学院周宜红、赵春菊、孟永东教授，长江勘测规划设计研究院陈勇伦、李锋教授级高级工程师，黄河勘测规划设计有限公司孙胜利、李志明教授级高级工程师等，都对本书的编写提出了宝贵的意见，我们深表谢意！

中国水利工程协会组织并主持了本套丛书的审定工作，有关领导给予了大力支持，特邀专家们也都提出了修改意见和指导性建议，在此表示衷心感谢！

由于水利水电施工技术和工艺正在不断地进步和提高，而编写人员所收集、掌握的资料和专业技术水平毕竟有限，书中难免有很多不妥之处乃至错误，恳请广大的读者、专家和工程技术人员不吝指正，以便再版时增补订正。

让我们不忘初心，继续前行，携手共创水利水电工程建设事业美好明天！

《水利水电工程施工实用手册》编委会

2017 年 10 月 12 日

目　录

第一章

水文地质与工程地质学基础知识

第一节　水　文　地　质

一、地球上的水

地球是一个富水的行星。地球上的水不仅存在于大气圈、地球表面、岩石圈和生物圈中,也存在于地球深部的地幔乃至地核中。

地球各个层圈水的分布状况及其存在状态都有很大差别,可以区分为浅部层圈水与深部层圈水两大部分。

从大气圈到地壳上半部属浅部层圈水。其中分布有大气水、地表水、地下水以及生物体中的水,这些水均以自由态 H_2O 分子形式存在,以液态为主,也呈气态与固态存在。据联合国教科文组织资料,不包括生物体中的水与矿物中的水,浅部层圈中水的总体积约为 $13.86 \times 10^8 km^3$。若将这些水均匀平铺在地球体表面,水深约为 2718m。但其中咸水约占 97.47%,淡水只占 2.53%。

自然界的水主要进行水文循环,水文循环是发生于大气水、地表水和地壳岩石空隙中的地下水之间的水循环,水文循环的速度较快,途径较短,转换交替比较迅速。

地表水、包气带水及饱水带中浅层水通过蒸发和植物蒸腾而变为水蒸气进入大气圈。水汽随风飘移,在适宜条件下形成降水。落到陆地的降水,部分汇集于江河湖沼形成地表水,部分渗入地下。渗入地下的水,部分滞留于包气带中(其中的土壤水为植物提供了生长所需的水分),其余部分渗入饱水带岩石空隙之中,成为地下水。地表水与地下水有的重新蒸发返回大气圈,有的通过地表径流或地下径流返回海洋。

二、地下水的赋存

地表以下一定深度,岩石中的空隙被重力水所充满,形成地下水面。地下水面以上称为包气带;地下水面以下称为饱水带(见图1-1)。

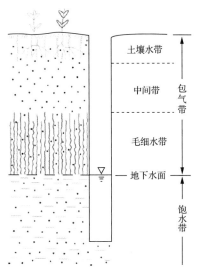

图 1-1　包气带与饱水带

在包气带中,空隙壁面吸附有结合水,细小空隙中含有毛细水,未被液态水占据的空隙中包含空气及气态水,空隙中的水超过吸附力和毛细力所能支持的量时,空隙中的水便以过路重力水的形式向下运动。上述以各种形式存在于包气带中的水统称为包气带水。

包气带水来源于大气降水的入渗,地表水体的渗漏,由地下水面通过毛细上升输送的水,以及地下水蒸发形成的气态水。包气带的贮存与运移受毛细力与重力的共同影响。重力使水分下移;毛细力则将水分输向空隙细小与含水量较低的部位,在蒸发影响下,毛细力常常将水分由包气带下部输向上部。在雨季,包气带水以下渗为主;雨后,浅表的包气带水以蒸发与植物蒸腾形式向大气圈排泄,一定深度以下的包气带水则继续下渗补给饱水带。

饱水带岩石空隙全部为液态水所充满。饱水带中的水体是连续分布的,能够传递静水压力,在水头差的作用下,可以发生连续运动。饱水带中的重力水是开发利用或排除的主要对象。

三、含水层、隔水层与弱透水层

岩层按其渗透性可分为透水层与不透水层。饱含水的透水层便是含水层。不透水层通常称为隔水层。

含水层是指能够透过并给出相当数量水的岩层。隔水层则是不能透过与给出水,或者透过与给出的水量微不足道的岩层。

所谓弱透水层是指那些渗透性相当差的岩层,在一般的供排水中它们所能提供的水量微不足道,似乎可以看作隔水层;但是,在发生越流时,由于驱动水流的水力梯度大且发生渗透的过水断面很大(等于弱透水层分布范围),因此,相邻含水层通过弱透水层交换的水量相当大,这时把它称作隔水层就不合适了。松散沉积物中的黏性土,坚硬基岩中裂隙稀少而狭小的岩层(如砂质页岩、泥质粉砂岩等)都可以归入弱透水层之列。

严格地说,自然界中并不存在绝对不发生渗透的岩层,只不过某些岩层(如缺少裂隙的致密结晶岩)的渗透性特别低罢了。

某些岩层,尤其是沉积岩,由于不同岩性层的互层,有的层次发育裂隙或溶穴,有的层次致密,因而在垂直层面的方向上隔水,但在顺层的方向上都是透水的。例如,薄层页岩和石灰岩互层时,页岩中裂隙接近闭合,灰岩中裂隙与溶穴发育,便成为典型的顺层透水而垂直层面隔水的岩层。

四、地下水分类

地下水这一名词有广义与狭义之分。广义的地下水是指赋存于地面以下岩土空隙中的水;包气带及饱水带中所有含于岩石空隙中的水均属之。狭义的地下水仅指赋存于饱水带岩土空隙中的水。

所谓地下水的埋藏条件，是指含水岩层在地质剖面中所处的部位及受隔水层（弱透水层）限制的情况。据此可将地下水分为包气带水、潜水及承压水。按含水介质（空隙）类型，可将地下水区分为孔隙水、裂隙水及岩溶水（见表 1-1 和图 1-2）。

表 1-1 　　　　　　　　地下水分类表

含水介质类型埋藏条件	孔隙水	裂隙水	岩溶水
包气带水	土壤水局部黏性土隔水层上季节性存在的重力水（上层滞水）过路及悬留毛细水及重力水	裂隙岩层浅部季节性存在的重力水及毛细水	裸露岩溶化层上部岩溶通道中季节性存在的重力水
潜水	各类松散沉积物浅部的水	裸露与地表的各类裂隙岩层中的水	裸露于地表的岩溶化岩层中的水
承压水	山间盆地及平原松散沉积物深部的水	沉积物深部的水组成构造盆地、向斜构造或单斜断块的被掩覆的各类裂隙岩层中的水	组成构造盆地、向斜构造或单斜断块的被掩覆的岩溶化岩层中的水

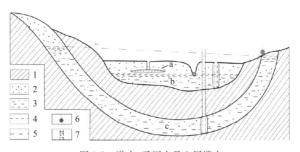

图 1-2　潜水、承压水及上层滞水

1—隔水层；2—透水层；3—饱水部分；4—潜水位；5—承压水测压水位；
6—泉（上泉）；7—水井，实线表示井壁不进水；a—上层滞水；b—潜水；c—承压水

1. 潜水

饱水带中第一个具有自由表面的含水层中的水称作潜水。潜水没有隔水顶板，或只有局部的隔水顶板。潜水的表面为自由水面，称作潜水面；从潜水面到隔水底板的距离为潜水含水层的厚度。潜水面到地面的距离为潜水埋藏深度。潜水含水层厚度与潜水面潜藏深度随潜水面的升降而发生相应的变化。

由于潜水含水层上面不存在完整的隔水或弱透水顶板，与包气带直接连通，因而在潜水的全部分布范围都可以通过包气带接受大气降水、地表水的补给。潜水在重力作用下由水位高的地方向水位低的地方径流。潜水的排泄，除了流入其他含水层以外，泄入大气圈与地表水圈的方式有两类：一类是径流到地形低洼处，以泉、泄流等形式向地表或地表水体排泄，这便是径流排泄。另一类是通过土面蒸发或植物蒸腾的形式进入大气，这便是蒸发排泄。

2. 承压水

充满于两个隔水层（弱透水层）之间的含水层中的水，叫作承压水。承压含水层上部的隔水层（弱透水层）称作隔水顶板，下部的隔水层（弱透水层）称作隔水底板。隔水顶底板之间的距离为承压含水层厚度。

承压性是承压水的一个重要特征。含水层中心部分埋没于隔水层之下，是承压区；两端出露于地表，为非承压区。含水层从出露位置较高的补给区获得补给，向另一侧出露位置较低的排泄区排泄。由于来自出露区地下水的静水压力作用，承压区含水层不但充满水，而且含水层顶面的水承受大气压强以外的附加压强。当钻孔揭穿隔水顶板时，钻孔中的水位将上升到含水层顶部以上一定高度才静止下来。钻孔中静止水位到含水层顶面之间的距离称为承压高度，这就是作用于隔水顶板的以水柱高度表示的附加压强。井中静止水位的高程就是承压水在该点的测压水位。测压水位高于地表的范围是承压水的自溢区，在这里井孔能够自喷出水。

承压水在很大程度上和潜水一样,主要来源于现代大气降水与地表水的入渗。当顶底板隔水性能良好时,它主要通过含水层出露于地表的补给区(潜水分布区)获得补给,并通过范围有限的排泄区,以泉或其他径流方式向地表或地表水体泄出。当顶底板为弱透水层时,除了含水层出露的补给区,它还可以从上下部含水层获得越流补给,也可向上下部含水层进行越流排泄。无论哪一种情况下,承压水参与水循环都不如潜水积极。

五、地下水运动的基本规律

地下水在岩石空隙中的运动称为渗流(渗透)。发生渗流的区域称为渗流场。由于受到介质的阻滞,地下水的流动远较地表水为缓慢。

在岩层空隙中渗流时,水的质点作有秩序的、互不混杂的流动,称作层流运动。在具狭小空隙的岩石(如砂、裂隙不很宽大的基岩)中流动时,重力水受介质的吸引力较大,水的质点排列较有秩序,故均作层流运动。水的质点无秩序地、互相混杂的流动,称为紊流运动。作紊流运动时,水流所受阻力比层流状态大,消耗的能量较多。在宽大的空隙中(大的溶穴、宽大裂隙),水的流速较大时,容易呈紊流运动。

水只在渗流场内运动,各个运动要素(水位、流速、流向等)不随时间改变时,称作稳定流。运动要素随时间变化的水流运动,称作非稳定流。严格地讲,自然界中地下水都属于非稳定流。但是,为了便于分析和运算,也可以将某些运动要素变化微小的渗流,近似地看作稳定流。

1. 达西定律

1856 年,法国水力学家达西(H. Darcy)通过大量的实验,得到线性渗透定律。

实验是在装有砂的圆筒中进行的(见图 1-3)。水由筒的上端加入,流经砂柱,由下端流出。上游用溢水设备控制水位,使实验过程中水头始终保持不变。在圆筒的上下端各设一根测压管,分别测定上下两个过水断面的水头。下端出口处设管嘴以测定流量。

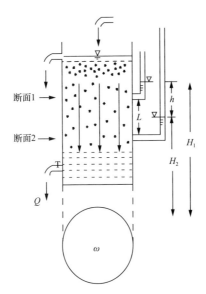

图 1-3　达西实验示意图

根据实验结果，得到下列关系式：

$$Q = K\omega \frac{h}{L} = K\omega I \tag{1-1}$$

式中：Q——渗透流量（出口处流量，即为通过砂柱各断面的流量）；

　　　ω——过水断面（在实验中相当于砂柱横断面积）；

　　　h——水头损失（$h = H_1 - H_2$，即上下游过水断面的水头差）；

　　　L——渗透途径（上下游过水断面的距离）；

　　　I——水力梯度（相当于 h/L，即水头差除以渗透途径）；

　　　K——渗透系数。

此即达西公式。

从水力学已知，通过某一断面的流量 Q 等于流速 V 与过水断面 ω 的乘积，即

$$Q = \omega V \qquad (1-2)$$

即 $V = Q/\omega$。据此及式(1-1),达西定律也可以另一种形式表达之:

$$V = KI \qquad (1-3)$$

V 称作渗透流速,其余各项意义同前。

2. 渗透流速(V)

式(1-2)中的过水断面 ω 系指砂柱的横断面积;在该面积中,包括砂颗粒所占据的面积及空隙所占据的面积;而水流实际流过的乃是扣除结合水所占据的范围以外的空隙面积 ω'(见图 1-4),即

$$\omega' = \omega n_e \qquad (1-4)$$

式中:n_e ——有效空隙度。

有效空隙度 n_e 为重力水流动的空隙体积(不包括结合水占据的空间)与岩石体积之比。

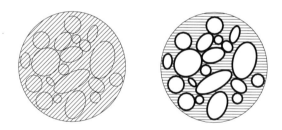

图 1-4　过水断面示意图

ω—斜阴线部分; ω'—直阴线部分(颗粒边缘涂黑(加粗)部分为夸大表示的结合水)

显然,有效空隙度 n_e＜孔隙度 n。由于重力释水时空隙中所保持的除结合水外,还有孔角毛细水乃至悬挂毛细水,因此,有效孔隙度 n_e＞给水度 μ。对于黏性土,由于空隙细小,结合水所占比例大,所以有效孔隙度很小。对于空隙大的岩层(例如溶穴发育的可溶岩,有宽大裂隙的裂隙岩层),$n_e = \mu = n$。

既然 ω 不是实际的过水断面,可知 V 也并非真实的流

速,而是假设水流通过包括骨架与空隙在内的断面(ω)时所具有的一种虚拟流速。

令通过实际过水断面 ω' 时的实际流速为 u,即

$$Q = \omega' u \qquad (1\text{-}5)$$

比较式(1-2)与式(1-5)可得

$$\omega V = \omega' u \qquad (1\text{-}6)$$

而 $\omega' = \omega n_e$,故得

$$V = n_e u \qquad (1\text{-}7)$$

3. 水力梯度(I)

水力梯度 I 为沿渗透途径水头损失与相应渗透途径长度的比值。水在空隙中运动时,必须克服水与隙壁以及流动快慢不同的水质点之间的摩擦阻力(这种摩擦阻力随地下水流速增加而增大),从而消耗机械能,造成水头损失。因此,水力梯度可以理解为水流通过单位长度渗透途径为克服摩擦阻力所耗失的机械能。从另一个角度讲,也可以将水力梯度理解为驱动力,即克服摩擦阻力使水以一定速度流动的力量。既然机械能消耗于渗透途径上,因此求算水力梯度 I时,水头差必须与相应的渗透途径相对应。

4. 渗透系数(K)

从达西定律 $V = KI$ 可以看出。水力梯度 I 量纲为1,故渗透系数 K 的量纲与渗透流速 V 相同。一般采用 m/d 或 cm/s 为单位。令 $I=1$,则 $V=K$。意即渗透系数为水力梯度等于1时的渗透流速。水力梯度为定值时,渗透系数越大,渗透流速就越大;渗透流速为一定值时,渗透系数越大,水力梯度越小。由此可见,渗透系数可定量说明岩石的渗透性能。渗透系数越大,岩石的透水能力越强。

前已提及,水流在岩石空隙中运动,需要克服隙壁与水及水质点之间的摩擦阻力;所以渗透系数不仅与岩石的空隙性质有关,还与水的某些物理性质有关。设有黏滞性不同的两种液体在同一岩石中运动。则黏滞性大的液体渗透系数

就会小于黏滞性小的液体。一般情况下研究地下水运动时，当水的物理性质变化不大时，可以忽略水的性质变化，而把渗透系数看成单纯说明岩石渗透性能的参数。

松散岩石渗透系数的常见值可参见表1-2。

表 1-2　　　　　　　松散岩石渗透系数参考值

松散岩石名称	渗透系数/(m/d)	松散岩石名称	渗透系数/(m/d)
亚黏土	$0.001\sim0.1$	中砂	$5\sim20$
亚砂土	$0.10\sim0.50$	粗砂	$20\sim50$
粉砂	$0.50\sim1.0$	砾石	$50\sim150$
细砂	$1.0-5.0$	卵石	$100\sim500$

在达西定律中，渗透流速V与水力梯度I的一次方成正比，故达西定律又称线性渗透定律。过去认为，达西定律适用于所有作层流运动的地下水，但是20世纪40年代以来的多次实验表明，只有雷诺数(Re)小于$1\sim10$之间某一数值的层流运动才服从达西定律，超过此范围，V与I不是线性关系(贝尔，1985)。

绝大多数情况下，地下水的运动都符合线性渗透定律，因此，达西定律适用范围很广。它不仅是水文地质定量计算的基础，还是定性分析各种水文地质过程的重要依据。

第二节　岩土的工程性质

一、组成岩石的矿物

所谓岩石，是指经地质作用形成的由矿物或岩屑组合而成的集合体。有的岩石是由一种矿物组成的单矿岩，如纯洁的大理岩由方解石组成；有的岩石是由岩屑或矿屑组成的碎屑岩，如火山碎屑岩；而大多数岩石是由两种以上的矿物组成的复矿岩，如花岗岩由长石、石英等组成。

矿物是地质作用形成的天然单质或化合物，它具有一定的化学成分和物理性质。矿物是组成地壳的基本物质，由矿物组成岩石或矿石。

矿物抵抗外力刻划、压入、研磨的能力,称为硬度。通常是指矿物相对软硬程度。如用两种矿物相互刻划,受伤者硬度小。德国矿物学家德里克·摩斯选择 10 种软硬不同的矿物作为标准,组成 1～10 度的相对硬度系列,称为"摩氏硬度",见表 1-3。

表 1-3　　　　　　　　摩氏硬度标准矿物

1 度	滑石	6 度	正长石
2 度	石膏	7 度	石英
3 度	方解石	8 度	黄玉
4 度	萤石	9 度	刚玉
5 度	磷灰石	10 度	金刚石

把需要鉴定硬度的矿物与表中矿物相互刻划即可确定其硬度,如需要鉴定的矿物能刻划长石但不能刻划石英,而石英可以刻划它,则它的硬度可定为 6.5 度。

在野外,利用指甲(硬度 2.5 度)、小刀(硬度 5.5 度)、玻璃片(硬度 6.5 度)来粗测矿物硬度,常常可以区分许多外观相似的矿物。

二、岩石的类型及其特征

自然界岩石种类繁多,根据其成因可分为岩浆岩(火成岩)、沉积岩和变质岩三大类。

1. 岩浆岩

岩浆是产生于地下的高温熔融体。其成分以硅酸盐为主,还具有数量不等的挥发性成分。岩浆沿着地壳薄弱带侵入地壳或喷出地表,温度降低,最后冷凝形成的岩石称为岩浆岩。岩浆喷出地表后冷凝形成的岩石称为喷出岩;岩浆在地表下冷凝形成的岩石称为侵入岩。在较深处形成的侵入岩叫深成岩,在较浅处形成的侵入岩叫浅成岩。

(1)岩浆岩矿物结构。组成岩浆岩的矿物种类很多,其主要矿物有石英、正长石、斜长石、角闪石、辉石、橄榄石及黑云母等。岩浆岩主要有全晶质结构、非晶质结构、半晶质结构。

1）全晶质结构：岩石全部由矿物晶体组成。它是在温、压降低缓慢，结晶充分条件下形成的。这种结构是侵入岩，尤其是深成侵入岩的结构。

2）非晶质结构：又称为玻璃质结构。岩石全部由火山玻璃组成。它是在岩浆温压快速下降时冷凝形成的。这种结构多见于酸性喷出岩，也可见于浅成侵入体边缘。

3）半晶质结构：岩石由矿物晶体和部分未结晶的玻璃质组成。多见于喷出岩和浅成岩边缘。

（2）常见的岩浆岩。

1）酸性岩类主要有花岗岩、花岗斑岩和流纹岩。

花岗岩：花岗岩是深成侵入岩。多呈肉红色、灰色或灰白色。矿物成分主要为石英（含量大于 20%）、正长石和斜长石，其次有黑云母、角闪石等次要矿物。全晶质等粒结构（也有不等粒或似斑状结构），块状构造。根据所含暗色矿物的不同，可进一步分为黑云母花岗岩、角闪石花岗岩等。花岗岩分布广泛，性质均匀坚固，是良好的建筑石料。

花岗斑岩：花岗斑岩是浅成侵入岩。斑状结构，斑晶为钾长石或石英，基质多由细小的长石、石英及其他矿物组成。颜色和构造同花岗岩。

流纹岩：流纹岩是喷出岩。常呈灰白、浅灰或灰红色。具典型的流纹构造，斑状结构，细小的斑晶常由石英或透长石组成。

2）中性岩类主要有正长石、正长斑岩、闪长岩、闪长玢岩、安山岩。

正长岩：正长岩是深成侵入岩。肉红色、浅灰或浅黄色。全晶质中粒等粒结构，块状构造。主要矿物成分为正长石，含黑云母和角闪石，石英含量极少。其物理力学性质与花岗岩相似，但不如花岗岩坚硬，且易风化。

正长斑岩：正长斑岩是浅成侵入岩。与正长岩所不同的是具斑状结构，斑晶主要是正长石，基质比较致密。一般呈棕灰色或浅红褐色。

闪长岩：闪长岩是深成侵入岩。灰白、深灰至灰绿色。

主要矿物为斜长石和角闪石,其次有黑云母和辉石。全晶质中粗粒等粒结构,块状构造。闪长岩结构致密,强度高,且具有较高的韧性和抗风化能力,是良好的建筑石料。

闪长玢岩:闪长玢岩是浅成侵入岩。灰色或灰绿色,矿物成分与闪长岩相同,斑状结构,斑晶为斜长石或角闪石。基质为中细粒或微粒结构。

安山岩:安山岩是喷出岩。灰色、紫色或绿色。主要矿物成分为斜长石、角闪石,无石英或石英极少。斑状结构,斑晶常为斜长石。有时具有气孔状或杏仁状构造。

3)基性岩类主要有辉长岩、辉绿岩和玄武岩。

辉长岩:辉长岩是深成侵入岩。灰黑、暗绿色。全晶质中等等粒结构,块状构造。组成矿物以斜长石和辉石为主,有少量橄榄石、角闪石和黑云母。辉长岩强度高,抗风化能力强。

辉绿岩:辉绿岩是浅成侵入岩。灰绿或黑绿色。结晶质细粒结构,块状构造。矿物成分与辉长岩相似,强度也高。

玄武岩:玄武岩是喷出岩。灰黑至黑色。矿物成分与辉长岩相似。具隐晶、细晶或斑状结构,常具气孔或杏仁状构造。玄武岩致密坚硬,性脆,强度很高。

4)超基性岩类主要是橄榄岩。

橄榄岩:橄榄岩是深成岩。暗绿色或黑色。组成矿物以橄榄石、辉石为主,其次为角闪石等,很少或无长石。中粒等粒结构,块状构造。

2. 沉积岩

沉积岩是在地表或接近地表的条件下,由母岩(岩浆岩、变质岩和早已形成的沉积岩)风化剥蚀的产物经搬运、沉积和固结硬化而成的岩石。它是地壳表面分布最广的一种层状岩石。

出露地表的各种岩石,经过长期的物理风化、化学风化和生物风化的破坏,逐渐形成岩石碎屑、细粒黏土矿物或者其他可溶解物质。这些风化产物,大部分被流水等运动介质搬运到河、湖、海洋等低洼的地方沉积下来,成为松散的堆积物。这些松散堆积物经过长期压密、胶结、重结晶等复杂的地质过程,就形成了沉积岩。

(1)组成沉积岩的物质成分中常见的有矿物、岩屑、化学沉淀物、有机质和胶结物。沉积岩的结构一般分为碎屑结构、泥质结构、结晶结构及生物结构四种。

1)碎屑结构:碎屑物质被胶结物胶结起来的一种结构,是沉积岩所特有的结构。

按碎屑颗粒粒径的大小,可分为砾状结构——粒径大于2mm,最大可达 0.5m,甚至更大;砂状结构——粒径介于0.05～2mm之间;粉砂状结构——粒径介于 0.005～0.05mm之间。

2)泥质结构:泥质结构即为黏土矿物组成的结构,矿物颗粒粒径小于 0.005mm。是泥岩、页岩等黏土岩的主要结构。

3)结晶结构:结晶结构是化学沉淀的结晶矿物组成的结构,又可分为结晶粒状结构和隐晶质致密结构。结晶结构是石灰岩、白云岩等化学岩的主要结构。

4)生物结构:由生物遗体或碎片所组成的结构,是生物化学岩所具有的结构。

(2)常见的沉积岩有:

1)砾岩:由粒径大于 2mm 的粗大碎屑和胶结物组成。岩石中大于 2mm 的碎屑含量在 50%以上,碎屑呈浑圆状,成分一般为坚硬而化学性质稳定的岩石或矿物,如脉石英、石英岩等。胶结物的成分有钙质、泥质、铁质及硅质等。依成因有河成砾岩和海成砾岩等。

2)角砾岩:与砾岩一样,角砾岩碎屑粒径大于 2mm 在50%以上,但碎屑有明显棱角。角砾岩的岩性成分多种多样。胶结物的成分有钙质、泥质、铁质及硅质等。依据成因有火山角砾岩、断层角砾岩、溶解角砾岩、冰川角砾岩等。

3)砂岩:由粒径介于 2～0.05mm 的砂粒胶结而成,且这种粒径的碎屑含量超过 50%。按砂粒的矿物组成,可分为石英砂岩、长石砂岩和岩屑砂岩等。按砂粒粒径的大小,可分为粗粒砂岩、中粒砂岩和细粒砂岩。胶结物的成分对砂岩的物理力学性质有重要影响。根据胶结物的成分，又可将砂岩分为硅质砂岩、铁质砂岩、钙质砂岩及泥质砂岩几类。硅质砂岩的颜色浅，强度高，抵抗风化的能力强。泥质砂岩一般呈黄褐色，吸水性大，易软化，强度差。铁质砂岩常呈紫红色或棕红色。钙质砂岩呈白色或灰白色，强度介于硅质与泥质砂岩之间。砂岩分布很广，易于开采加工，是工程上广泛采用的建筑石料。

4) 粉砂岩：由粒径介于 $0.005\sim0.05mm$ 的碎屑胶结而成，且这种粒径的碎屑含量超过 50%。矿物成分与砂岩近似，但黏土矿物的含量一般较高。胶结物的成分有钙质、泥质、铁质及硅质等。其结构较疏松，强度不高。

5) 页岩：页岩是由黏土脱水胶结而成，以黏土矿物为主，大部分有明显的薄层理，呈页片状。依据胶结物可分为硅质页岩、黏土质页岩、砂质页岩、钙质页岩及碳质页岩。除硅质页岩强度稍高外，其余岩性软弱，易风化成碎片，强度低，与水作用易于软化而降低其强度。

6) 泥岩：泥岩成分与页岩相似，常成厚层状。以高岭石为主要成分的泥岩，常呈灰白色或黄白色，吸水性强，遇水后易软化。以微晶高岭石为主要成分的泥岩，常呈白色、玫瑰色或浅绿色，表面有滑感，可塑性小，吸水性高，吸水后体积急剧膨胀。泥岩夹于坚硬岩层之间，形成软弱夹层，浸水后易于软化，致使上覆岩层发生顺层滑动。

7) 石灰岩：简称灰岩。矿物成分以方解石为主，其次含有少量的白云石和黏土矿物。常呈深灰、浅灰色，纯质灰岩呈白色。由纯化学作用生成的石灰岩具有结晶结构，但晶粒极细。经重结晶作用即可形成晶粒比较明显的结晶灰岩。由生物化学作用生成的灰岩，常含有丰富的有机物残骸。石灰岩分布相当广泛，岩性均一，易于开采加工，是一种用途很广的建筑石料。

8) 白云岩：矿物成分主要为白云石，也含方解石和黏土矿物。一般为白色或灰色，主要是结晶粒状结构。性质与石灰岩相似,但强度比石灰岩高,是一种良好的建筑石料。白云岩的外观特征与石灰岩近似,在野外难于区别,可用盐酸起泡程度辨认,石灰岩的起泡程度强于白云岩。

3. 变质岩

变质岩是岩浆岩、沉积岩甚至是变质岩在地壳中受到高温、高压及化学成分加入的影响,在固体状态下发生矿物成分及结构构造变化后形成的新的岩石。如大理岩是石灰岩变质而成的。各种岩石都可以形成变质岩。由岩浆岩形成的变质岩称为正变质岩,由沉积岩形成的变质岩称为副变质岩。它们不仅在矿物成分、结构、构造上具有变质过程中所产生的特征,而且还常保留着原来岩石的某些特征。

变质岩的物质成分十分复杂,它既有原岩成分,又有变质过程中新产生的成分。就变质岩的矿物成分而论可以分为两大类:一类是岩浆岩,也有沉积岩,如石英、长石、云母、角闪石、辉石、方解石、白云石等,它们大多是原岩残留物,或者是在变质作用中形成的;另一类只能是在变质作用中产生而为变质岩所特有的变质矿物,如石榴子石、滑石、绿泥石、蛇纹石等。根据变质岩特有的变质矿物,可把变质岩与其他岩石区别开来。

(1) 变质岩的结构一般分为变晶结构和变余结构两大类,即变晶结构和变余结构。

变晶结构:在变质过程中矿物重新结晶形成的结晶质结构。如粗粒变晶结构、斑状变晶结构等。

变余结构:变质岩中残留的原岩结构,说明原岩变质较轻。如变余粒状结构、变余花岗结构等。

(2) 常见的变质岩有片麻岩、片岩、千枚岩、大理岩和石英岩。

片麻岩:片麻状构造。晶粒粗大,变晶或变余结构。主要矿物为石英和长石,其次有云母、角闪石、辉石等。由砂岩、花岗岩变质而成。片麻岩强度较高,如云母含量增多,强度相应降低。因具片麻状构造,故较易风化。

片岩:片状构造,变晶结构。主要由一些片状、柱状矿物

（如云母、绿泥石、角闪石等）和粒状矿物（如石英、长石、石榴子石等）组成。片岩的片理一般比较发育，片状矿物含量高，强度低，抗风化能力差，极易风化剥落，岩体也易沿片理的倾斜方向塌落。

千枚岩：千枚状构造。由黏土岩、粉砂岩、凝灰岩变质而成。矿物成分主要为石英、绢云母、绿泥石等。千枚岩的质地松软，强度低，抗风化能力差，容易风化剥落，沿片理倾斜方向容易产生塌落。

大理岩：由石灰岩或白云岩经重结晶变质而成，等粒变晶结构、块状构造。主要矿物成分为方解石，遇稀盐酸强烈起泡。大理岩常呈白色、浅红色、淡绿色、深灰色以及其他各种颜色，常因含有其他带色杂质而呈现出美丽的花纹。大理岩强度中等，易于开采加工，色泽美丽，是一种很好的建筑装饰石料。

石英岩：结构和构造与大理岩相似。一般由较纯的石英砂岩或硅质岩变质而成，常呈白色，因含杂质可出现灰白色、灰色、黄褐色或浅紫红色。强度很高，抵抗风化的能力很强，是良好的建筑石料，但硬度很高，开采加工相当困难。

三、岩石的工程地质性质

岩石的工程地质性质，主要包括物理性质和力学性质两个方面。影响岩石工程地质性质的因素主要是矿物成分、岩石的结构和构造以及风化作用等。

1. 岩石的主要物理性质

（1）岩石的密度与重力密度。岩石的颗粒密度，是指岩石固体部分单位体积的质量。它不包括岩石的空隙，而取决于岩石的矿物密度及其在岩石中的相对含量。一般岩石的颗粒密度约在 $2.65g/cm^3$，大者可达 $3.1\sim3.3g/cm^3$。

岩石的密度，是指岩石（包括岩石成分中固、液、气三相）单位体积的质量。它是具有严格物理意义的参数，单位为 g/cm^3 或 kg/m^3。根据岩石密度定义可知，它除与岩石矿物成分有关外，还与岩石空隙发育程度及空隙中含水情况密切相关。致密而空隙很少的岩石，其密度与颗粒密度很接近，随着空隙的增加,岩石的密度相应减小。常见的岩石,其密度一般为 2.1~2.8g/cm³。

岩石的重力密度,也叫重度,是指岩石单位体积的重量,在数值上等于岩石试件的总重量(包括空隙中的水重)与其总体积(包括空隙体积)之比。其单位为 kN/m³。岩石空隙中完全没有水存在时的重度,称为干重度。岩石中的空隙全部被水充满时的重度,则称为岩石的饱和重度。

(2) 岩石的空隙率。天然岩石中包含着不同数量、不同成因的粒间孔隙、微裂隙和溶穴,将其总称为空隙。空隙是岩石的重要结构特征之一,它影响着岩石工程地质性质的好坏。

岩石的空隙率,反映岩石中空隙(包括孔隙、微裂隙和溶穴)的发育程度,空隙率在数值上等于岩石中各种空隙的总体积与岩石总体积的比。用百分数表示。

岩石空隙率的大小,主要取决于岩石的结构和构造。未受风化或构造作用的侵入岩和某些变质岩,其空隙率一般是很小的,而砾岩、砂岩等一些沉积岩类的岩石,则经常具有较大的空隙率。

(3) 岩石的吸水性,反映岩石在一定条件下的吸水能力。一般用吸水率、饱和吸水率和饱水系数来表示。

岩石的吸水率,是指岩石在一般大气压条件下的吸水能力。在数值上等于岩石的吸水质量与同体积干燥岩石质量的比,用百分数表示。

岩石的饱和吸水率,是指岩石在高压条件下(一般为15MPa 压力)或真空条件下的吸水率,用百分数表示。

岩石的饱水系数是岩石的吸水率与饱和吸水率的比值。

表征岩石吸水性的 3 个指标,与岩石空隙率的大小、孔隙张开程度等因素有关。岩石的吸水率大,则水对岩石颗粒间胶结物的浸湿、软化作用就强,岩石强度受水作用的影响也就越显著。

(4) 岩石的软化性。岩石浸水后强度降低的性能称为岩石的软化性。岩石的软化性主要决定于岩石的矿物成分、结构和构造特征。岩石中亲水矿物或可溶性矿物含量高、空隙率大、吸水率高的岩石,与水作用后,岩石颗粒间的联结被消弱引起强度降低、岩石软化。

表征岩石软化性的指标是软化系数。软化系数是岩石在饱和状态下的极限抗压强度与岩石在干燥状态下的极限抗压强度之比。其值越小,表示岩石在水作用下的强度越差。未受风化作用的岩浆岩和某些变质岩,软化系数大都接近于 1.0,是弱软化的岩石,其抗水、抗风化和抗冻性强;软化系数小于 0.75 的岩石,认为是软化性强的岩石,工程性质比较差。

(5)岩石的抗冻性。岩石空隙中有水存在时,水一结冰,体积膨胀,就产生巨大的膨胀力,使岩石的结构和联结受到破坏,若岩石经反复循环冻融,则会导致其强度降低。岩石抵抗冻融破坏的性能称为岩石的抗冻性。在高寒冰冻地区,抗冻性是评价岩石工程性质的一个重要指标。

岩石的抗冻性用强度损失率表示。强度损失率是饱水岩石在 −25℃～+25℃ 的条件下,反复冻结和融化 25 次,岩石在抗冻试验前后抗压强度的差值与试验前抗压强度的比。抗压强度损失率小于 20%～25% 的岩石,认为是抗冻的,大于 25% 的岩石,认为是非抗冻性的。另外,利用吸水率、饱水系数等指标也可间接评价岩石的抗冻性。一些常见岩石的物理性质的主要指标,见表 1-4。

表 1-4　　　　**常见岩石的物理性质指标值**

岩石名称	颗粒密度/(g/cm³)	岩石密度/(g/cm³)	空隙率	吸水率	软化系数
花岗岩	2.50～2.84	2.30～2.80	0.5%～4.0%	0.1%～4.0%	0.72～0.97
闪长岩	2.60～3.10	2.52～2.96	0.2%～1.0%	0.3%～5.0%	0.60～0.80
辉长岩	2.70～3.20	2.55～2.98	0.3%～4.0%	0.5%～4.0%	
辉绿岩	2.60～3.10	2.53～2.97	0.3%～5.0%	0.8%～5.0%	0.33～0.90
安山岩	2.40～2.80	2.30～2.70	1.1%～4.5%	0.3%～4.5%	0.81～0.91

岩石名称	颗粒密度/(g/cm³)	岩石密度/(g/cm³)	空隙率	吸水率	软化系数
玢岩	2.64～2.84	2.40～2.80	2.1%～5.0%	0.4%～1.7%	0.78～0.81
玄武岩	2.60～3.30	2.50～3.10	0.5%～1.2%	0.3%～2.8%	0.30～0.95
凝灰岩	2.56～2.78	2.29～2.50	1.5%～7.5%	0.5%～7.5%	0.52～0.86
砾岩	2.67～2.71	2.40～2.66	0.8%～10.0%	0.3%～2.4%	0.50～0.96
砂岩	2.60～2.75	2.20～2.71	1.6%～28.0%	0.2%～9.0%	0.65～0.97
页岩	2.57～2.77	2.30～2.62	0.4%～10.0%	0.5%～3.2%	0.24～0.74
石灰岩	2.48～2.85	2.30～2.77	0.5%～27.0%	0.1%～4.5%	0.70～0.94
泥灰岩	2.70～2.80	2.20～2.70	1.0%～10.0%	0.5%～5.0%	0.44～0.54
白云岩	2.60～2.90	2.10～2.70	0.3%～25.0%	0.1%～3.0%	
片麻岩	2.63～3.01	2.30～3.00	0.7%～2.2%	0.1%～0.7%	0.75～0.97
石英片岩	2.60～2.80	2.10～2.70	0.7%～3.0%	0.1%～0.3%	0.44～0.84
绿泥石片岩	2.80～2.90	2.10～2.85	0.8%～2.1%	0.1%～0.6%	0.53～0.69
千枚岩			0.4%～3.6%	0.5%～1.8%	0.67～0.96
泥质板岩	2.70～2.85	2.30～2.80	0.1%～0.5%	0.1%～0.3%	0.39～0.52
大理岩	2.80～2.85	2.60～2.70	0.1%～6.0%	0.1%～1.0%	
石英岩	2.53～2.84	2.40～2.80	0.1%～8.7%	0.1%～1.5%	0.94～0.96

2. 岩石的主要力学性质

岩石在外力作用下所表现出来的性质称为岩石的力学性质，它包括岩石的变形和强度特性。研究岩石的力学性质主要是研究岩石的变形特性、岩石的破坏方式和岩石的强度大小。

（1）岩石的变形特性。岩石在外力作用下产生变形，且其变形性质分为弹性和塑性两种。图1-5是岩石典型的完整的应力-应变曲线。根据曲率的变化，可将岩石变形过程划分为4个阶段：

1) 裂隙压密阶段(图 1-5 中的 oa 段)岩石中原有的微裂隙在荷重作用下逐渐被压密,曲线呈上凹形,曲线斜率随应力增大而逐渐增加,表示微裂隙的变化开始较快,随后逐渐减慢。a 点对应的应力称为压密极限强度。对于微裂隙发育的岩石,本阶段比较明显,但致密坚硬的岩石很难划出这个阶段。

2) 弹性变形阶段(图 1-5 中的 ab 段)岩石中的微裂隙进一步闭合,孔隙被压缩,原有裂隙基本上没有新的发展,也没有产生新的裂隙,应力与应变大致成正比关系,曲线近于直线,岩石变形以弹性为主。b 点对应的应力称为弹性极限强度。

3) 裂隙发展和破坏阶段(图 1-5 中的 bc 段)当应力超过弹性极限强度后,岩石中产生新的裂隙,同时已有裂隙也有新的发展,应变的增加速率超过应力的增加速率,应力-应变曲线的斜率逐渐降低,并呈曲线关系,体积变形由压缩转变为膨胀。应力增加,裂隙进一步扩展,岩石局部破损,且破损范围逐渐扩大形成贯通的破裂面,导致岩石"破坏"。c 点对应的应力达到最大值,称为峰值强度或单轴极限抗压强度。

4) 峰值后阶段(图 1-5 中 c 点以后)岩石破坏后,经过较大的变形,应力下降到一定程度开始保持常数,d 点对应的应力称为残余强度。

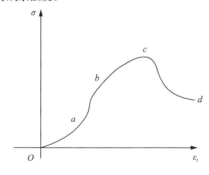

图 1-5　岩石典型的完整的应力-应变曲线

由于大多数岩石的变形具有不同程度的弹性性质,且工程实践中建筑物所能作用于岩石的压应力远远低于单轴极限抗压强度。因此,可在一定程度上将岩石看作准弹性体,用弹性参数表征其变形特征。岩石的变形性能一般用弹性模量和泊松比两个指标表示。

弹性模量是在单轴压缩条件下,轴向压应力和轴向应变之比。国际制以"帕斯卡"为单位,用符号 Pa 表示(1Pa＝1N/m²)。岩石的弹性模量越大,变形越小,说明岩石抵抗变形的能力越高。岩石在轴向压力作用下,除产生轴向压缩外,还会产生横向膨胀。这种横向应变与轴向应变的比,称为岩石的泊松比。泊松比越大,表示岩石受力作用后的横向变形越大。岩石的泊松比一般为 0.2～0.4。

严格来讲,岩石并不是理想的弹性体,因而表达岩石变形特性的物理量也不是一个常数。通常所提供的弹性模量和泊松比的数值,只是在一定条件下的平均值。

(2)岩石的强度。岩石抵抗外力破坏的能力,称为岩石的强度。岩石的强度单位用 Pa 表示。岩石的强度和应变形式有很大关系。岩石受力作用破坏,有压碎、拉断和剪断等形式,所以其强度可分为抗压强度、抗拉强度和抗剪强度等。

岩石的抗压强度:指岩石在单向压力作用下抵抗压碎破坏的能力。在数值上等于岩石受压达到破坏时的极限应力(即单轴极限抗压强度)。岩石抗压强度是在单向压力无侧向约束的条件下测得的。常见岩石的抗压强度值列于表 1-5 中。

表 1-5 主要岩石的抗压强度值

岩石名称	抗压强度/MPa
胶结不好的砾岩;页岩;石膏	<20
中等强度的泥灰岩、凝灰岩;中等强度的页岩;软而有微裂隙的石灰岩;贝壳石灰岩	20～40
钙质胶结的砾岩;微裂隙发育的泥质砂岩;坚硬页岩;坚硬泥灰岩	40～60

岩石名称	抗压强度/MPa
硬石膏;泥灰质石灰岩;云母及砂质页岩;泥质砂岩;角砾状花岗岩	60～80
微裂隙发育的花岗岩、片麻岩、正长岩;致密石灰岩、砂岩、钙质页岩	80～100
白云岩;坚固石灰岩;大理岩;興质砂岩;坚固硅质页岩	100～120
粗粒花岗岩;非常坚硬的白云岩;钙质胶结的砾岩;硅质胶结的砾岩;粗粒正长岩	120～140
微风化安山岩;玄武岩;片麻岩;非常致密的石灰岩;硅质胶结的砾岩	140～160
中粒花岗岩;坚固的片麻岩;辉绿岩;玢岩;中粒辉长岩	160～180
致密细粒花岗岩;花岗片麻岩;闪长岩;桂质灰岩;坚固玢岩	180～00
安山岩;玄武岩;桂质胶结砾岩;辉绿岩和闪长岩;坚固辉长岩和石英岩	200～250
橄榄玄武岩;辉绿辉长岩;坚固石英岩和玢岩	>250

抗拉强度:是岩石在单向受拉条件下拉断时的极限应力值。岩石的抗拉强度远小于抗压强度。常见岩石的抗拉强度值列于表 1-6 中。

表 1-6   常见岩石的抗拉强度值

岩石类型	抗拉强度/MPa	岩石类型	抗拉强度/MPa
花岗岩	4～10	大理岩	4～6
辉绿岩	8～12	石灰岩	3～5
玄武岩	7～8	粗砂岩	4～5
流纹岩	4～7	细砂岩	8～12
石英岩	7～9	页岩	2～4

岩石的抗剪强度:指岩石抵抗剪切破坏的能力。在数值上等于岩石受剪破坏时剪切面上的极限剪应力。试验表明,岩石的抗剪强度随着剪切面上压应力的增加而增加,其关系

可以概括为直线方程：$\tau = \sigma \tan\Phi + c$，其中 τ 为剪应力；σ 为剪切面上的压应力；Φ 为岩石的内摩擦角；c 为岩石的内聚力。很显然，内聚力 c 和内摩擦角 Φ 是岩石的两个最重要的抗剪强度指标。常见岩石的内聚力和内摩擦角值列于表 1-7 中。

表 1-7 　　常见岩石内摩擦角和内聚力的范围值

岩石名称	内摩擦角 Φ	内摩擦系数 $\tan\Phi$	内聚力 c/MPa
花岗岩	45°~60°	1.0~1.73	10~50
流纹岩	45°~60°	1.0~1.73	15~50
闪长岩	45°~55°	1.0~1.43	15~50
安山岩	40°~50°	0.84~1.19	15~40
辉长岩	45°~55°	1.0~1.43	15~50
辉绿岩	45°~60°	1.0~1.73	20~60
玄武岩	45°~55°	1.0~1.43	20~60
砂岩	35°~50°	0.7~1.19	4~40
页岩	20°~35°	0.36~0.70	2~30
石灰岩	35°~50°	0.70~1.19	4~40
片麻岩	35°~15°	0.70~1.43	8~40
石英岩	50°~60°	1.19~1.73	20~60
大理岩	35°~50°	0.70~1.19	10~30
板岩	35°~50°	0.70~1.19	2~20
片石	30°~50°	0.58~1.19	2~20

在岩石强度的几个指标中，岩石的抗压强度最高，抗剪强度居中，抗拉强度最小。抗剪强度为抗压强度的 10% ~ 40%；抗拉强度仅是抗压强度的 2% ~ 16%。岩石越坚硬，其值相差越大，软弱的岩石差别较小。由于岩石的抗拉强度很小，所以当岩层受到挤压形成褶皱时，常在弯曲变形较大的部位受拉破坏，产生张性裂隙。

3. 第四纪沉积物及其工程地质特征

第四纪是地质年代中新近的一个纪，第四纪沉积物是指第四纪所形成的各种堆积物。它是由地壳的岩石风化后，经风、地表流水、湖泊、海洋、冰川等地质作用的破坏，搬运和堆积而形成的现代沉积层。其沉积历史不长,硬结成岩作用较低,是一种松散的沉积物。由于沉积环境比较复杂,沉积物的性质、结构、厚度在水平方向或垂直方向都具有很大的差异性。

(1) 风化作用及残积土。

地表或接近地表的岩石在大气、水和生物活动等因素影响下,发生物理的和化学的变化,致使岩体崩解、剥落、破碎,变成松散的碎屑性物质,这种作用称为风化作用。风化作用在地表最为明显,往深处则逐渐消失。风化后的岩石改变了原有的物理力学性能,使强度大大降低,变形增加,直接影响作为建筑物地基的工程特性。风化作用使岩石产生裂隙,破坏岩石的整体性,影响地基边坡的稳定性。这种作用还破坏地势高低的基本形态。

岩石风化后的强度显著的降低,风化越强烈强度降低幅度越大,为了在工程设计中采取相应的措施和确定岩石地基承载力,根据我国《建筑地基基础设计规范》(GB 50007—2011)规定,岩石风化程度可分为未风化、微风化、中等风化、强风化和全风化 5 种(见表 1-8)。

表 1-8   岩石风化程度的划分

风化程度	特 征
未风化	岩质新鲜,偶见风化痕迹
微风化	结构基本未变,仅节理面有渲染或略变色,有少量风化裂隙
中等风化	结构部分破坏,仅节理面有次生矿物,风化裂隙发育,岩体被切割成岩块。用镐难挖,岩芯可钻进
强风化	结构大部分破坏,矿物成分显著变化,风化裂隙很发育,岩体破碎,用镐可挖,干钻不易钻进
全风化	组织结构全部破坏,已风化成土状,锹镐易挖掘,干钻易进,具有可塑性

岩石风化后产生的碎屑物质,一部分被风和大气降水带走,一部分残留在原地,这种残留在原地的岩石风化碎屑物称为残积土。

残积土主要分布在岩石暴露于地表而受到强烈风化作用的山区、丘陵及剥蚀平原。

残积土从地表向深处颗粒由细变粗，一般不具层理，碎块呈棱角状，土质不均，具有较大孔隙，厚度在山坡顶部较薄，低洼处较厚。残积土与它下面的母岩之间无明显的界限而是逐渐过渡的，其成分与母岩成分及所受风化作用的类型有密切的关系。

（2）地表流水的地质作用及坡积土、洪积土、冲积土。

1）坡积土。高处的风化碎屑物由于雨水或溶雪水的搬运，或者由于本身的重力作用，运移到坡下或山麓堆积而成的土，称为坡积土，坡积土随斜坡自上而下逐渐变缓，呈现由粗而细的分选作用。但由于每次雨、雪水搬运能力不大，故无明显区别，大小颗粒混杂，层理不明显。坡积土的矿物成分与下卧基岩没有直接过渡关系，这是与残积土明显区别之处。

2）洪积土。山洪急流是暴雨或骤然大量的融雪水形成的。山洪急流的流速和搬运力都很大，它能冲刷岩石，形成冲沟，并能把大量的碎屑物质搬运到沟口或山麓平原堆积成洪积土。

当山洪急流携带大量石块泥砂在山口以外的平缓地带沉积下来便形成洪积土。当山洪挟带的大量石块泥砂流出沟谷口后，因为地势开阔，水流分散，搬运力骤减，所搬运的块石、碎石及粗砂都将首先在沟谷口大量堆积起来；而较细的物质继续被流水搬运至离沟谷口较远的地方，离谷口的距离越远，沉积的物质越细。洪积土物质大小混杂，分选性差，颗粒多带有棱角。洪积扇顶部以粗大块石为多；中部地带颗粒变细，多为砂砾黏土交错；扇的边缘则以粉砂和黏性土为主。

3）冲积土。河流是改变陆地地形的最主要的地质作用之一。河流不断地对岩石进行破坏，并把破坏后的物质搬运到海洋或陆地的低洼地区堆积起来。河流的地质作用主要决定于河水的流速和流量。由于流速、流量的变化，河流表现出侵蚀、搬运和沉积3种性质不同但又相互关联的地质作用。

河流沉积的物质有粗碎屑的漂石、块石、卵石、砾石等及细碎屑的砂、黏性土、淤泥等。

冲积土的特征：物质有明显的分选现象。上游及中游沉积的物质多为大块石、卵石、砾石及粗砂等，下游沉积的物质多为中、细砂、黏性土等；颗粒的磨圆度较好；多具层理，并有尖灭、透镜体等产状。

（3）海相沉积物。

绝大部分沉积岩是在海洋内沉积形成的，所以海洋的地质作用中最主要的是沉积作用。河水带入海洋的物质和海岸破坏后的物质在搬运过程中，随着流速的逐渐降低，就沉积下来。靠近海岸一带的沉积多是比较粗大的碎屑物，离海岸越远，沉积物也就越细小。这种分布情况，同时还与海水深度和海底的地形有直接的关系。海洋的沉积物质，有机械的、化学的和生物的 3 种，形成各类海相沉积物（或海相沉积层）。

（4）湖沼沉积物。

湖泊的沉积物称为湖相沉积层。通常在岸边沉积较粗的碎屑物质，湖底的中部多沉积细小颗粒的物质。湖相沉积的碎屑物质包括砾石、砂及黏土等，其中应当特别提出的是层状黏土。层状黏土主要是由夏季沉积的细砂薄层及冬季沉积的黏土薄层所交互沉积组成。这种黏土压缩性很高，容易滑动和产生不均匀沉降。在开挖基坑时，层状黏土易于隆起，或在地下水的动力作用下出现破坏现象。湖相沉积物中尚有淤泥和泥炭。它们的承载力低，压缩性高，是建筑物的不良地基。另外，在盐水湖中还有石膏、岩盐及碳酸盐等盐类沉积物，它们不同程度地溶解于水，所以对建筑物地基是有害的。

（5）冰川的地质作用及冰碛土。

冰川的地质作用有刨蚀、搬运和沉积 3 种。冰碛土的特征是：

1）冰碛土无层次，也没有分选，而是块石、砾石、砂及黏性土杂乱堆积，分布也不均匀；

2）冰碛土虽经磨耗但仍然保持有棱角的外形；

3）块石、砾石表面上具有不同方向的擦痕；

4）岩块的风化程度很轻微,冰碛层中无有机物及可溶盐类等物质。

冰碛层中的黏性土,如位于冰川底部,则因上部冰层的巨大压力的压实作用,就变成密实而强度较高的压结冰碛土。冰碛土在新鲜状态下为蓝灰色,风化时呈红色,常夹有卵石及漂石。冰碛土在干燥状态非常坚硬,当被水饱和时往往极为黏滞。

在冰碛土上进行工程建设时,应注意冰川堆积物的极大的不均匀性。冰川堆积物中有时含有大量的岩末,这些岩末的黏结力很小,透水性弱,在开挖基坑时,如果遇到地下水较大的水头,坑壁容易坍塌。

冰碛土多位于低洼地带,一般常蓄有大量的地下水,可作为供水水源。

当冰碛土作为建筑物的地基时,必须详细进行勘察,因为个别的漂石可能被误认为是基岩。

冰水沉积土有分选现象,在冰川末端附近的冰水沉积是由漂石和卵石等粗碎屑组成,随着离末端距离的增加,逐次变为砾石和砂,一直到黏土。它们多具有层理。冰水沉积土的透水性较大,而且含水较多,在开挖基坑时比较困难。

四、土的颗粒组成和力学特性

1. 土的粒度成分

（1）粒径和粒组划分。土颗粒的大小以其直径来表示,称为“粒径”,其单位一般采用毫米。由于自然界中的土粒并非理想的球体,通常为椭球状和针片状、棱角状等不规则形状,因此粒径只足一个相对的、近似的概念,应理解为土粒的等效直径。

自然界中土颗粒直径大小相差十分悬殊,大者可达数千毫米以上,小者可小于万分之一毫米。随着粒径的变化,土粒的成分和性质也逐渐发生变化。如粗大的漂石和卵石,一般都是由原生矿物组成的岩石碎块,强度高、压缩性低、透水性强；而细小的黏粒,则几乎都由风化次生矿物组成,具可塑性,强度低、压缩性低、透水性弱。但是,当土粒的粒径在某一大小范围内变化时,土的成分和性质差别不大,可以认为具有大致相同的成分和相似的性质。为了便于研究土中各粒径土粒的相对含量及其与土的工程地质性质关系。将自然界中土粒直径变化范围划分成几个区段,每个区段中包括的土粒成分相近,性质相似。这样划分的粒径在一定区段内,成分及性质相似的土粒组别,即称为"粒组"或"粒级"。

具体制定粒组划分方案时,在考虑到土粒性质和成分随粒径大小变化的前提下,还应与目前粒度分析试验的技术水平相适应。同时要考虑到使用的方便性。目前我国制定的粒组划分方案是 2007 年颁布的国家标准《土的工程分类标准》(GB/T 50145—2007)中的粒组划分表(表 1-9)。

表 1-9　　　　粒　组　划　分　表

粒组统称	粒组名称		粒径(d)范围/mm
巨粒	漂石(块石)粒		$d>200$
	卵石(碎石)粒		$200 \geqslant d>60$
粗粒	砾粒	粗砾	$60 \geqslant d>20$
		细砾	$20d>2$
	砂粒		$2 \geqslant d>0.075$
细粒	粉粒		$0.075 \geqslant d>0.005$
	黏粒		$d \leqslant 0.005$

(2) 土按粒度成分的分类。自然界中的土是大小颗粒混杂在一起的,不同粒度的土粒在土中所起的作用不同。一般情况下,在土中砾粒起骨架作用,砂粒、粉粒起充填作用,而黏粒起胶结作用。土的粒度成分不同,它所具有的性质也不同。所以,可按粒度成分对土进行分类。土按粒度成分的分类称为粒度分类。

目前,我国采用的土按粒度成分的分类方案有国家标准《土的工程分类标准》(GB/T 50145—2007)和《建筑地基基础设计规范》(GB 50007—2011)中的分类方案。此外,还有国家发改委发布的《水电水利工程土工试验规程》(DL/T

5355—2006)中的分类方案。

在 GB/T 50145—2007 中，首先按不同粒组的相对含量，把一般土分为巨粒土和含巨粒的土、粗粒土、细粒土三大类。

巨粒组质量多于总质量的 15% 的土属于巨粒土和含巨粒的土，并可根据巨粒组的含量分为漂石、卵石、混合土漂石、混合土卵石、漂石混合土和卵石混合土(见表 1-10)。

粗粒组成质量多于总质量的 50% 土称为粗粒土。根据砾粒组的含量，粗粒土又分为砾类土和砂类土。砾粒组质量多于总质量的 50% 的土称为砾类土，砾粒组质量少于或等于总质量 50% 的土称砾类土。根据细粒含量，砾类土又细分为砾、含细黏土砾和细粒土质砾(见表 1-11)；砂类土又细分为砂、含细粒土砂和细黏土质砂(见表 1-12)。

表 1-10   巨粒土和含巨粒的土的分类

土类	粒组含量		土名称
巨粒土	巨粒含量 75%～100%	漂石粒>50%	漂石
		漂石粒≤50%	卵石
混合巨粒土	巨粒含量 >50%，<75%	漂石粒>50%	混合土漂石
		漂石粒≤50%	混合土卵石
巨粒混合土	巨粒含量 15%～50%	漂石>卵石	漂石混合土
		漂石≤卵石	卵石混合土

表 1-11   砾 类 土 分 类

土类	砾	含细粒黏土砾	细粒土质砾
细粒组含量	<5%	5%～15%	>15%，≤50%

表 1-12   砂 类 土 分 类

土类	砂	含细粒土砂	细粒黏土质砂
细粒组含量	<5%	5%～15%	>15%，≤50%

细粒组质量多于或等于总质量 50% 的土称细粒土。细粒土又分为细粒土和含粗粒的细粒土两类。粗粒组质量少于总质量的 25% 的土称细粒土，粗粒组质量为总质量的

25%～50%的土称含粗粒的细粒土。根据土中所含粗粒组类别,含粗粒的细粒土又分为含砾细粒土和含砂细粒土两类,砾粒占优势的土称含砾细粒土,砂粒占优势的土称含砂细粒土。

2. 一般土的工程地质特征

一般土按粒度成分特点,常分为巨粒土和含巨粒土、粗粒土以及细粒土三大类,其中粗粒土又分为砾类土和砂类土两类。前两大类土的粒间一般无连结或只具有微弱的水连结,因不具有黏性,故又称无黏性土。细粒土一般含有较多的黏粒,具有结合水连结所产生的黏性,故又称为黏性土。巨粒土和粗粒土的工程地质性质主要取决于粒度成分和土粒排列的松密情况,这些成分和结构特征直接决定着土的孔隙性、透水性和力学性质。细粒土的性质主要取决于粒间连结特性(稠度状态)和密实度,而这些都与土中黏粒含量、矿物亲水性及水和土粒相互作用有关。

表1-13综合列出了粗粒土和细粒土的工程地质特征。并分别叙述如下。

(1) 砾类土。我国国家标准 GB/T 50145—2007 规定,砾粒组($60mm \geqslant d > 2mm$)质量多于总质量50%的粗粒土称为砾类土。砾类土主要由岩屑、石英、长石原生矿物组成,颗粒粗大,呈单粒结构,常具有孔隙大、透水性强、压缩性低、内摩擦角大、抗剪强度高等特点,这些性质又与粗粒的含量及孔隙中充填物的性质和数量有关。典型流水沉积的砾类土分选较好,孔隙中充填物主要为砂粒,且数量较少,故透水性很强,压缩性很低,强度很高。基岩风化碎石和山坡堆积碎石类土或冰川堆积泥砾,分选较差,孔隙中充填大量砂粒、粉粒、黏粒等细小颗粒,性质常处于砾类土和黏性土之间,其透水性相对较弱,抗剪强度较低,压缩性高。总的说来,砾类土是一般建筑物的良好地基,但由于其透水性强,粒间无连结力,常存在坝基、渠道、水库等的渗漏、基坑及地下坑道的涌水、边坡塌陷、失稳等一系列工程地质问题,砾类土也是良好的混凝土粗骨料和铺路材料。

表 1-13

一般类型土工程地质特征比较

特征＼土的类型	粗粒土		粉土	细粒土	
	砾类土	砂类土		粉质黏土	黏土
主要矿物成分	岩屑和残余矿物，亲水性弱		次生矿物，有机物，亲水性强		
孔隙水类型	重力水	重力水，毛细水	结合水为主·毛细水、重力水位水		
连结类型	无	无货毛细水连结		结合水连结为主·有时有胶结连结	
结构排列形式	单粒结构			团聚连结	
孔隙大小	很大	大		细小	
孔隙率 n	33%~38%	35%~45%	38%~43%	40%~45%	45%~50%
孔隙比 e	0.5%~0.6%	0.55%~0.80%	0.60%~0.75%		0.75%~1.0%
含水率 μ	10%~20%	15%~30%	20%~30%	20%~35%	25%~45%
天然密度 $\rho/(\mathrm{g/cm^3})$	1.9~2.1	1.8~2.0	1.7~1.9	1.75~1.95	1.8~2.0
颗粒密度 $\rho_s/(\mathrm{g/cm^3})$	2.65~2.75	2.65~2.70	2.65~2.70	2.68~2.72	2.72~2.76
塑性指数 I_p	<1		1~7	7~17	>17
液限 ω_L			20%~27%	27%~37%	37%~55%

土的类型 特征	粗粒土		细粒土		
	砾类土	砂类土	粉土	粉质黏土	黏土
塑限 ω_P		不明显	17%~20%	17%~23%	20%~27%
膨胀和收缩量		散开	很小	小	很大
水中崩解	极小		很快	慢	较慢
毛细水上升高度/m	>50	<1	1.0~1.5	1.5~4	4~5
渗透系数 $K/(m/d)$	极强	50~0.5	0.5~1.0	0.1~0.001	<0.001
透水性	低	强强	中等	弱或不透水	
压缩性	快	低	中等	中等—高压缩	
压缩过程	不定	快	较快	慢	极慢
内聚力 $C/10^5\,Pa$	35°~45°	接近于 0	0.05~0.2	0.1~0.4	0.1~0.6
内摩擦角 φ		28°~40°	18°~28°	18°~24°	2°~20°
对土性质起决定性作用的因素	粒度成分和密度		连结(稠度)和密度		

（2）砂类土。砾粒组质量少于或等于总质量50％的粗粒土称为砂类土。砂类土主要由石英、长石及云母等原生矿物构成，单粒结构，仍具有透水性强、压缩性低、强度较高等特点，这些性质都与砂粒大小和密度有关。粗、中砂一般性质较好，可作为一般建筑物的良好地基，也是良好的混凝土骨料，但也存在可能产生涌水或渗漏等工程地质问题。细纱土、粉砂土则工程地质性质相对较差，尤其是受到振动时易产生液化，开挖基坑时也易产生流沙，这些都会危及建筑物的安全。细砂土、粉砂土一般不宜用作混凝土骨料。

（3）细粒土。细粒组（$d<0.075$mm）质量多于或等于总质量50％的土称细粒土。细粒土中一般含有一定数量的亲水性较强的黏土矿物，黏粒含量较多，呈团聚结构，具结合水连结，有时为胶结连结，孔隙细小而多，孔隙率可以高达40％～50％，其压缩量较大且速度较缓慢，抗剪强度主要取决于内聚力，而内摩擦角较小。细粒土的性质主要与土中黏粒含量、稠度状态及孔隙比有关，一般随黏粒含量增多，则土的塑性、胀缩性和内聚力增大，而渗透系数和内摩擦角减小。稠度状态的变化，对土的性质影响最大。呈流态或软塑态的土，压缩性很高，抗剪强度极低，变形量大；而固态或硬塑态的土，具有较低的压缩性及较高的抗剪强度。

3. 几种特殊土的工程地质特征

（1）淤泥类土。淤泥类土是指在静水或水流缓慢的环境中沉积，有微生物参与作用的条件下形成的，含较多有机质，疏松软弱（天然孔隙比大于1，含水率大于液限）的细粒土。其中，孔隙比大于1.5的称为淤泥，小于1.5而大于1的称为淤泥质土。

淤泥类土是在特定的环境中形成的。具有某些特殊的成分和结构，工程地质性质也表现出下列一些特点：

1）高孔隙比，高含水率，含水率大于液限。我国淤泥类土的孔隙比常见值为1.0～2.0，个别可达2.4，液限一般为40％～60％，饱和度一般都超过95％，含水率多为50％～70％或更大。由于具有一些连结，在未受扰动时，土常处于软塑状态，但一经扰动，结构破坏，则土就处于流动状态。

2) 透水性极弱,渗透系数一般为 $1 \times 10^{-8} \sim 1 \times 10^{-6}\ cm/s$。由于常夹有极薄层的粉砂、细沙层,故垂直方向的渗透系数较水平方向要小些。

3) 高压缩性,压缩系数 a_{1-2} 一般为 $0.7 \sim 1.5 MPa^{-1}$,且随含水率的增加而增大。

4) 抗剪强度很低,且与加荷速度和排水固结条件有关。在不排水条件下进行三轴快剪试验时,φ 角接近零,C 值一般小于 $0.02MPa$;直剪试验所得的 φ 角一般只有 $2° \sim 5°$,C 值一般为 $0.01 \sim 0.015MPa$。固结快剪所得的 φ 值可达 $10° \sim 15°$,C 值在 $0.02MPa$ 左右。由于这类土饱水而结构疏松,所以在振动等强烈扰动下其强度也会剧烈降低,甚至液化变为悬液,这种现象称为触变性。同时,淤泥类土的蠕变性显著,必须考虑长期强度问题。

淤泥类土的成分和结构是决定其工程地质性质的根本因素。有机物和黏粒含量越多,土的亲水性越强,则压缩性就越高;孔隙比越大,则含水率越高,压缩性就越高,强度越低,灵敏度越大,性质越差。

(2) 黄土。黄土是一种特殊的第四纪陆相松散堆积物。黄土的颜色主要呈黄色或褐黄色,颗粒成分以粉粒为主,富含碳酸钙,有肉眼可见的大孔隙,天然剖面上垂直节理发育,被水浸湿后土体显著沉陷(湿陷性)。具有上述全部特征的土,称为典型黄土;而与之相似,但缺少个别特征的土,称为黄土状土。典型黄土和黄土状土统称黄土类土,简称黄土。

天然状态下的黄土一般具有如下一些特点:

1) 密度小,孔隙率大。黄土的干密度较小,一般为 $1.3 \sim 1.5 g/cm^3$。孔隙较大,孔隙率高,常为 $45\% \sim 55\%$(孔隙比为 $0.8 \sim 1.1$)。

2) 含水较少。含水率一般在 $10\% \sim 25\%$ 之间,常处于半固态或硬塑状态,饱和度一般为 $30\% \sim 70\%$。

3) 塑性较弱。黄土的液限一般为 $23\% \sim 33\%$,塑限常在 $15\% \sim 20\%$ 之间,塑性指数在 $8 \sim 13$ 之间。

4) 透水性较强。由于大孔隙和垂直节理发育,黄土的透水性比粒度成分相类似的一般细粒土要强得多,渗透系数可达 1m/d 以上,且垂直方向渗透系数比水平方向要大得多,渗透系数达数倍甚至数十倍。

5) 抗水性弱。黄土遇水强烈崩解,膨胀量较小,但失水收缩较明显,遇水湿陷较明显。

6) 压缩性中等,抗剪强度较高,天然状态下的黄土,压缩系数一般介于 0.2~0.5MPa⁻¹ 之间,φ 值一般为 15°~25°,C 值一般为 0.03~0.06MPa。随含水量增加,黄土的压缩性急剧增大,抗剪强度显著降低。新近堆积的黄土,土质松软,强度低,压缩性高。

7) 黄土的湿陷性。黄土在一定压力作用下受水浸湿后,结构迅速破坏,产生显著附加沉陷性能,称为湿陷性。它是黄土特有的工程地质性质。

(3) 膨胀土。膨胀土又称胀缩土,系指随含水量的增加而膨胀,随含水量的减少而收缩,具有明显膨胀和收缩特性的细粒土。

在天然状态下,膨胀土有较大的天然密度和干密度,孔隙比和含水率较小,膨胀土的孔隙比一般小于 0.8,含水率 17%~30%,一般在 20%左右。但饱和度较大,一般在 80%以上。

膨胀土的塑限、液限和塑性指数都较大,塑限一般为 17%~35%,液限一般为 40%~68%,塑性指数一般为 18~33。

膨胀土一般为超压密的细粒土,其压缩性小,属中—低压缩性土,抗剪强度一般都比较高,但遇水后强度显著降低,某些资料表明,浸湿且结构破坏的重塑土,其抗剪强度比原状土降低 1/3~2/3,其中内聚力降低明显,而内摩擦角降低较少,压缩系数可增大 1/4~1/2。

(4) 红黏土。红黏土是指碳酸盐类岩石经强烈化学风化后形成的高塑性黏土。它广泛分布在我国云贵高原、四川东部、两湖和两广北部一些地区,是一种区域性的特殊土,红黏土是红土的一种主要类型。

红黏土具有如下一些特征:

1) 高塑性和分散性。颗粒细而均匀,黏粒含量很高,一般在 50%~70%之间,最大可达 80%以上。塑限、液限和塑性指数都很大;塑限一般在 30%～60%,有的高达 90%;液限一般在 60%～80%,有的高达 110%;塑性指数一般为25～50。

2) 高含水率、低密实度。天然含水率一般为 30%～60%,最高可达 90%,与塑限基本相当;饱和度在 85%以上;孔隙比很大,一般都超过 1.0,常为 1.1～1.7,有时甚至超过 2.0,而且大孔隙明显;液性指数一般都小于 0.4,故多数处于坚硬或硬塑状态。

3) 强度较高,压缩性较低。固结快剪 φ 值一般为 8°～18°,C 值一般为 0.04～0.09MPa;压缩模量一般为 6～16MPa,多属中—低压缩性土。

4) 具有明显收缩性、膨胀性轻微。失水后原状土的体缩率一般为 7%～22%,最高可达 25%,扰动土可达 40%～50%;浸水后多数膨胀性轻微,膨胀率一般均小于 2%,个别较大一些。某些红黏土因收缩或膨胀强烈属于膨胀土类。

第三节　钻孔柱状图

钻孔柱状图主要反映地质条件、地层情况、钻孔情况等地质资料,一般采用 1:100 或 1:200 比例尺,特殊情况可放大或缩小。按钻孔所获取资料编制的表示工程地质条件随深度变化的钻孔柱状图中,除要注明工程名称、工作部位、钻孔位置坐标、高程事项外,其主要内容是:地层的分布,应自上而下对地层进行编号,标示地层岩性、断裂、破碎带、岩脉、岩层分层情况;对各地层的岩石名称、成分、结构、风化、破碎程度、夹层以及软弱岩层的成分、性质、形状、大小等特征的描述;绘制地层剖面;岩芯采取情况统计、取样位置及编号描述;标注地下水位情况,试验所得各地层透水率或渗透系数大小;进行触探试验的应标明取土深度、标准贯入试验位置,钻进的方法、钻进情况、回水颜色等钻进现象和位置等相应资料。如有其他要求的钻孔还应按设计要求反映出相应数据资料。钻孔柱状图示例见图 1-6。

地层单位 系	统	组	层次	层底深度 /m	层底高程 /m	岩层厚度 /m	地下水位 标高/日期	地层剖面及钻孔结构图 HScale	风化程度	构造和裂隙角	岩芯获得率 /%	RQD指数 /%	岩石透水性 q(Lu) k/(cm/s)	地质描述	钻探方法及孔内情况	取样编号深度
第四系	全新统		alQ	3.00	3061.00	3.00					采取率 85%			0.00~3.00m：浅灰色砂卵砾石层；卵砾成分为石英砂岩、石英岩、花岗岩等组成；卵石以6~8cm为主磨圆度较好；呈圆~次圆状，少量呈棱角~次棱角状；含量20%砂石料径以2~4cm为主；少量0.5~1cm及4~6cm磨圆度较好呈圆~次圆状、少量呈棱角；含量60%；砂为浅色中粗砂；含量20%	0.00~50.20m sm植物胶钻进	
				23.05	3040.95	20.05	▽3055.90 / =2011.118	127mm 47.60					15.60 $K_{渗}$=7×10⁻³ 18.70	3.00~23.05m：浅灰色可粗砂夹粉土层；砂为浅灰色中粗砂，多呈柱状；少量散状；结构松散；含量85%；土为浅灰色粉土层		
				37.70	3026.30	14.65							30.50 $K_{渗}$=1.2×10⁻² 33.60	23.05~37.70m：浅灰色卵砾石砂层；卵砾石成分为石英砂岩、石英岩、花岗岩等组成；卵石粒径以6~8cm为主；磨圆度较好呈圆~次圆状、少量呈棱角~次棱角状；含量25%；砾石料径以2~4cm为主；少量0.5~1cm及4~6cm磨圆度较好、呈圆~次圆状、少量呈棱角状；含50%；砂为浅色中粗砂；含量20%；局部含有粉土；含量5%；该层结构较松散		
				45.00	3019.00	7.30							40.50 $K_{渗}$=6.3×10⁻³ 43.60	37.70~45.00m：浅灰色中粗砂层；砂为灰黄色中粗砂、多呈桩状；结构松散；少量散状；		
				50.20	3013.80	5.20	50.20	94mm					44.60 $K_{渗}$=7.9×10⁻³ 47.70	45.00~50.20m：浅灰色卵砾石砂层；卵砾石成分为石英砂岩、石英岩、花岗岩等组成；卵石粒径以6~8cm为主；磨圆度较好；呈圆~次圆状、少量呈棱角~次棱角状；含量25%；砾石粒径以2~4cm为主；少量0.5~1cm及4~6cm磨圆度较好、呈圆~次圆状、少量呈棱角~次棱角状；含50%；砾为浅色中粗砾；含量20%局部含有粉土；含量5%该结构较松散		

图 1-6　钻孔柱状图示例

第二章

灌浆工程设备

第一节 钻孔设备

一、钻孔机具的一般配置

灌浆工程的钻孔机具包括钻机、供(水)浆泵和钻进工具。钻机将电动机或柴油机的动力通过传动系统、变速系统及液压系统转化为附加给钻具的轴向动力和扭矩,驱动钻具以一定的压力和转速进行钻进;供(水)浆泵是为钻进提供循环冲洗液,以携带钻粉和冷却钻头;钻进工具是指水龙头以下与其连接组成的全套工具,在钻机驱动下钻进成孔。不同的钻进方法机具配置不完全相同。本节介绍水利水电工程中常用的钻机、供浆泵和主要钻孔工具。

二、钻机

钻机是进行灌浆造孔工作的主要设备。钻机的基本功能是以机械动力带动钻机,以回转、冲击、震动或冲击回转等方式带动钻具向地层深部钻进,通过升降机起、下钻具。钻机按结构形式不同可分为回转式、冲击式、冲击回转式钻机。在灌浆工程中应根据施工环境、岩石性质、钻孔深度、钻孔方向、钻孔直径和灌浆方法等因素选择高效率的钻孔方法和钻机,在水利水电灌浆施工中主要采用回转式钻机、冲击回转式钻机(潜孔锤)、冲击式钻机(凿岩机)。

1. 回转式岩芯钻机

回转式岩芯钻机是目前灌浆工程中使用最多也是最为普遍的一种钻孔设备。按其回转机构的不同,回转式钻机分为立轴式、转盘式和动力头式三种。其中立轴式又分为手把式、液压式、螺旋差动式和全液压式四种。其中 XY 系列立轴式液压钻机由于分档较多、转速高、机体较轻、操作简便、能耗较低，是我国灌浆工程钻孔的主要设备，这种钻机按其钻进能力分为 100m、300m、500(600)m、1000m，即 Ⅰ、Ⅱ、Ⅲ、Ⅳ(或 1、2、3、4)四种规格，在灌浆工程中四种规格的钻机都有应用，但应用较多的还是 Ⅰ、Ⅱ 型轻型钻机。其主要特点是回转速度高、调速范围大、钻压控制准确、操作方便、能钻斜孔、钻机轻便易搬迁，可以钻取不同深度、不同口径的钻孔并获取岩芯。

水利水电灌浆工程常用的 XY 系列岩芯钻机基本组成包括"两大系统""三大机构"，即机械传动系统和液压传动系统，回转机构、给进机构、升降机构。

机械传动系统是将输入的动力经变速、变向、变矩分配给回转、升降机构，以使卡盘、立轴以不同速度进行回转运动和卷扬升降机进行提升、下降运动。系统包括联轴节、离合器、变速箱、分动箱、回转器、升降机。

液压传动系统是利用油泵输出的压力油液驱动油马达、油缸等液动机构，以使立轴回转和控制给进机构、移动钻机、松紧卡盘、拧卸钻杆等。该系统主要包括：动力元件、控制元件、执行元件及辅助装置。

动力元件——油泵或动力转换装置，将原动机输出的机械能转换成液压能，作为整个系统的动力源，向整个系统提供压力油，驱动液动机。常用的有齿轮泵、叶片泵、柱塞泵。

控制元件——又称控制、调节装置，控制液压系统的压力、流量和液流方向，以保证执行元件得到所需的力、速度、和运动方向。它包括：调整压力的压力阀(溢流阀、减压阀等)、流量控制阀(节流阀)、方向控制阀等不同的阀类。

执行元件——又称液动机，是将液压能转变为机械能，包括实现往复运动的各种型号油缸及旋转运动的马达等。

辅助装置——包括油箱、油管、油接头、滤油器及控制仪表等。

"三大机构"是实现钻进工作的三部分主要工作。

回转机构是回转钻具,带动钻头破碎孔底岩石的机构。XY-4型钻机的回转装置的功用为将分动箱水平布置的输出轴动力和运动传递给垂直布置的立轴,再通过卡盘将动力和运动传给钻杆柱,其中立轴和卡盘除传递回转运动外,还通过油缸与横梁带动钻具上下运动,同时立轴回转器还对钻杆起导向作用。立轴式回转器包括箱体、变角装置、横轴、锥齿轮付、立轴、立轴导管、卡盘等组成。

给进机构是调整破碎岩石所需要的轴向动力和控制给进速度的机构。XY-4型钻机是液压给进方式,通过操纵液压控制阀来调节轴向压力和给进速度,实现加压钻进、减压钻进和快速倒杆。它除完成给进系统功能外,还可完成松紧卡盘工作。

升降机构是用于完成钻具、套管和附属工具的升降,处理事故时强行起拔工作。升降机构的主要工作件是升降机,它主要由传动系统、卷筒、行星传动机和制动器组成。

我国许多钻探机械厂都能生产各种规格的不同型号的立轴式液压钻机,表2-1为部分国产钻机型号和主要性能。

表2-1　　灌浆工程常用的部分回转取芯钻机型号和规格性能

钻机型号	钻孔深度/m	钻孔直径/mm	钻孔倾角	转速/(r/min)	配备动力/kW	主机重量/kg	制造商
XY-1B	150	150	75°～90°		16.2	525	北京探矿机械厂
XY-200B-1	200	75～200	0°～90°		16.2	630	
XDL-2000	2000		60°～90°	179～1120	194	16000	
XY-2	300	56～300	0°～90°	65～1172	22	950	重庆探矿机械厂
XY-1000	1000			87～1030	37、42	2180	
XY-2PC	150	56～150	0°～90°	81～1190	11	650	
GX-ITD	150	75～150	0°～90°	90～600	11		
GX-50	100	75～150	0°～90°	99378	7.5	360	
CD-2	500		0°～90°	69～1235	22	1200	

钻机型号	钻孔深度/m	钻孔直径/mm	钻孔倾角	转速/(r/min)	配备动力/kW	主机重量/kg	制造商
GXY-100 全液压冲击取芯钻机	100	150	690°	50～350	36	4200	重庆探矿机械厂
XY-2BL 履带式塔机一体	500		0°～90°	57～1024	30	5500	
XY-2L 型履带式塔机一体	350		0°～90°	65～1172	22、30		
LY537（SGZL-ID）	150	75～110	0°～360°	95～1000	13.2	730	浙江杭钻机械制造股份有限公司
ZLJ1100	300	75～130	0°～360°	128～1200	18.5	920	
XY-4	700			135～1588	37	1670	江苏省无锡探矿机械总厂

2. 冲击回转式钻机

冲击回转式钻机是以回转式钻机为基础,在钻头上部连接一个专门的冲击器(也称潜孔锤),在钻进中钻机提供一定的轴向压力和回转力矩,冲击器给钻具一定频率的冲击能量,在孔底以冲击和回转切削的共同作用破岩钻进的一种机械。常用的冲击器按驱动介质不同可分为风动式和液动式,水利水电灌浆施工中风动式冲击器(潜孔锤)应用较为普遍,液动式冲击器应用较少。

冲击回转钻机按使用动力的不同,有机械动力头式和全液压式,此类钻机的性能特点是回转扭矩大,钻进角度范围大,能适应潜孔锤钻进、螺旋干钻及跟套管钻进,有冲击和回转两种钻进方式,选择不同钻具可钻进卵砾石层、破碎岩层等各种复杂岩层,此外,此钻机还具有给进行程长、回转速度范围宽、搬迁方便等优点。

机械动力头式钻机为机械驱动钻具旋转,液压油缸带动链条驱动钻具给进和后退。

全液压式钻机有多种配置,旋转及冲击给进全为液压驱动,有两个动力头配置,能实现跟套管钻进,必要时还能启动液动冲击器冲击后动力头,进行对套管的冲击回转钻进。

冲击回转式钻机的种类较多,灌浆工程中常用的型号及其性能见表 2-2。

表 2-2   **部分冲击回转钻机型号及性能表**

钻机型号	钻孔深度/m	钻孔直径/mm	钻孔倾角	转速/(r/min)	配备动力/kW	主机重量/kg	制造商
QDGL-2B	100	110、220		58、116	37	4360	北京探矿机械厂
DDL-300	120	110～250		0～610	93	9000	
MEDIAN	150	110～250	0°～360°	0～600	90	16000	
MGJ-50L	60	130～180	0°～90°	48～281	22	720	重庆探矿机械厂
MGY-100BL	150	110～400	−20°～90°	35～140	30	4500	
MGY-135L	140	150～250	0°～90°	10～140	55～76	6500	
MGY-90L		150～250	0°～360°	54～42	30	6600	
MD-80A	100	100～210	−10°～90°	16～105	30	2600	江苏省无锡探矿机械总厂
MDL-150D	170	150～250	0°～90°	10～170	55	6000	
MD-100A	120	130～250	−10°～90°	10～140	37	2800	
DZY1900	300		−5°～60°	109～360	45	550	中煤科工集团西安研究院
SM 系列		60～315	0°～360°	0～463	75～110	9000～10500	意大利 soilmec

钻机型号	钻孔深度/m	钻孔直径/mm	钻孔倾角	转速/(r/min)	配备动力/kW	主机重量/kg	制造商
Klemm802系列	150	254	0°～90°		80.5～114	8500～21000	德国宝峨公司
Mustang系列					30～100		阿特拉斯-柯普柯

注：主机重量有的不含动力机，有的包含动力机。

3. 冲击式钻机

冲击式钻机(凿岩机)在灌浆工程中多用于回填灌浆、固结(浅孔)灌浆和衔接帷幕灌浆的钻孔。虽然冲击钻机的钎杆也须作回转运动，但这种转动并不是在打击钎杆时发生，钎头刃在冲击破碎岩石时并不转动，是一种纯冲击式钻机。在施工中常用的冲击钻机有手提式凿岩机、气腿式凿岩机、圆盘式凿岩机及潜孔钻机(轻型、重型)等。

三、钻具

钻具即钻进工具，它由主动钻杆、钻杆、钻铤、岩芯管、沉淀管、各种连接接头、接箍以及钻头组成。这里主要介绍几种常用的钻头和扩孔器。

1. 硬质合金钻头

硬质合金钻头的结构要素有钻头体、切削具出刃、切削具镶焊角、切削具在钻头底面的排布、切削具在钻头上的数目、钻头的水口和水槽等。

硬质合金钻头适合于 7 级以下硬度的岩石中钻孔，有较高的钻进效率。与钻粒钻头相比，它具有钻进时钻机平稳，成本低，孔壁圆整，不受钻孔方向的限制等优点，但在坚硬岩石中钻进效率不高。常用硬质合金钻头的结构型式及主要参数见表 2-3。

表 2-3　　　　常用硬质合金钻头的型式及主要参数

钻头结构型式	钻头直径/mm	主要尺寸/mm				肋骨数	硬合金数/粒
		D	D_1	d	C		
阶梯肋骨钻头	152/112	150	130	116	10	4	14
	132/92	130	110	96	10	4	14
	112/73	110	91	77	9.5	4	12
	93/57	91	75	61	8	4	12
	77/42	75	60	46	7.5	4	10
单双粒钻头	154/131	150	142.5	135	—	—	18
	134/112	130	123	116	—	—	12～18
	114/92	110	103	96	—	—	12
	95/73	91	84	77	—	—	9
	79/57	75	68	61	—	—	9
	59	56	49	42	—	—	6
内外镶合金钻头	152/133	150	—	135	—	—	10～12
	132/114	130	—	116	—	—	10
	112/94	110	—	96	—	—	8
	93/75	91	—	77	—	—	6～8
	75/59	75	—	61	—	—	6
	58/40	56	—	42	—	—	4
三八连续掏槽式合金钻头	94/74	91	—	77	—	—	4 组(12)
	78/58	75	—	61	—	—	3 组(9)
	59/39	56	—	42	—	—	2 组(6)
扭方柱硬合金钻头	113/93	110	103	96	—	—	9
	94/74	91	84	77	—	—	6～9
	78/58	75	68	61	—	—	6
	59/39	56	49	42	—	—	4
品字形硬合金钻头	114/93	110	103	96	—	—	5 组(15)
	95/74	91	84	77	—	—	4 组(12)
	79/58	75	68	61	—	—	3 组(9)

钻头结构型式	钻头直径/mm	主要尺寸/mm				肋骨数	硬合金数/粒
		D	D_1	d	C		
全断面矛式合金钻头	114	110	—	—	—	—	—
	95	91	—	—	—	—	—
	79	75	—	—	—	—	—
	60	56	—	—	—	—	—

注：取芯钻头的钻头直径表示方法是以分子表示包括出刃的外径,以分母表示包括出刃的内径;全断面钻头的直径是指包括合金出刃的钻头最大外径。D 为不包括合金出刃的钻头最大外径;D_1 为钢体外径;d 为钢体内径;C 为阶梯厚度尺寸。

（1）阶梯肋骨钻头。阶梯肋骨钻头是用 T105 型硬合金切削具焊接而成的,其特点是肋骨片较厚、水口宽、钻进时孔底呈阶梯状。可钻进 3～5 级岩层。如页岩、砂页岩和胶结不紧密的砂岩等。

（2）内外镶硬合金钻头。内外镶硬合金钻头镶有 T313 型硬质合金,在较坚硬地层也可镶 T105 切削具,可斜镶也可直镶。适用于 3～5 级岩层,如均质石灰岩、大理石、较松散的砂岩及页岩等,也可镶 T110 型合金,用以钻进 5～7 级和部分 8 级不均质岩层,如长兴灰岩、硅化灰岩和凝灰岩等。

（3）三八式硬合金钻头。也称三八连续掏槽式硬合金钻头,这种钻头把 T105、T107、T110 型小、中、大八角柱状硬质合金切削具顺序排成一组,产生连续掏槽、扩槽的破岩作用,耐磨性较高,适用于 5～7 级多裂隙地层。

（4）扭方柱硬质合金钻头。也称"负前角阶梯钻头",该钻头镶 T130 型硬质合金,方柱切削具扭转 45°,分内、中、外三环分布。并把切削具成 10°～15° 负前角斜镶。三环的底出刃不同,成阶梯状。其特点是能承受较大的轴向压力,不易崩刃,可钻进 5～7 级及部分 8 级中硬岩层。特别适用于钻进研磨性大,均匀性差的岩层,如辉长岩、玄武岩、砂岩、风化的辉绿岩、闪长岩、矽嘎岩、硅化的页岩和石灰岩等。

（5）矛式钻头。矛式钻头是一种不取芯、全断面硬质合金钻头,钻头主翼片呈锥形,侧翼片较短,起扩孔保径作用,镶 T310 型硬质合金切削具。钻头中间有一个 $\Phi27mm$ 的水眼,为增大水流速度,可制成 $\Phi14mm$ 的收敛式水眼,形成强力冲洗。适用于钻进 2～4 级红色黏土,疏松砂岩及塑性强的地层。

(6)三翼片阶梯硬质合金钻头。翼片阶梯硬质合金钻头体的形状呈炮弹形,可用普通钻粒钻头改制,翼片用 15mm 厚钢板制成阶梯形,在翼片边缘镶 S306 型硬质合金。这种钻头适用于钻进 3～4 级页岩,部分 5 级砂页岩及灰岩,是适于强力规程的一种钻头。规格尺寸见表 2-4。

表 2-4　　　　三翼阶梯式硬质合金钻头尺寸　　（单位：mm）

钻头直径/mm	d	D	D_1	D_2	R	L_1	L_2
134	110	130	94	58	70	60	180
114	90	110	86	62	60	55	170
95	71	91	67	43	50	50	160
79	55	75	51	27	40	45	150

注：d 为钢体内径；D 为钻头最大外径；D_1 为第二阶梯外径；D_2 为第三阶梯外径；R 为钢体弧形段半径；L_1 为钻头阶梯长度；L_2 为钻头总长度。

2. 金刚石钻头

(1)金刚石钻头与扩孔器。金刚石钻头具有钻进效率高,钢材消耗少等优点。它不受岩石硬度、钻孔方向的限制。金刚石钻头与扩孔器可分为表镶或孕镶两种方式,这里主要介绍的是孕镶金刚石钻头与扩孔器。根据地矿标准,孕镶金刚石钻头和扩孔器的规格分别见表 2-5、表 2-6。

表 2-5　　　　　金刚石钻头尺寸表　　　（单位：mm）

类型	规格	$D+0.5$ $+0.3$	$D_1+0.1$ -0.1	$d+0.1$ -0.1	$d_1-0.05$ -0.10	$d_2-0.05$ -0.10	d_3+ 0.2	水口 /个
单管钻头	$\Phi46$	46	44	29	39	37.5	32	3～6
	$\Phi56$	56	54	39	49	47.5	42	4～12
	$\Phi66$	66	64	49	59	57.5	52	6～14
	$\Phi76$	76	74	59	69	67.5	62	8～16

类型	规格	$D+0.5$ $+0.3$	$D_1+0.1$ -0.1	$d+0.1$ -0.1	$d_1-0.05$ -0.10	$d_2-0.05$ -0.10	d_3+ 0.2	水口 /个
双管钻头	$\Phi 36$	36	35	21.5	31	29.5	29.5	2~4
	$\Phi 46$	46	45	29	41	39.5	39.5	3~6
	$\Phi 56$	56	55	39	51	49.5	49.5	4~12
	$\Phi 66$	66	65	49	61	59.5	59.5	6~14
	$\Phi 76$	76	75	59	71	69.5	69.5	8~16

注：D 为钻头外径；D_1 为钢体外径；d 为钻头内径；d_1 为丝扣外径；d_2 为丝扣内径；d_3 为钢体内径。

表 2-6　　　　　　　　　**金刚石扩孔器尺寸表**　　　（单位：mm）

类型	规格	$D-0.1$	$D_1+0.3$ $+0.1$	$d+0.1$	$d_1-0.05$ -0.10	$d_2-0.05$ -0.10	$d_1'+0.1$ $+0.05$	$d_2'+0.1$ $+0.05$
单管扩孔器	$\Phi 46$	44	46.5	31.5	37.5	36	37.5	39
	$\Phi 56$	54	56.5	41.5	47.5	46	47.5	49
	$\Phi 66$	64	66.5	51.5	57.5	56	57.5	59
	$\Phi 76$	74	76.5	61.5	67.5	66	67.5	69

类型	规格	$D+0.1$ -0.1	$D_1+0.3$ $+0.1$	$d+0.1$	$d_1-0.05$ -0.10	$d_2-0.05$ -0.10	d_1'	d_2'
双管扩孔器	$\Phi 36$	35	36.5	26	31	29.5	—	—
	$\Phi 46$	45	46.5	36	41	39.5	—	—
	$\Phi 56$	55	56.5	46	51	49.5	—	—
	$\Phi 66$	65	66.5	56	61	59.5	—	—
	$\Phi 76$	75	76.5	66	71	69.5	—	—

注：D 为钢体外径；D_1 为扩孔器外径；d 为钢体内径；d_1 为公丝扣外径；d_2 为公丝扣内径；d_1' 为母丝扣内径；d_2' 为母丝扣外径。

（2）金刚石取芯钻具。灌浆工程先导孔和检查孔常常需要采取岩芯，合理地选择和使用取芯钻具是提高岩芯采取率的重要条件。常用的有单管取芯钻具、单动双管取芯钻具，较特殊的有三层岩芯管取芯钻具、喷射式孔底反循环取芯钻具等。

1）单管取芯钻具构造简单，制造容易，操作方便。钻具强度大，使用费用低。在完整、均质的岩层，或对取芯要求不是很高的情况下使用。

2）单动双管取芯钻具的内管接头与外管接头之间设有轴承组，可使内管不随钻杆转动，岩芯进入内管后能保持相对静止，也不受循环液冲洗，因此取芯率高。使用单动双管取芯钻具能提高钻速和回次长度，降低金刚石消耗，延长钻头使用寿命。单动双管取芯钻具可在节理、片理、裂隙发育和软硬互层的地层中使用，是金刚石钻进中常用和主要的配套工具之一。

3）三层岩芯管取芯钻具在某些粉状岩层、遇水溶解地层、胶结不好的土层或对岩芯品质要求很高的情况下，要在内管中设置第三层管，以便更好地保护岩芯。第三层管有两种类型：一种是塑料管（低压聚乙烯管），另一种是金属半合管。钻进时岩芯进入第三层管中，当装满岩芯的内管总成取出后，卸去两端的连接件，从内管中取出第三层管。若是塑料管则用刀将其切开，若是半合管则将其分开即可取出满足要求的岩芯。由于设置了第三层管，钻头内径将减小 3mm 左右。

3. 钻粒钻头

由于人造金刚石的应用，金刚石钻进工艺发展迅速，钻粒钻进的应用大大缩小。

钻粒钻头标准系列有 $\Phi75$、$\Phi91$、$\Phi110$、$\Phi130$、$\Phi150$ 五种规格。其结构尺寸见表 2-7。钻进效率的高低，钻头水口起主

表 2-7　　　　　钻粒钻头尺寸表　〔单位：mm（除注明外）〕

规格	D	D_1	D_2	d	d_1	b	R	重量/kg
$\Phi75$	75	57	62	68-0.12	66.5-0.12	78	200	6.3
$\Phi91$	91	73	78	84-0.14	82.5-0.14	95	172	7.8
$\Phi110$	110	90	96	103-0.14	101.5-0.14	115	161	10.9
$\Phi130$	130	110	115	122-0.16	120.5-0.16	136	157	12.7
$\Phi150$	150	130	135	141-0.16	139.5-0.16	157	153	15.3

注：D 为钻头外径；D_1 为钻头下口内径；D_2 为钻头上口内径；d 为丝扣外径；d_1 为丝扣内径；b 为水口宽度；R 为水口弧形半径。

要作用,常用的钻头水口形状有单弧形、双弧形、单斜边、双斜边、斜梯形等。

4. 冲击器

按动力方式,冲击器可分为风动冲击器(潜孔锤)、液动冲击器和机械作用式冲击器。前两种用得较多。

(1)风动冲击器(潜孔锤)。潜孔锤是在孔底做功的冲击器。分为阀式和无阀式两种型式,无阀式冲击器对风压要求较低,零件使用寿命长,适应性强,较多采用。潜孔锤由配气装置、活塞、气缸、外套和一些附属零件组成。目前我国主要风动工具厂都能生产不同型号、性能和规格的无阀冲击器,其主要类型与技术参数见表2-8。

潜孔锤钻头一般有柱齿状或球齿状钻头,其型号有 $\Phi 80$、$\Phi 90$、$\Phi 96$、$\Phi 100$、$\Phi 200$、$\Phi 250$ 等。

表2-8　　　　　　部分潜孔锤的型号与技术参数

型号	钻孔直径 /mm	外径 /mm	风压 /MPa	耗风量 /(m³・min)	频率 /Hz	冲击功 /(kg・m)
CIR65	68	56	0.5～1.2	2.5～5.1		3.8～9.1
CIR80	89	72	0.5～1.2	4.5～8.1		6.4～15.3
CIR90	95、100	80	0.5～1.2	5.0～9.2	14.0	7.9～19
CIR110	110、120	96	0.5～1.2	7.9～14.9		12.8～30.6
CIR150	155	136	0.5～0.7	15.9	13.3	24.7～59.4
CIR170	175	156	0.5～0.7	16.8	13.3	31.9～76.5
J-100B	105～115	95	0.4～0.7	9	14.5	15
J-150B	150～160	136	0.4～0.7	15	14.2	33
WC-85	95～120	85	0.5	18～22	10～16	8～12
WC-150	165	142	0.5	5～7.5	15	19～22.7
DH-4	105～115	92	0.56～2.46	2.28～14.7	22.3～33.3	15.2～66.5
DH-6	152～165	136	0.56～2.46	7.1～36.8	20～31	45～197.7
DHD-340A	105～115	92	0.56～2.46	2.3～13.3	18.1～30	15.8～69.4

（2）液动冲击器。液动冲击器是以冲洗泵输送的高压液流做为动力源的。液动冲击器种类较多，其中阀式冲击器比较成功。可用于灌浆工程钻孔的主要是阀式正作用液动冲击器，有 TK 系列、ZF—56 型、EPL—1 型等，主要型号技术参数见表 2-9。

表 2-9　　　几种液动冲击器的型号与技术参数

型号	TK—56	TK—75A	TK—91A	ZF—56	EPL—1
钻孔直径/mm	57、60	75	91、110	57、60	60
冲击器外径/mm	55.5	73	73	54	54
钻进方法	金刚石或合金冲击回转				
泵压/MPa	1.1～2.5	1.0～3.0	1.5～3.5	2.0～3.5	1.5～2.2
工作泵量/(L/min)	55～120	60～180	90～200	60～100	60～114
冲击频率/Hz	28～52	27～50	20～53	42～57	17～35

5. 钻机的升降、拧卸工具

（1）升降工具包括：

1）提引器。普通提引器有普通钻杆接头提引器和锁接头提引器两种。两者构造相同，其技术规格如表 2-10 及表 2-11 所示。

表 2-10　　　　　钻杆接头提引器

规格/mm	负荷能力/kN	适用钻杆	重量/kg	生产工厂
Φ33.5	20	Φ33.5　Φ34	1.9	济南探矿机械厂
Φ42	20	Φ42　Φ43	3.9	济南探矿机械厂
Φ50	30	Φ50	9	济南探矿机械厂

表 2-11　　　　　锁接头提引器

规格/mm	负荷能力/kN	适用钻杆	重量/kg	生产工厂
Φ57	30	Φ42	5.4	济南探矿机械厂
Φ65	30	Φ50	8.5	
Φ75	80	Φ60	10.5	
Φ83	80	Φ63.5		

2）提引环(U 形环)。提引环是钢丝绳与各种提引工具
或提引工具之间的连接工具,其技术规格见表 2-12 所示。

表 2-12 提引环技术规格

负荷能力/kN	适用孔深/m	重量/kg	生产工厂
10	0~100	3.5	
20	200	3.8	济南探矿机械厂
30	300	4.2	
50	500	7.8	

3）水龙头。水龙头是连接高压胶管和机上钻杆的通水
接头。各式水龙头具有直接悬挂的特点,其结构基本相同。

（2）拧卸工具包括夹持和拧卸两类工具。常用的有:垫
叉、钻杆夹持器、套管夹板、锁接头扳手、自由钳、液压拧管
机等。

1）垫叉。

钻杆接头垫叉:用于孔口夹持内丝钻杆接头,其技术规
格见表 2-13。

锁接头垫叉:是目前普通口径钻进时常用的垫叉,其技
术规格见表 2-14。

小口径钻杆垫叉:专为小口径钻进设计的垫叉,其技术
规格见表 2-15。

2）钻杆夹持器。钻杆夹持器用于孔口夹持钻杆。因钻
杆夹持器结构复杂与使用不便,目前普通口径钻进已很少使
用。小口径绳索取芯钻进常用的几种钻杆夹持器为:

球卡式夹持器:球卡式夹持器与 S56 绳索取芯钻具配
套,用于夹持 $\Phi 53$ 钻杆。孔浅时用一排卡块,孔深时用两排
卡块。

脚踏式夹持器:又称木马式夹持器,与 S56 绳索取芯钻
具配套,用于夹持 $\Phi 53$ 钻杆。

液压夹持器:TK—2 型液压夹持器是绳索取芯专用机
具,可更换 $\Phi 43.5 \sim \Phi 71mm$ 多种规格卡瓦,适用于多种规格
钻杆。

表 2-13 　　　　　　　　钻杆接头垫叉技术规格

规格/mm	适用钻杆/mm	重量/kg	钢号
Φ33.5	Φ33.5	5.5	35
Φ2	Φ42	6.2	35
Φ50	Φ50	7	35

表 2-14 　　　　　　　　锁接头垫叉技术规格

规格/mm	适用钻杆/mm	重量/kg	钢号
Φ34	Φ33.5	2.9	35
Φ57	Φ42	6.2	35
Φ65	Φ50	7	35
Φ75	Φ60	8.6	35

表 2-15 　　　　　　　小口径钻杆垫叉技术规格

规格/mm	适用钻杆/mm	钢材
Φ34	Φ33.5	45
Φ42	Φ42	45

3）套管夹板。套管夹板是夹持套管的工具,其规格尺寸见表 2-16。

表 2-16 　　　　　　　　　套管夹板规格尺寸

规格/mm		重量/kg	材料	生产工厂
普通大口径	Φ57	—	As	
	Φ73	—	A5	
	Φ89	13.2	A5	
	Φ108	16.0	A5	天津采矿机械厂
	Φ127	19.0	A5	
	Φ146	22.3	A5	
	Φ168	24.4	A5	

4）锁接头扳手。锁接头扳手用于叉入锁接头切口,用以拧卸钻杆。规格尺寸见表 2-17。

表 2-17 锁接头扳手规格尺寸

规格/mm	适用钻杆/mm	重量/kg	材料
Φ34	Φ33.5	1.4	A5
Φ57	Φ42	9.5	A5
Φ65	Φ50	11.0	A5
Φ75	Φ60	12.0	A5

5) 自由钳。自由钳按其使用不同可分为钻杆钳和套管钳两种。

钻杆钳:用于拧卸各种规格钻杆。钻杆钳规格见表 2-18。

套管钳:用于拧卸各种规格套管和岩芯管。其规格见表 2-19。

小口径自由钳:小口径钻进用自由钳,目前主要有两节钳和三节钳。

a. 两节钳—两节钳结构较简单。规格见表 2-20。

b. 三节钳—三节钳在小口径钻进中使用较广泛。其规格见表 2-21。

表 2-18 钻杆钳规格

公称规格/mm	柄长/mm	拧卸钻杆直径/mm	工作扭矩/(N·m)
Φ42/Φ43	400	Φ42、Φ43	750
Φ42	400	Φ42	140
Φ50/Φ53	400	Φ50、Φ53	750
Φ50	476	Φ50	1600
Φ60	476	Φ60	1800
Φ63.5	476	Φ63.5	1800

表 2-19 套管钳规格

公称规格/mm	柄长/mm	拧卸钻杆直径/mm		工作扭矩/(N·m)
Φ89/Φ73	450	Φ89	Φ73	1200
Φ127/Φ108	450	Φ127	Φ108	1600
Φ168/Φ146	500	Φ168	Φ146	2000

表 2-20   两节钳规格

规格/mm	适用管材	备注
Φ42/Φ45	Φ42、Φ43 钻杆，Φ44 岩芯管，Φ46 钻头	
Φ50	Φ50 钻杆	
Φ58/55	Φ54 套管，岩芯管，Φ50 钻头	
Φ63/65	Φ64 套管，岩芯管，Φ65 钻头	
Φ73/Φ75	Φ74 套管，岩芯管，Φ76 钻头	

表 2-21   三节钳规格

公称规格/mm	柄长/mm	卡管直径/mm	工作扭矩/(N·m)
Φ36/Φ46	400	Φ36～Φ46	600
Φ46/Φ56	400	Φ46～Φ56	850
Φ66/Φ76	400	Φ66～Φ76	1000

6）液压拧管机。液压拧管机技术参数见表 2-22。

表 2-22   液压拧管机技术规格

	技术参数 \ 型号	NY—2	NY—3	NY—100	YNG—132	YNG—160	TK—2N 悬吊式	TK—200
拧扣部分	拧管最大扭矩/(N·m)	600	600	1000			1900	
	拧扣工作扭矩/(N·m)	400	400		870	940	1600	1900～2000
	拧管转速/(r/min)	75	75	100	91	85	2～31.5	40～50
	油缸活塞最大推力/kN	42	60.42					
	油缸活塞工作推力/kN	25.2	36.25					
	油缸活塞扭矩/(N·m)							
	油缸活塞行程/mm	130	130					

技术参数　型号		NY—2	NY—3	NY—100	YNG—132	YNG—160	TK—2N 悬吊式	TK—200
拧扣部分	通孔直径/mm	135	175	156			78（钳口）	
	拧卸钻杆直径/mm	60;50;42	60;50;42	50;42			55.5(56);71	43.5~73
油泵	型号							
	流量/(L/min)	45	45					
	最大压力/MPa	12	12	12				
	工作压力/MPa	8	8		8	8	10	10
	转速/(r/min)	1450	1450					
液压马达	型号	YMC—30	YMC—30	ZM7—14				
	排量/(ml/r)	230	230	15.75				
	工作扭矩/(N·m)	200	200	18				
	最大扭矩/(N·m)	300	300					
	转速/(r/min)	175	175	1500				
重量 kg		150					92(钳体)	70
生产单位		张家口探矿机械厂		北京探矿机械厂	石家庄煤矿机械厂			

四、泥浆泵

泥浆泵是钻探工作主要配套设备之一。其作用是把冲洗液送入孔内,以冷却钻头,清洗孔底,排出岩粉、岩屑,反循环钻进中还可以输送岩芯,保护孔壁,润滑钻具等,以保证正常钻进。钻探用泥浆泵有往复式泵和螺杆泵两大类型。以往复式泥浆泵应用最广泛。

往复式泥浆泵按其缸数可分为单缸、双缸和三缸;按作用次数分为单作用和双作用;按活塞形式又分为活塞式和柱塞式;按缸的位置又分为卧式和立式;按排出液体压力大小又分为低压泵(≤4MPa),中压泵(4～32MPa)和高压泵(32～100MPa)。根据活塞的往复次数可分为低速泵(≤80 次/min),中速泵(80～250 次/min)和高速泵(250～550 次/min)。在选择泵时,应根据钻孔的深度和孔径加以正确选择。一般钻孔的口径越大,要求泵的排量越大;钻孔的深度越大,要求泵的压力越高。通常岩芯钻探多配用三缸单作用泵。水文水井钻探多用双缸双作用泵。这些泵也多属于中、低压及中、低速泵(见表 2-23)。

表 2-23　　岩芯钻探常用部分泥浆泵主要技术参数表

泵的型号	BW—100/3.5	BW—150	BW—250	BW—320
类型	卧式双缸单作用活塞泵	三缸单作用活塞泵	卧式三缸往复式单作用活塞泵	三缸单作用活塞式
泵量/(L/min)	60、100	32～150	250～35	320～66
泵压/MPa	2.0、3.5	1.8～7.0	2.5～7.0	4～10
驱动功率/kW	5.5	7.5	15	30
吸水管内径/mm	76	50	76	76
捧水管内径/mm	51	32	51	51
外形尺寸/mm			1000×905×650	1280×855×720
质量/kg	170	516	500	650(不含电动机)
生产单位	衡阳中地装备探矿工程机械有限公司			

第二节　灌　浆　设　备

灌浆机具主要包括灌浆泵、制浆和储浆设备、灌浆塞等。本节介绍常用的灌浆泵和灌浆塞。

一、灌浆泵

灌浆泵是能产生一定的压力,可将水泥浆液或其他种类浆液灌入到岩石裂隙或土的孔隙内的机械设备。水泥灌浆施工中灌浆泵要求有较大的工作压力和排浆量,能方便地调节泵的排量,易损配件有较高的耐磨性和耐蚀性,结构简单易于维修。化学灌浆中灌浆泵要求耐腐蚀,有稳定的工作压力和工作流量,流量较小的特点。

水利水电灌浆工程中常用的灌浆泵有往复泵、螺杆泵、离心泵。当前国内最常用的灌浆泵为往复式泵。

1. 往复泵

往复泵是容积式泵,其理论流量决定于单位时间内活塞运动所扫过的体积量。对一台具体的泵,理论流量只与缸径、活塞行程和往复次数有关,当这些因素不变时泵的理论流量就是一个定值与压力无关。实际使用中泵量与泵压有一定关系,随着泵压增加泵量降低,这主要因为泵压增加泵的泄漏量增加引起的。往复泵产生的泵压理论上可无限升高,即往复泵的压力只取决于泵本身以及管道材料的强度、密封性能和原动机的功率,而与泵的几何尺寸无关。

往复泵的结构主要由动力端和液力端两大部分组成。动力端由动力源(电动机或柴油机)、曲柄连杆机构、十字头和其他机械传动部件(变速箱、离合器)组成。它把原动机的能量传递给活塞,并通过曲柄连杆机构把回转运动变成活塞的直线往复运动的动力传动机构。液力端由泵头体、缸套、活塞、活塞杆、吸入阀和排出阀等零件组成。它的作用是通过活塞在缸套内做往复运动形成液缸容腔变换,完成能量转换,实现吸入或排送液体。所以液力端是把机械能转换为液体压力能的机构。

往复泵根据活塞或柱塞往复一次能够完成一次或两次吸入和排出过程,分为单作用和双作用泵;根据配置液缸数可分为单缸泵、双缸泵、三缸泵;按直接对液体做功的工作机构的结构形式不同可分为活塞泵和柱塞泵。按排出液体压力大小又分为低压泵($\leqslant 4$MPa),中压泵($4\sim32$MPa)和高压泵($32\sim100$MPa);根据活塞的往复次数可分为低速泵($\leqslant 80$ 次/min),中速泵($80\sim250$ 次/min)和高速泵($250\sim550$ 次/min)。

单缸往复泵流量不均匀程度较高,从而产生压力脉冲,容易导致泵和管路震动,影响设备寿命和灌浆效果,通过多缸错时叠加可有效减低压力脉冲同时使泵的理论瞬时流量更趋于均匀平稳,奇数缸比偶数缸效果更加明显,所以灌浆采用三缸单作用泵最为理想,能实现较高灌浆压力、较大灌浆流量和相对平稳的压力和流量状态。

2. 螺杆泵

螺杆泵是一种回转式容积泵。它的液力端由一个钢制螺杆和一个铸在筒形金属壳体内的橡胶衬套组成。当螺杆在衬套中运动时,螺杆和衬套之间的螺旋形密封容腔就会不断的发生变化。在吸入端,密封容腔不断地由小变大,吸入的液体又不断的被螺杆的螺旋运动带往排出端。在排出端密封容腔由大变小,将液体排出管路,实现能量转换,完成液体的输送。

螺杆泵的螺杆在衬套中做行星运动,动力端的传动轴与螺杆之间通常采用万向轴或挠性轴传动。螺杆泵只用一种调节流量的方法,就是改变螺杆的转速。为此可在动力端的传动轴与原动机之间装置变速机构实现变速。

螺杆泵根据螺杆的波齿数(螺纹的头数)分为单波螺杆泵和多波螺杆泵。

3. 离心泵

离心泵是叶片泵的一种,依靠旋转的叶轮对液体的动力作用,把机械能连续的传给液体,使液体的速度能和压力能增加,实现液体的输送,主要由叶轮、泵体、吸入管、排出管等组成。按吸入方式可分为单吸式和双吸式;按泵体形式可分为蜗壳泵、导叶式泵;按泵壳形式分为节段式、筒式、中开式;按级数可分为单级和多级。多级离心泵是在同一根轴上装有两个或两个以上的叶轮,液体通过级间过流通道,从前一级压水室流道下一级压水室,逐级流动,直到最后一级流出,泵的总扬程是各级扬程之和。

离心泵的流量范围较大,一般在 $5 \sim 200 \text{m}^3/\text{h}$;转速较高,可直接与动力机连接,传动装置简单、紧凑;在一般情况下启动前要灌注水,液体黏度对泵影响大;流量随扬程变化显著,小流量、低扬程受到限制。离心泵主要用在灌浆工程的给排水中。

表 2-24 所列为常用灌浆泵型号及主要性能参数。

表 2-24　　部分灌浆泵或代用泵主要技术参数

型号	流量 /(L/min)	压力 /MPa	功率 /kW	重量 /kg	生产厂家
HBW—160/10 泥浆泵	160~44	2.5~10	11	540	衡阳探矿机械厂
BW—320 泥浆泵	320~66	4.0~10.0	30	650	
BW—250 泥浆泵	250~35	2.5~7	15	500	
SNS—150/3.5A	150	3.5	11	400	三川德青工程机械有限公司(原黑旋风工程机械开发有限公司)
SNS—130/20	85~130	20~10	22	750	
3SNS 高压注浆泵	100~207	4~10	18.5	730	
BW—160/10 型泥浆泵	200	10	11	560	长沙探矿机械厂
SGB6—10 泥浆泵	100	10	18.5	750	浙江杭钻机械制造有限公司
SGB—1 泥浆泵	90	8	11	364	
NSB100—30A 泥浆泵	100	3	7.5	295	
SGB9—12 型灌浆泵	150	12	22	820	
ZBE-100 灌浆泵	90	5~14	7.5	380	瑞典克拉留斯
ZBA150-01 灌浆泵	150	0~3.7	气动	190	
PUMPAS 搅拌机组及泵组	200	10	22	1300	

二、灌浆塞

灌浆塞的型式很多,按膨胀塞体材料和构造形式主要可分为胶球式和胶囊式两大类型。两类灌浆塞都有单塞和双塞两种形式,单塞只封闭孔段的一端,多用于自上而下分段灌浆法、自下而上分段灌浆法或全孔一次灌浆。双塞多用于预埋花管法灌浆和指定孔段的压水试验。

1. 胶球式灌浆塞

胶球塞的膨胀部分由实体天然橡胶材料构成,通过压缩圆柱形的橡胶体(胶球)发生横向膨胀,以封闭隔离孔段。

胶球塞是通过一套设置在孔口的螺杆装置对胶球施加压力,迫使膨胀(图2-1),也可在塞体内设置液压装置对胶球施加压力(图2-2),可适应更深的灌浆孔和更高的灌浆压力。胶球塞的各项技术参数见表2-25。当进行浅孔灌浆时,一些单位对胶球塞进行改进已可达到5MPa以上的灌浆压力。

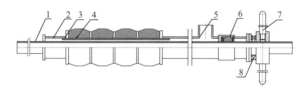

图 2-1　螺杆压缩式胶球灌浆塞

1—射浆管;2—灯笼架;3—垫圈;4—胶球;5—回浆管;6—密封;

7—手柄;8—轴承

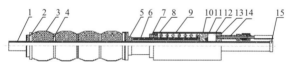

图 2-2　液压胶球灌浆塞

1—射浆管;2—档片;3—胶球;4—垫圈;5、7、13—盖头;6—推力管;

8—密封;9—弹簧;10—液压缸;11—密封圈;12—活塞;14—液压

介质入口;15—钻杆接头

表 2-25　　　　　　　**胶球式灌浆塞的技术参数**

特征　　　　　类型	螺杆压缩式	液压式
胶塞直径/mm	54～126	54～126
胶塞长度/mm	300～600	300～600
适用灌浆压力/MPa	≤2.5	≤5
适应灌浆深度/m	40	80
胶球数量/个	2～6	3～8

注:灌浆压力较大时,采用较多胶球数量和胶塞长度。

2. 胶囊式灌浆塞

胶囊塞的塞体由耐高压的橡胶囊构成，通过专用管道向囊体内注入气体或水，使胶囊膨胀，达到封闭隔离孔段的目的。胶囊塞见图2-3。胶囊长度一般为500mm或1000mm。

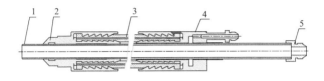

图 2-3 胶囊塞

1—射浆管；2—伸缩端；3—胶囊；4—固定端；5—连接头

我国经过多年的研究开发，生产的胶囊式灌浆塞性能已达到国外同类产品的水平，表2-26为中国水电基础局有限公司研制的灌浆塞系列产品的主要技术性能。使用胶囊式灌浆塞应注意钻孔孔径、灌浆塞直径与灌浆压力的合理配合，灌浆塞的膨胀压力应超过最大灌浆压力的 10%，且不低于 0.3MPa。深孔灌浆时宜使用压缩空气或惰性气体作为膨胀介质，严禁使用氧气。

胶囊式灌浆塞通常为纯压式灌浆塞，必要时也可制作循环式灌浆塞。

表 2-26   **胶囊式灌浆塞的技术性能**

型号	灌浆塞外径/mm	适用孔径/mm	膨胀范围/mm	工作压力/MPa
DYS—50	$\Phi44$	$\Phi50$	$\Phi44\sim\Phi80$	8～12
DYS—56	$\Phi48$	$\Phi56$	$\Phi48\sim\Phi90$	6～10
DYS—66	$\Phi58$	$\Phi66$	$\Phi58\sim\Phi75$	6～10
DYS—76	$\Phi67$	$\Phi76$	$\Phi67\sim\Phi100$	4～8
DYS—91	$\Phi75$	$\Phi91$	$\Phi75\sim\Phi110$	3～6
DYS—110	$\Phi86$	$\Phi110$	$\Phi86\sim\Phi120$	2.5～5

注：膨胀范围与工作压力成反比。

第三节　制浆与储浆设备

一、水泥浆搅拌机

水泥浆搅拌机是重要的灌浆设备,它对浆液质量、灌浆施工的工效和质量影响很大。水泥浆搅拌机按其用途应分为制浆搅拌机和储浆搅拌机,前者的作用是搅拌生产水泥浆,需要对浆液进行强力搅拌,充分分散水泥颗粒;后者的作用是储存水泥浆,只需对浆液进行慢速搅拌,防止浆液沉淀。

1. 高速制浆机

高速制浆机,又称高速搅拌机,高速胶体拌和机,这种搅拌机通过离心泵使浆液在容器内高速旋流,浆液受到强烈的剪切作用,水泥团粒充分分散、水化。高速制浆机的搅拌叶轮转速应达到 1200r/min 以上。

表 2-27 为几种高速制浆机的型号和技术性能。

表 2-27　几种国产高速制浆机的型号和技术性能

型号	GZJ	ZJ—200	ZJ—400	ZJ—800	ZJ—400	ZJ—800	ZJ—2000
搅拌容量 /L	200～ 800	200	400	800	400	800	2000
额定功率 /kW	7.5	5.5	5.5	29.5	7.5	11	22
搅拌转速 /(r/min)	1440～ 2880			1460	1440	1460	1460
许用水灰比	0.5:1	0.5:1	0.6:1		0.5:1	0.5:1	0.5:1
搅拌时间 (水灰比 0.5:1) /min	2～3	2	3		3	3	3

型号	GZJ	ZJ—200	ZJ—400	ZJ—800	ZJ—400	ZJ—800	ZJ—2000
重量/kg	240	315	360		460	700	1200
生产厂	长委陆水自化设备厂	浙江杭钻机械制造有限公司			中国水电基础局有限公司西南机械制造厂		

2. 储浆搅拌机

储浆搅拌机的容量多为 200～600L,用于集中制浆站的储浆搅拌机通常容量较大,如 1000L、1500L 等;搅拌转速多为 30～60r/min。储浆搅拌机的构造简单,许多施工单位都可自制,一些钻探机械厂也有生产。常用的储浆搅拌机参数见表 2-28。

表 2-28　　常用储浆搅拌机参数表

型号	单层容积/L	转速/(r/min)	电机功率/kW	外形尺寸/mm×mm×mm	重量/kg	生产厂家
SDJ—200 双层搅拌机	200	48	2.2	800×800×1700	420	中国水电基础局有限公司西南机械制造厂
DJ—800 搅拌机(单层)	800	48	4	900×900×1700	680	
DJ—1600 搅拌机(单层)	1200	48	5.5	1200×1200×1800	1120	

二、智能制浆系统

近年在许多大型灌浆工程中开始采用智能集中制浆系统,将自动配料机、高速搅拌机、低速搅拌机、送浆泵等设备进行组合形成一套自动化智能制浆供浆系统,能有效提高制浆效率和精度,并能节约大量人力及设备成本。

中国水电基础局有限公司西南机械制造厂开发的 FEC Auto ZJ—400A 系列制浆系统是用于灌浆工程、防渗墙工程及其他基础处理工程中的一种集中制浆作业平台。该系统装配有先进的自动控制系统和优良的机械生产设备,可按照用户设定的搅拌时间以每次400L的浆液数量进行全自动生产;可进行水灰比不低于0.5∶1的纯水泥浆液和各种混合浆液的生产(表2-29)。

表2-29   FEC Auto ZJ—400A 系列制浆系统参数表

项目	技术参数	类型	电机功率/kW	单次搅浆量/L	储浆桶可储存的浆量/L	最高压力/MPa	最大流量/(L/min)
制浆能力/(m³/h)	8	高速搅拌机	5.5	400			
水箱容积/L	8	低速搅拌机	4		1000		
外形尺寸/mm×mm×mm	6000×2400×2400	送浆泵	22			5.2	160
重量/kg	5000	生产厂家	中国水电基础局有限公司西南机械制造厂				

第四节   灌浆自动记录仪器

水工建筑物水泥帷幕灌浆已经多年采用灌浆记录仪自动记录灌浆压力、注入率等参数,并能进行灌浆数据的分析整理,对保证灌浆质量起到了良好的效果。

早在国家"六五"和"七五"期间,中国水利水电基础工程局科研所和天津大学电力及自动化工程系合作对此攻关,于1987年12月研制成功我国第一台智能化灌浆自动记录装置,并通过技术成果鉴定。目前我国已发展有众多灌浆记录仪厂家及仪器型号,广泛应用于灌浆施工中,它们的计量及记录原理基本一致,能够准确记录灌浆过程的各种参数并进行分析。

灌浆自动记录仪是通过压力传感器、流量传感器或其他元器件,对灌浆施工作业的压力、注入率等施工参数进行检测、显示并予以记录的装置。包括：

单通道记录仪。一台记录仪只能与一台灌浆泵的监测传感器连接，检测和记录一个灌浆孔段（或并联的多个孔段）的灌浆过程参数的记录仪。

多通道记录仪。一台记录仪可与两台以上（含两台）灌浆泵的监测传感器相连，同时检测和记录两个以上（含两台）灌浆孔段的灌浆过程参数的记录仪。

二参数记录仪。可记录灌浆过程中的灌浆压力、注入率的灌浆记录仪。

三参数记录仪。可记录灌浆过程中的灌浆压力、注入率、浆液密度的灌浆记录仪。

灌浆记录仪主要组成部分包括：主机部分、传感装置部分以及附属部分。主机部分可由专用计算机（如单片微机）或通用计算机（如通用的个人计算机）再配置必要的外围设备，如数据测量采集和转换装置、显示装置、键盘、打印机以及软件系统等组成。传感装置部分可由流量传感装置、压力传感装置，必要时还有浆液浓度传感装置等组成。附属部分可由形成灌浆通道和回浆通道以及连接传感装置管路和阀门等组成。

灌浆记录仪的主要功能：

（1）能够同时连续测量记录单孔或多孔灌浆时的连续灌浆时间、实时平均流量、累积流量、实时灌浆压力，必要时可增加测记浆液密度。

（2）可适用纯压式灌浆、循环式灌浆；可适用多种水灰比的水泥浆液和压水试验。

灌浆记录仪接入灌浆系统的方式分为大循环方式和小循环方式。大循环方式指进行循环式灌浆的记录时，使用两个流量传感器分别记录进浆和回浆流量的管路连接方式。小循环方式指进行循环式灌浆时，只使用一个流量传感器检测孔段的注入率，回浆流入流量传感器出口侧的管路连接方式。记录仪接入灌浆系统见图2-4。

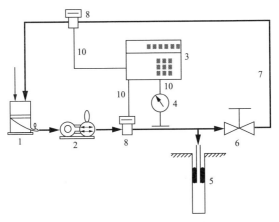

(a) 纯压式灌浆记录仪连接方式

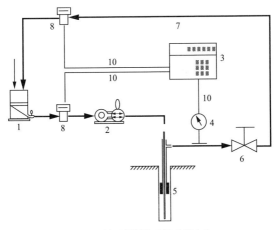

(b) 循环式灌浆记录仪连接方式

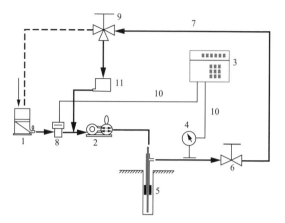

(c) 二参数记录仪小循环方式

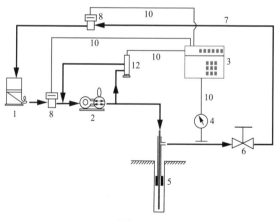

(d) 三参数记录仪大循环方式

灌浆工程施工

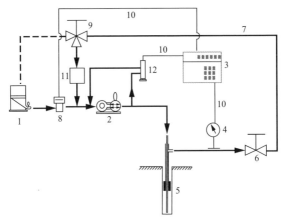

(e) 三参数记录仪小循环方式

图 2-4　灌浆记录仪连接示意图

1—储浆搅拌机；2—灌浆泵；3—记录仪主机；4—压力表和压力传感器；

5—灌浆孔；6—阀门；7—管路；8—流量传感器；9—三通阀门；

10—信号电缆；11—回浆桶及滤网；12—密度传感器

第三章

钻 孔 技 术

第一节 破岩机理及岩石可钻性

一、岩石可钻性的概念

岩石的可钻性是决定钻进效率的基本因素,它反映了钻进时岩石破碎的难易程度。岩石可钻性及其分级在钻探生产中极为重要。它是合理选择钻进方法、钻头结构及钻进规程参数的依据,同时也是制订钻探生产定额和编制钻探生产计划的基础,另外,还是考核机械台班生产效率的根据。

岩石可钻性是多变量的函数,它不仅受控于岩石的性质,而且与外界技术条件和工艺参数有密切的关系。

影响岩石可钻性的主要因素:岩石的矿物成分、结构构造、密度、孔隙度、含水性及透水性;岩石的力学性质,如硬度、强度、弹性、脆性、塑性及研磨性等。一般地说,造岩矿物中石英多、胶结牢固、颗粒细小、结构致密、未经风化和蚀变时,岩石可钻性差;岩石的硬度和强度高、研磨性强,岩石破碎就比较困难,岩石可钻性也差。

影响岩石可钻性的技术条件:钻探设备的类型、钻孔直径和深度、钻进方法、碎岩工具的结构和质量等。例如,冲击钻进在坚硬的脆性岩石中具有较好的钻进效果,而回转钻进则在软的塑性岩石中可以获得较好的碎岩效率。

影响岩石可钻性的工艺因素:加在钻头上的压力、钻头的回转速度、冲洗液的类型和孔底岩粉排除情况等。

二、岩石可钻性分级

1. 用岩石力学性质评价岩石的可钻性

岩石力学性质是影响岩石可钻性的决定因素。在室内采用一定的仪器,测定能够反映碎岩实质的一种或几种力学性质指标,用以表征岩石的可钻性。这类方法测定简便,测得的指标稳定,排除了实钻时人为因素的影响,因而测出的结果比较客观和可靠,但较难选取完全体现某种钻进方法碎岩实质的力学性质指标。

2. 用实钻速度评价岩石的可钻性

用实际钻进速度评价岩石可钻性能够反映地质因素和技术工艺因素的综合影响,所得到的钻速指标可直接用于制订生产定额。对于不同的钻进方法要求有不同的分级指标,具体做起来比较繁琐、标准条件难以保证、受人为操作因素的影响大。另外,由于钻进技术的不断发展,要求对分级指标进行不断修正。

3. 微钻速度评价岩石的可钻性

采用微型设备,在室内模拟钻进,所测得的微钻速度同样能够反映各种因素的综合影响。室内试验条件比较稳定,测试记录也比较准确,在一定程度上可避免人为因素的干扰。因而,也可用微钻速度进行岩石的可钻性分级。

4. 用碎岩比功评价岩石的可钻性

碎岩比功就是破碎单位体积岩石所需的能量。从单位时间的碎岩量还可求得钻进速度。因此,碎岩比功既是物理量又是碎岩效率指标。通过碎岩比功这一指标还可以把各种钻进方法破碎岩石的有效性沟通起来进行比较。问题在于每种钻进方法的碎岩比功本身也不是一个常量,其变化规律尚未得到充分的研究。

划分岩石可钻性级别究竟采用什么指标作为准则最好,至今还没有统一的认识。目前,在地质勘探钻进中仍采用实际钻速来划分岩石可钻性级别;在冲击钻进中有时采用单位体积破碎功(碎岩比功)进行岩石可钻性分级。而在室内研究工作中往往采用岩石力学性质指标和微钻速度探讨岩石可钻性变化规律,并试图把岩石力学性质指标、微钻速度数据与实钻速度联系起来,制订出适用于钻探生产的岩石可钻性分级表。

岩石可钻性按综合指标 W (W 为岩石的研磨硬度与抗剪强度的函数)的分级情况如表 3-1 所示。表 3-2 是我国原地质矿产部 1984 年颁布的适用于金刚石钻进的岩石可钻性分级表。

表 3-1　　　　按综合指标划分岩石可钻性分级表

岩石可钻性级别	机械钻速 /(m/h)	综合指标 W 值	岩石可钻性级别	机械钻速 /(m/h)	综合指标 W 值
2	2.3～2.4	1～50	8	0.23～0.35	900～1300
3	1.6～2.3	50～100	9	0.15～0.23	1300～2800
4	1.1～1.6	100～180	10	0.10～0.15	2800～4600
5	0.95～1.1	180～310	11	0.04～0.10	4600～7600
6	0.55～0.75	310～540	12	0.00～0.04	7600～12000
7	0.36～0.55	540～900			

表 3-2　　　　金刚石钻进岩石可钻性分级标准表

岩石可钻性	岩石物理力学性质			钻进时效指标			岩石类别
	压入硬度 /MPa	摆球硬度		统计效率 /(m/h)			
		弹次	塑性系数	金刚石	硬质合金	钢粒	
1～4	<1000	<30	>0.37		>3.9		粉砂质泥岩、碳质页岩、粉砂岩、中粒砂岩、透闪岩、煌斑岩
5	900～1900	28～35	0.33～0.39	2.9～3.6	2.5		硅化粉砂岩、碳质硅页岩、滑石透闪岩、橄榄大理岩、白色大理岩;石英闪长玢岩、黑色片岩、透辉石大理岩、大理岩

岩石可钻性	岩石物理力学性质			钻进时效指标			岩石类别
	压入硬度/MPa	摆球硬度		统计效率/(m/h)			
		弹次	塑性系数	金刚石	硬质合金	钢粒	
6	1750～2750	34～42	0.29～0.32	2.3～3.1	2.0	1.5	黑色角闪斜长片麻岩、白云斜长片麻岩、石英白云石大理岩、黑云母大理岩、白云岩、蚀变角闪闪长岩、角闪变粒岩、角闪岩、黑云母石英片岩、角岩、透辉石榴石矽卡岩、黑云母白云石大理岩
7	2600～3600	40～48	0.27～0.32	1.9～2.6	1.4	1.35	白云斜长片麻岩、石英白云石大理岩、透辉石化闪长玢岩、混合岩化浅粒岩、黑云角闪斜外长岩、透辉石岩、白云石大理岩、蚀变石英闪长玢岩、石英闪长玢岩、黑云母石英片岩
8	3400～4400	46～54	0.23～0.29	1.5～2.1	0.8	1.2	花岗岩、矽卡岩化闪长玢岩、石榴石矽卡岩、石英闪长斑岩、石英角闪岩、黑云母斜长角闪岩、混合伟晶岩、黑云母花岗岩、斜长闪长岩、斜长角闪岩、混合片麻岩、凝灰岩、混合浅粒岩

岩石可钻性	岩石物理力学性质			钻进时效指标			岩石类别
	压入硬度/MPa	摆球硬度		统计效率/(m/h)			
		弹次	塑性系数	金刚石	硬质合金	钢粒	
9	4200～5200	52～60	0.2～0.26	1.1～1.7		1.0	混合岩化浅粒岩、花岗岩、斜长角闪岩、混合闪长岩、斜长闪长岩、钾长伟晶岩、橄榄岩、斜长混合岩、闪长玢岩、石英闪长玢岩、似斑状花岗岩、斑状花岗闪长岩
10	5000～6100	59～68	0.17～0.24	0.8～1.2		0.75	硅化大理岩、矽卡岩、混合斜长片麻岩、钠长斑岩、钾长伟晶岩、斜长角闪岩、鞍山质熔岩、长英质混合岩化角闪岩、斜长岩、花岗岩、石英岩、硅质凝灰砂砾岩、英安质角砾熔岩
11	6000～7200	67～75	0.15～0.22	0.5～0.95		0.5	凝灰岩、熔凝灰岩、石英角岩、英安岩
12	>7000	>70					石英角岩、玉髓、熔凝灰岩、纯石英岩

注：表中岩石压入硬度、摆球硬度不在一个区间时，可以根据公式：

$$K = 3.1980 + 0.0008864 H_y + 0.02578 H_n$$

确定岩石级别。其中 K 为岩石可钻性等级；H_y 为压入硬度值，MPa；H_n 为标准岩样时的摆球弹次。

三、钻头碎岩刃具与岩石作用

根据碎岩刃具与岩石作用的方式和碎岩机理,可把碎岩刃具分为:切削—剪切型;冲击型;冲击—剪切型三类。

切削—剪切型刃具与岩石作用的方式见图 3-1(a)。钻头碎岩刃具在轴向力 p_z 和切向力 p_θ 作用下以 v_θ 速度向前移动而切削(剪切)岩石。

冲击型刃具给孔底岩石以直接的冲击,见图 3-1(b)。

冲击—剪切型刃具的作用方式复杂一些,见图 3-1(c),(d),钻头刃具不仅以 p_z 和 p_θ 力作用于岩石,而且还有使钻头向前回转的移动速度 v_θ 和冲锤对齿刃的冲击速度 v_z 或牙轮滚动时齿刀向下冲击的速度 v_ω 对岩石的作用。

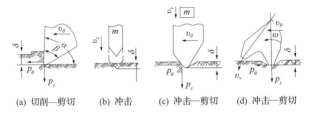

| (a) 切削—剪切 | (b) 冲击 | (c) 冲击—剪切 | (d) 冲击—剪切 |

图 3-1　钻头碎岩刃具同岩石作用方式示意图

四、主要的钻进方法和对应的岩石可钻性特点

钻进方法应根据地质结构特点、岩石可钻性和地质技术要求等进行选择,可参照表 3-3 的规定选择。

表 3-3　　　　　　　　　　常用钻进方法

钻进方法	岩石可钻性等级和特点
表镶金刚石回转钻进	4～11 级,较完整均一岩层
孕镶金刚石回转钻进	4～12 级,较破碎不均一岩层
金刚石冲击回转钻进	9～12 级,坚硬打滑岩层
硬质合金钻进	1～7 级,软、中硬岩层
硬质合金冲击回转钻进	5～8 级,中硬岩层
冲击钻进	1～5 级,松散地层
空气潜孔锤钻进	4～12 级,较完整均一岩层

第二节　硬质合金钻进

一、硬质合金钻进概述

利用镶焊在钻头体上的硬质合金切削具,作为破碎岩石的工具,这种钻进方法通称为硬质合金钻进。

硬质合金是一种坚硬材料,在实际使用中,硬质合金钻进只适用于钻进中等硬度以下的地层,即可钻性1～7级和部分8级地层。若在更为坚硬的岩层中钻进,则切削效果很差,切削具磨损很快或易折断而迅速失去钻进能力。当前,软的和中硬以下的地层,尤其是土层的钻孔工作,主要靠硬质合金钻进。

硬质合金钻进的钻具分取芯和不取芯钻具两种,其一般的结构组成是:钻头、岩芯管(单管或双管)、异径接头、钻杆等组成,如图3-2所示。

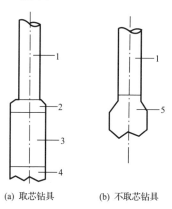

(a) 取芯钻具　　　　(b) 不取芯钻具

图 3-2　硬质合金钻具组成示意图

1—钻杆;2—异径接头;3—岩芯管;4—取芯钻头;5—翼片(或刮刀)钻头

1. 特点

硬质合金钻进,特别是与钢粒钻进相比,它具有许多特点:

（1）由于切削具固定在钻头体上，它可以钻进任意倾角的钻孔，不受孔向、孔径、孔深的限制。所钻出的井壁及岩芯，其直径比较一致，表面较光滑，这对于安全钻进和保证取芯都是有利的。

（2）可以根据不同的岩性和要求，合理地设计和选择钻头的结构，以便在不同的地层中都取得优良效果和满足工作要求。

（3）在钻进中，操作简便，规程参数的允变范围大，容易掌握。

（4）较容易保证钻孔质量，岩芯采取率较高，孔斜较小。

目前在钻进中使用的钨钴硬质合金，虽然其强度、硬度和抗磨性均较其他金属高，但从钻进工作的要求来说，尚有不足，尤其是在钻进研磨性强的或坚硬而致密的或富含硅质的岩层时，仍有硬度不足、磨损较快和钻速迅速下降的缺点，因此，这类地层的钻孔应采用金刚石、钢粒或冲击回转钻进方法，以便取得较好的钻孔效果。

2. 影响因素

影响硬质合金钻进的主要因素概括起来有下列三个方面：

（1）岩层性质。如硬度、研磨性、裂隙性、不均匀性以及岩层的硅化程度。

（2）钻头结构。如硬质合金切削刃的硬度、强度、韧性和抗磨性能；硬质合金切削具的形状、规格；切削具在钻头体上的排列形式、数量、镶焊的方法及镶焊的质量等。

（3）钻进时的操作技术及钻进规程。如所采用的钻压、转速和泵量等。为了充分发挥硬质合金钻进的效用，提高钻进速度，保证钻孔质量，必须很好地了解硬质合金钻进的实质并掌握硬质合金钻进的规律。

二、硬质合金钻头适用情况

硬质合金钻头参数应根据岩石可钻性、钻头直径和地质结构特点等进行选择，水利水电施工中按表 3-4～表 3-7 的规定选用合金钻头。

表 3-4　　　　　　钻 头 的 选 择

钻头类型	岩石可钻性等级	岩石类别	合金型号
阶梯式肋骨钻头	3～4	页岩、砂页岩、胶结差的砂岩	T105
			T107
肋骨薄片式钻头	1～4	塑性及水胀性岩层	T412
刮刀式钻头	1～4	塑性及水胀性岩层	T313
直角薄片钻头	3～4	中研磨性岩层、泥质砂岩、大理石等	T007
单双粒钻头	4～5	弱研磨性铁质及钙质砂岩、软硬互层	T105
犁式密集钻头	4～6	石灰岩、砂岩	T105
			T313
			T106
大八角钻头	5～6	软硬不均互层、裂隙及研磨性强岩层、砾岩等	T110
针状合金钻头	4～7	中硬砂岩、砾岩等	胎块及 T313
复合片钻头	5～7	研磨性强的砂岩	

注：T 表示地质工具，数字表示合金几何形状参数。

表 3-5　　　　　　硬质合金镶焊数量

钻头直径/mm	切削刃数量		
	可钻性等级		卵(砾)石层
	1～4	5～6	
91	1～4	8	9～12
110	4～8	8～10	12～14
130	7～8	10～12	14～16
150	10～12	12～14	16～18

表 3-6　　　　　　硬质合金镶嵌角及刀尖角度

岩石可钻性级别	镶嵌角/(°)	刃尖角/(°)
1～3 级均质岩石	70～75	45～50
4～6 级均质岩石	75～80	50～60
7 级均质岩石	80～85	60～70
7 级非均质裂隙岩石	90～—15	80～90

表 3-7　　　　　　　**硬质合金钻头切削具出刃规格**

岩石	内出刃/mm	外出刃/mm	底出刃/mm
松软、塑性、弱研磨性岩石	2～2.5	2.5～3	3～5
中硬强研磨性岩石	1.0～1.5	1.5～2	2～3

三、硬质合金钻头制造

（1）水利水电施工中钻头体多选用 DZ40 号钢材,壁厚 7～7.5mm。地质勘探钻进中钻头体多是选用 D35 或 D45 号钢的无缝钢管制成。

（2）钻头镶焊合金的内、外和底出刃应对称,出刃应一致,唇部水口高度 10～15mm。

（3）钻头体镶嵌合金的槽与合金之间应留 0.1～0.2mm 的间隙,铜焊液应充满间隙。

（4）针状硬质合金胎块镶焊在钻头上的嵌入深度,应是针状硬质合金胎块长度的 1/2,镶嵌参数按表 3-8 规定确定。

表 3-8　　　　　**针状硬质合金胎块镶嵌规格**

钻头规格/mm	底出刃/mm	外出刃/mm	内出刃/mm	胎块数量/块
59	10	1.5	1.5	4
75	10	1.5	1.5	4
91	10	1.5	1.5	6
110	10	1.5	1.5	6

（5）镶焊温度应控制在 930～1100℃。镶嵌针状硬质合金钻头时,喷枪火焰不得直接对准胎块。

四、硬质合金钻头使用要求

（1）与交替使用的金刚石钻头内外径应一致。

（2）相邻回次钻头内外径应近似。

（3）钻头下入孔内后,应慢速、轻压扫孔到底,然后逐渐加到正常钻进参数。

（4）孔内有脱落岩芯或残留岩芯在 0.3m 以上时,宜用旧钻头处理,不得下入新钻头。

（5）旧钻头硬质合金磨钝时应修整刃角。

五、钻进技术参数及要求

硬质合金钻进技术参数应根据岩性、孔径和钻头结构进行选择，并应符合表 3-9 的规定。

表 3-9 硬质合金钻进技术参数

岩石可钻性级别	钻进技术参数			
	钻压		转速 /(r/min)	泵量 /(L/min)
	普通合金 /(kN/粒)	针状合金 /(kN/块)		
1～4 级	0.3～0.6		200～350	＞60
5～6 级、部分 7 级	0.5～1.0	1.5～2.0	150～250	＞60

六、硬质合金钻进要求

（1）经常保持孔内洁净，硬质合金崩落时，应及时进行打捞。

（2）保持压力均匀，不得随意提动钻具，遇有糊钻或岩芯堵塞等孔内异常现象时，应立即提钻处理。

（3）取芯应选择合适的卡料或卡簧，当采取干钻卡芯方法时，干钻时间应小于 2min。

（4）合理掌握回次进尺长度，每次提钻后应检查钻头磨损情况，以改进下一回次的钻进技术参数。

第三节　金刚石钻进

一、金刚石钻头的结构要素

最常见的标准钻头的结构要素见图 3-3、图 3-4 及图 3-5。

二、钻头、扩孔器的选择与使用

（1）钻头、扩孔器应根据岩石的可钻性、研磨性和完整程度进行选择，并应符合表 3-10 的要求，还应遵守下列规定：

1）在中硬的、可钻性级别低的和均质、完整的岩层中，应选用粗粒表镶或粗粒孕镶的钻头和扩孔器。

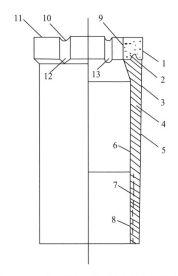

图 3-3 常用标准的金刚石钻头的各部分名称

1—胎体外径;2—胎体;3—钢体锥面;4—钢体;5—钢体外径;6—钢体内径;

7—内螺纹内径;8—内螺纹外径;9—胎体内径;10—水口;11—胎体端面;

12—外水槽;13—内水槽

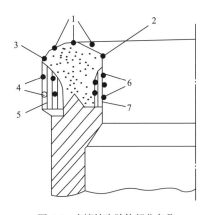

图 3-4 表镶钻头胎体部分名称

1—底刃金刚石;2—内边刃金刚石;3—外边刃金刚石;4—外保径金刚石;

5—外棱;6—内保径金刚石;7—内棱

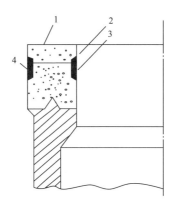

图 3-5 孕镶钻头胎体部分名称

1—工作层金刚石；2—金刚石层；3—内保径金刚石；4—外保径金刚石

表 3-10　　　　　　　　金刚石钻进技术参数

岩石分类			软	中硬			硬			坚硬		
岩石可钻性等级			1~3	4~6			7~9			10~12		
岩石研磨性			弱	弱	中	弱	弱	中	强	弱	中	强
金刚石表镶钻头	胎体硬度 (HRC)	40	──	──	──							
		45		──	──	──			──			
	金刚石粒度 (粒/克拉)	15~25		──	──							
		25~40			──	──						
		40~60				──	──					
		60~80								──	──	
人造金刚石孕镶钻头	胎体厚度 (HRC)	25						──	──			
		35				──	──					
		40				──						
		45								──	──	──
		55								──	──	──
	金刚石粒度 (目)	30~46	──	──	──	──						
		60~80			──	──	──	──	──			
		100~120						──	──			
扩孔器	表镶						──	──	──			
	孕镶							──	──	──	──	──

注："HRC"表示洛氏硬度。"目"表示1mm以下金刚石粒度，即25.4mm长度内网格数量。"粒/克拉"表示大于1mm金刚石粒度。

灌浆工程施工

2）在硬的、坚硬的、可钻性级别高的和破碎的、裂隙发育的岩层中,应选用细粒表镶或细粒孕镶钻头和扩孔器。

3）在强研磨性的岩层中钻进时,应选用耐磨的和高硬度胎体的钻头与扩孔器。

（2）钻头、扩孔器、卡簧配合应符合下列要求:

1）扩孔器外径应比钻头外径大 0.3～0.5mm;岩层破碎时,宜适当加大扩孔器的外径;不宜使用硬质合金制作的扩孔器。

2）卡簧的自由内径应比钻头内径小 0.3～0.4mm。

（3）钻头使用时应遵守下列规定:

1）钻进时应按钻头和扩孔器外径大小排队使用,先用外径大的,后用外径小的。

2）新钻头下到孔底后,必须进行初磨,即轻压(1/3 钻压)、慢转(1/3 转速)10min 再换用正常参数钻进。

3）在每一回次钻进开始时,应轻压、慢转,待钻头已达孔底正常进尺后,方可采用正常参数钻进。

4）同一孔内不得同时采用钢粒钻进。

5）必须保持孔内清洁。

6）换径处可用锥形钻头修整换径台阶。

7）升降钻具应平稳,钻头下降受阻时,应用钳子回转,严禁蹾撞。

8）应用旧钻头或岩芯打捞器打捞残留岩芯或脱落岩芯。

三、钻进技术参数

（1）金刚石钻进应合理选择钻压、转速、泵压和泵量等技术参数,随时调整在不同条件下各参数之间的有机配合,以取得最优的技术经济指标。

（2）钻压应根据岩石力学性质,钻头唇面积,金刚石的粒度、品级、数量等进行选择,并应符合表3-11的规定。

（3）转速应根据岩石物理力学性质、地层的完整程度及钻头直径等进行选择,并应符合表3-12的规定。

表 3-11 　　　　　　　　金刚石钻进钻压　　　　　　单位：kN

钻头种类	钻头直径			
	46mm	59mm	76mm	91mm
表镶	3～6	4～7.5	6～11	8～15
孕镶	4～7	4.5～8.5	8～12	9～15

表 3-12 　　　　　　　　金刚石钻进转速　　　　　　单位：r/min

钻头种类	钻头直径			
	46mm	59mm	76mm	91mm
表镶	400～800	300～650	200～500	170～450
孕镶	600～1200	500～1000	400～800	350～700

（4）泵量应根据岩石研磨性、完整程度、钻进速度和钻头直径等进行选择，并应符合表 3-13 的规定。

表 3-13 　　　　　　　　金刚石钻进泵量

钻头直径/mm	46	59	75	91
泵量/(L/min)	30～45	35～55	46～70	50～80

（5）每次提钻后，除用游标卡尺测量钻头高度和内、外径的磨损并作记录外，还应检视磨损状态，判断钻进技术参数的合理性，调整钻进技术参数。

四、钻进技术要求

（1）钻进设备及附属工具应符合下列要求：

1）钻机应具有多级变数、最高转速应大于 1000r/min、最低转速应小于 50r/min、液压给进和仪表监控装置，工作平稳。

水泵应选用排量 100～150L/min、压力不小于 3MPa 的变量泥浆泵。还应配备小型泥浆搅拌机。

2）应使用直的主动钻杆，轻便水龙头和轻型高压胶管。

3）钻杆、钻具连接后的同轴度应符合规定，钻杆锁接头处宜安装密封圈。

4）钻进水路应安装压力表和流量表。

5）选择合理的钻杆级配。

（2）金刚石钻进应遵守下列规定：

1）钻进应使用润滑冲洗液。

2）钻杆接头应每班涂一次油。

3）钻头水口应及时修磨，水口高度不得小于 3mm。

4）钻进过程中应随时观察水泵压力表和流量表的变化，严禁送水中断。

5）每次起下钻，应检查钻杆、钻具。

6）每次下钻，不得将钻具直接下到孔底，应接上主动钻杆后开泵送水，轻压慢转扫到孔底。

7）钻头出现打滑时应采取以下措施：

① 选用金刚石品级高、粒度细和浓度低的钻头；

② 选用胎体硬度较低或胎体耐磨性低的钻头；

③ 减少钻头底面积可选用薄壁钻头或增大水口宽度，还可选用阶梯式钻头；

④ 适当提高钻压、降低转速；

⑤ 减少冲洗液量或在冲洗液中加入研磨颗粒，促进自锐；

⑥ 当打滑地层薄又没有防打滑钻头时，可连续用新钻头钻进，也可采用砂轮片磨锐金刚石钻头后钻进。

8）金刚石钻进用卡簧卡取芯时，必须先停止回转，将钻具提离孔底拉断岩芯。

9）钻进时不得随意提动钻具。当孔较浅时，应适当调小泵压，禁止不停钻倒杆。

10）复杂地层钻进，可采用低固相或无固相冲洗液钻进。升降钻具应平稳，适当降低提升速度，降低转速和钻压，减少钻杆对孔壁的振动力。

第四节　牙　轮　钻　进

一、牙轮钻头钻进的特点

牙轮钻进主要应用于大口径钻孔较多，牙轮钻头因其结构的特殊性，与其他钻进方法相比，有下列特点：

（1）牙轮在孔底绕钻孔轴线和绕牙轮轴滚动时，对岩石起压入压碎剪切作用的同时，带有一定频率的冲击。在几种破碎方式联合作用下碎岩，提高了碎岩效果。

（2）牙轮靠滚动和滑动轴承支撑在轴颈上，回转时转矩小，消耗的功率也小。

（3）轴心载荷均匀分布在碎岩牙轮上，在牙齿与岩石不大的接触面积上，造成很高的比压，提高了碎岩效果。

（4）牙轮沿孔底滚动时，牙齿与岩石的接触传递载荷为瞬时的，因此接触时间短，这便减少了牙齿的磨损，延长牙齿的寿命。同时，瞬时接触造成的动载，亦强化了碎岩。

（5）牙齿与岩石接触的时间短，因接触摩擦而产生的热量少，此热量在牙轮回转一周中可由冲洗介质完全带走，因此不会因过热而降低牙齿的力学性能。

二、牙轮钻头应用

由于以上特点，牙轮钻进可用于钻进从软岩到非常坚硬的岩石。例如，可钻极软的泥岩、软页岩，直到极硬的花岗岩、石英岩、玄武岩。目前牙轮钻头可用于固体矿床勘探（钻头直径 46～151mm）、水井钻探、石油和天然气钻井（钻头直径 95.2～660.4mm）、矿山爆破孔及其他工程目的的工程钻孔。

三、牙轮钻头的工作原理

1. 牙轮钻头在孔底的运动

孔底的牙轮钻头，在一定的钻压和钻柱回转力作用下带动牙轮旋转，下面分述牙轮钻头的运动形态。

（1）牙轮绕钻头轴线的旋转（称为公转）。

当钻头绕钻柱轴线作顺时针方向旋转时，带动牙轮也绕钻头轴线作旋转运动，这种旋转运动称为"公转"。

钻头在固定转速下回转，钻头上沿半径方向上各点的线速度与半径成正比，因此，牙轮绕钻头轴线运动的线速度与该牙齿距钻头轴中心的距离大小成正比，即在相同转速下，外圈齿的运动速度比内圈齿要大。

（2）牙轮绕牙轮轴的旋转（称为自转）。

当牙轮绕钻头轴线旋转的同时，还绕牙轮轴线作逆时针方向旋转，这种旋转称为"自转"。其旋转速度的大小，随钻头转速的变化而改变，同时牙轮的线速度与牙轮直径成正比。

（3）牙轮的滑动。

具有超顶、移轴和复锥式牙轮的牙轮钻头，在牙轮沿孔底滚动运动的同时，还产生牙轮齿相对于岩石表面的滑动，即这种牙轮钻头的牙轮既有滚动也有滑动。

（4）牙轮的纵向振动。

牙轮沿孔底旋转滚动，当牙轮为双齿接触孔底岩石时，牙轮的轴心最低；而当滚动到单齿与孔底岩石表面接触时，轴心便升到最高位置。这样在牙轮滚动过程中，轴心从最低到最高，再从最高到最低，反复交替，从而产生纵向振动。

由此，牙轮钻头在孔底工作时，同时产生上述 4 种运动的复合运动。牙轮钻头是靠此复合运动而破碎孔底岩石的。

2. 牙轮钻头的碎岩原理

在一定的压力和回转力作用下，钻头上的牙轮既公转又自转，产生了滚动、滑动、冲击振动的复合碎岩作用，这种复合作用，可分为冲击、压碎作用和切削剪切作用。

钻进时，加在钻头上的轴心载荷（静载）使牙齿压碎岩石，这就是压碎作用。钢齿钻头的压入压碎是尖楔工具对岩石的压入压碎过程，而镶硬合金的球齿钻头，则是球形工具压入压碎岩石的过程。同时，钻头旋转时，牙轮的纵向振动产生冲击载荷（动载），使牙齿冲击破碎岩石，称为冲击破碎。

牙轮齿对岩石的剪切破碎作用，是由于牙齿相对孔底岩石的滑动而产生的。产生滑动的主要因素是由于牙齿布置时的超顶、移轴和复锥而产生的。

四、小直径牙轮钻头的钻进工艺

在水利水电灌浆施工中主要为小口径钻孔，下面介绍小直径牙轮钻头的主要钻进工艺。

1. 钻具组合

钻头的型号和直径根据岩石的物理—力学性质和钻孔结构来选择。假如在剖面中遇到硬度交替的岩石,则按占优势的岩石来选择钻头。

为了保持钻孔方向和轴心载荷沿钻具长度更合理的分配,钻具的合理组合十分重要。通常总是力图减小孔壁与钻具下部间的径向间隙,以及使其刚度大以传递更大的轴心载荷。为此,采用加重钻杆(钻铤)加压。加重钻杆(YBT)的直径应比牙轮钻头直径小一级(例如,直径 93mm 的钻头,用直径 73mm 的加重钻杆;直径 112mm 的钻头,用直径 89mm 的加重钻杆)。

根据钻进直径和被钻岩石的特性,推荐 3 种形式的组合钻具:

1)钻头—加重钻杆—钻杆;

2)钻头—导向管—加重钻杆—钻杆;

3)钻头—闭式取粉管—加重钻杆—钻杆。

第一种组合钻具用于钻进较小直径的钻孔(76～112mm)。第二种组合钻具推荐用于钻进直径大于 151mm 的钻孔。第三种组合钻具用于钻进破碎岩层的钻孔。

2. 钻进规程参数

钻进规程参数—孔底轴心压力,钻头的回转速度和冲洗液量,对牙轮钻头的钻进效率有很大影响。

孔底轴心压力由加重钻杆的重量来建立,而钻杆处于拉伸状态,用加重钻杆的重量来调节孔底轴心压力的大小。加重钻杆的重量一般比选取的孔底轴心压力大 25%。

通常钻头回转数不超过 300r/min。钻进低研磨性岩石,推荐圆周速度在 1～2m/s 的范围内。而研磨性岩石,因为高回转速度时,钻头磨损增大,因此应不超过 1m/s。为了有效地从孔底清除岩粉,冲洗液的上升流速钻进软岩时应不小于 0.8m/s,钻进硬岩时应不小于 0.4m/s。

钻进不同可钻性等级的岩石时,不同类型小直径牙轮钻头钻进的钻进规程见表 3-14。

表 3-14　　　　　牙轮钻头钻进规程参数

钻头类型	钻头直径/mm	加重钻杆直径/mm	岩石可钻性等级	钻头轴心压力/kN	钻头回转数/(r/min)	冲洗液量/(L/min)
M 型钻头	112	89	1～3	1500～2500	100～300	300～400
	132	108		2000～3000	100～300	350～450
	151	127		2500～3000	100～200	450～550
C 型钻头	92	73	4～5	1500～2500	150～350	180～230
	112	89		2000～3000	150～300	200～280
	132	108		2500～3000	150～250	250～350
	151	127		3000～5000	150～200	300～400
T 型钻头	93	73	6～7	2000～2500	150～350	180～230
	112	89		2500～3000	150～300	200～280
	132	108		2500～3000	150～250	250～350
	151	127		3000～6000	75～200	300～400
K 型钻头	59	—	8～9	1200～1800	150～300	80～100
	76	—		1500～2500	150～300	100～120
	93	73		2000～3000	150～250	120～150
	112	89		2500～3000	150～250	150～180
	132	108		3000～3500	75～200	200～250
	151	127		3500～6000	75～200	250～300

第五节　其他钻进方法

一、气动潜孔锤钻进

1. 概述

气动潜孔锤钻进是以压缩空气作为循环介质,驱动孔内冲击器产生冲击力的一种冲击回转钻进,习惯上称潜孔锤钻进。气动冲击器即为潜孔锤。使用该方法为钻机通过钻杆对孔底钻具施加钻压和转速,同时空压机通过钻杆向孔底潜孔锤供气,驱动其产生连续不断的冲击,对孔底岩石进行破碎,实现冲击回转钻进。该方法可进行不取芯全面钻进,也可进行取芯钻进,但更常用的是不取芯钻进。这种钻孔方法不但具有空气冲孔和液动冲击回转钻进的一般特点,而且还具有如下自身特点:

(1) 冲击功大,以冲击碎岩为主,钻进效率高,是钻进坚硬岩层、卵砾和漂砾层的有效方法。潜孔锤的单次冲击功一般可高达数百焦至 1000J 以上,以冲击碎岩为主,在石灰岩和花岗岩中钻速分别可达 40m/h 和 20m/h。气动潜孔锤钻进被视为当今提高坚硬岩层、卵砾和漂砾层钻进效率最有效的方法。

(2) 空气上返流速高,孔底清洗、冷却好,钻头寿命长。钻杆与孔径配比适当,空气在环状间隙上返流速在 15m/s 以上,确保了孔底岩屑及时排出孔口;同时压缩空气以超音速通过钻头喷嘴,其体积骤然膨胀并吸收热量,而后沿环状间隙返回地面,这对冷却钻头和延长钻头寿命十分有利。

(3) 气动潜孔锤钻进要求钻压小、转速低及扭矩小,可明显减少钻杆折断和磨损,具有良好的钻孔防斜和保直效果,并可用于水平孔和斜孔的施工。

(4) 气动潜孔锤钻进,当钻进中遇到潮湿层和含水层时,可以采取泡沫钻进或雾化钻进。备有逆止阀结构的潜孔锤可用于有地下水的井孔及水域施工。

(5) 可进行多工艺钻进,具有广泛的适应性。将气动潜孔锤与多种钻具适当组合,可实现多工艺钻进,如反循环钻进、跟管钻进、取芯钻进、中心取样钻进、扩孔钻进等。若将多个潜孔锤(3~8 个)组合在一起,构成捆绑式(或集束式)潜孔锤,可用于大直径井孔施工等。

(6) 由于气动潜孔锤设计、制造不断改进,使其结构简单、零件和运动件少,制造、维修方便,使用寿命长,据国外报导,其寿命可达 8000m 以上。

(7) 气动潜孔锤钻进时的噪音随孔深增加而迅速下降(称孔内消音),并以 6dB/m 的速率减少;而地面粉尘可通过孔口密封与集尘装置有效控制,因此各指标均能符合国家环保规定。

气动潜孔锤钻进由于其突出的特点和多工艺性,使其具有广泛的应用性。首先潜孔锤钻进不仅适用于几乎包括所有的火成岩和变质岩及中硬以上的沉积岩,而且也适用于土层挤土成孔钻进,以及某些卵砾和漂砾层钻进。对于硬岩和坚硬的岩石,使用潜孔锤钻进更为有效。因为硬岩和坚硬岩石脆性大,在冲击载荷作用下,除局部岩石直接粉碎外,在钻头齿刃接触部位岩石将产生破裂,形成一个破碎区,并产生较大颗粒的岩屑,因而钻进速度大大高于单纯回转钻进。气动潜孔锤钻进也适合于在片理、层理发育,软硬不均及多裂隙等易斜地层钻孔,可有效防止或减少孔斜。

其次利用气动潜孔锤可钻进几十毫米至两米或更大直径的钻孔,孔深可从几米至几十米,甚至到几百米,目前世界上利用潜孔锤钻进的最大孔深达 859m。

2. 钻进技术参数及操作方法

空气潜孔锤钻进效率的高低,不仅取决于所用的空气压缩机、冲击器及钻头的性能和质量,而且必须做到合理操作,正确选用钻进技术参数。潜孔锤钻进的主要技术参数应包括下述几项内容:

(1)轴向压力(钻压)。从潜孔锤破碎岩石原理来看,岩石主要是在冲击动载作用下破碎的,因而潜孔锤钻进效率的高低,主要取决于冲击功的大小和冲击频率的多少。轴向压力的作用是为了克服冲击器在促使活塞下行时在气缸内所产生向上推举力,以保证冲击功有效地传递给钻头,进行碎岩。钻进压力参照表 3-15。

表 3-15 潜孔锤钻进压力参考表

潜孔锤类型	低 压				高 压	
规格/mm	80	100	150	200	100	150
钻压/kN	3～6	4～6	4～8	6～12	4～8	5～10

（2）转速。钻具的转速主要是根据岩石的性质、钻头直径、冲击功和冲击频率来确定。因为气动潜孔锤主要是以冲击动能来破碎岩石的，回转速度仅是为了改变硬质合金刃破岩的位置，所以合理的回转速度应保证在最优的冲击间隔范围内破碎岩石。最优冲击间隔的确定，国内外也不一样，有的以转角表示，有的以弧长表示。实践经验转速一般在 $15\sim30 r/min$ 范围内较为合适。

如回转速度低，不仅会产生重复破碎，影响效率的提高，而且钻头球齿也易发生凿入碎岩坑穴中，造成回转困难和钻头的损坏。如果回转速度过高，则不仅会使冲击碎岩的作用减弱，而且会造成钻头的强烈磨损，使冲击碎岩转化为切削碎岩，造成效率低、钻头磨损严重。在操作中，必须防止上述现象的发生。一个柱齿钻头，如使用正常，在可钻性 $7\sim8$ 级灰岩中可进尺 1000m 以上；如使用不当，很可能几十米就磨损，不能使用了。

（3）供风量。潜孔锤钻进时，送入的压缩空气有两个作用，其一是提供冲击器活塞运动的能量；其二是携带岩屑、冷却钻头等。因此，供风量多少的确定，一方面是根据所用的冲击器性能所需耗风量的大小；另一方面是要保证钻杆环状空间的上返风速。

利用空气的气流进行洗孔排除岩屑属于气力输送问题。岩屑在空气流介质中，因本身的粒度、密度和形状的不同而具有不同的自由悬浮速度（如流体以等于球体自由沉降速度向上运动时，则球体将在一个水平面上呈摆动状态，既不上升，也不下降，此时流体的速度称为该物体的自由悬浮速度）。

因此，钻孔环状空间内上返风速必须大于岩屑的悬浮速度，一般要求上升速度大于 15m/s。

（4）风压。空气潜孔锤钻进时，空压机压力主要用于克服压缩空气在整个流动通道中的沿程损失和各个局部压力损失；克服孔内水柱压力和提供潜孔锤工作所需的压力。

潜孔锤所需风压，低压潜孔锤为 $0.5\sim0.7MPa$，中、高压潜孔锤为 $1.0\sim2.4MPa$。

（5）一般操作方法及注意事项包括：

1）潜孔锤钻进时机上余尺不宜加得太多。加接钻杆后，潜孔锤距孔底应有 0.5～1.0m 的安全距离（视孔内岩屑多少）。主动钻杆应比一般钻杆长 1m 以上，以保证接上主动钻杆后，潜孔锤距孔底有一定安全距离。

2）加接钻杆后，接上主动钻杆应先送风，待风送通后，再慢慢下降钻具工作。

3）操作中应避免潜孔锤在不回转的情况下冲击，以防打出"键槽孔"。因故障被迫停止回转时，应迅速将钻具提升一段距离或立即刹紧绞车制带，使潜孔锤尽快由冲击工作状态转为吹孔状态。

4）回次终了时，应强吹孔底几分钟，以排除孔底积存的岩屑。有泡沫灌注装置时，可同时注入泡沫液，以提高吹孔效果。提出主动钻杆后，再慢慢停气，不可猛然放气，以防孔底含岩屑的水倒灌潜孔锤。

5）潜孔锤要经常注油润滑。在无润滑油加注装置时，每回次加接钻杆可从钻杆接头处加入 0.5kg 稀的润滑油。拆卸潜孔锤时，各零件应洗干净并涂以润滑油，组装时，若零件不到位，可用小锤在外壳处轻轻敲震，不可用锤去打。

6）停用的潜孔锤经拆洗、涂油组装后，进气口应堵好棉纱，带好防护帽，防止异物进入潜孔锤内缸。

二、钢粒钻进

钢粒钻进规程参数包括：投砂方法及投砂量、钻压、转速和冲洗液量等。

应当根据岩层的性质、钻孔直径、设备能力等因素确定合理的参数和它们的相互配合关系，以获得较高的钻速、较长的回次进尺、较低的消耗和较好的钻孔质量。

1. 投砂方法及投砂量

向孔底供给钢粒的方法称为投砂方法。正确地选用投砂方法和合理控制投砂量对钢粒钻进的效果和质量有很大的影响。钢粒钻进的投砂方法有三种：一次投砂法、结合投砂法、连续投砂法。

一次投砂法，就是在钻进开始前把一个回次所需的钢粒一次投入孔底。孔壁完整时，可从孔口直接投入；孔壁破裂时，应当把钻杆下至接近孔底时，从钻杆中投入。从投砂方法来说，一次投砂法比较简便，所以使用较广。

一次投砂量的大小，直接影响到机械钻速、回次进尺、钻头磨耗、钢粒消耗、岩芯采取率和岩芯直径等。对于钻头直径为110mm，钢粒直径为3mm的情况，经试验得到最优投砂量为2kg/回次。一次投砂量的多少主要取决于钻头直径、岩石可钻性及孔内残留钢粒等。一般钻头直径越大，岩石可钻性越高，上回次无残留或残留少时，投砂量应大；反之则应适当减少。常用口径钻头钻进不同岩石的一次投砂量推荐值见表3-16。

表 3-16   不同直径钻头钻进不同岩石时的一次投砂量

岩石可钻性	钻头直径/mm								
	75	91	110	130	225	280	335	385	430
5					5～6	7～8	8～10	10～13	12～14
6					6～8	8～11	10～13	13～17	14～19
7					7～11	9～13	11～16	14～21	16～23
8	1.1	1.4	1.6	2.0	8～12	11～15	13～18	17～23	19～26
9	1.5	1.8	2.2	2.6					
10	2.2	2.7	3.3	3.9					

结合投砂法，又称分批投砂法。这种方法是在回次开始前先投入一定数量的钢粒，待钻进一定时间后再分别补投1～2次。这种方法在一定程度上改善了一次投砂法刚投入时，孔底钢粒多、扩孔严重和磨细岩芯的缺点。但中途停钻补砂需将钻具提离孔底，费时麻烦，甚至可能引起岩芯堵塞或岩芯脱出。结合投砂法比较适合于坚硬岩层和深孔钻进采用。坚硬岩层耗砂量较大，钻孔较深时应争取较长的回次。

在结合投砂法中，第一次投入量、中途补砂次数及补砂量以及中途补砂的时间，一般取决于孔底钢粒消耗的情况。在钢粒钻进中，许多施工单位习惯采用先投入砂量的50%～

60%,然后再分 1～2 次补投其余部分的办法。

连续投砂法,是在钻进过程中连续不断地(或小组分接连不断地)向孔内供给钢粒,以补充钻进中的消耗。连续投砂法必须用专门的连续投砂器。如果投砂器工作正常,可以适时适量地向孔底供给钢粒,使孔底经常保持有适量的钢粒工作,以使其破碎岩石均匀、钻进速度稳定、钻孔质量良好、钻粒和钻头消耗较小。如果孔底钻粒量控制得当,补给及时,连续投砂法可比一次投砂法获得较好的效果。但是,假如连续投砂器工作不可靠或调节不当,则对钻进工作影响很大。而目前尚无理想的连续投砂器,所以生产中实际使用连续投砂法很少。

2. 钻压

在钢粒钻进中,钻压是保证钢粒在孔底破碎岩石的必要条件。钻压的大小直接影响着孔底碎岩的方式和效果。假如钻压不足,钢粒只能达到微量压裂岩石的程度,须经多次重复碾压,才能产生表层碎岩,故钻进效率不高。此外,钻压也是钻头产生牵动钢粒翻滚所需联系力的主要根据。假如钻压不足,则联系力不足,不能带动钢粒翻滚,就不能钻进,单位压力 P 可根据岩石可钻性由下面经验式大致确定:

$$P = 0.05[(x-1) \sim x] \tag{3-1}$$

式中:x——岩石可钻性级别,$x=5\sim12$。

在实际确定钻压时,还应考虑钢粒质量、钻具强度和设备能力等因素。

3. 转速

钻头转速大小关系到钢粒在孔底滚动的速度和破碎岩石的频率。在一定条件下,转速大就意味着钢粒在单位时间内滚动的次数多,行动的路程长,对岩石施加的动载荷也增强,因而破碎岩石的效果可增强。但是,转速过大,从而引起过大的动载会使钢粒提前破碎损耗。此外,转速增大离心力也增大,可能使钢粒抛离钻头唇底,使唇底的工作钢粒减少,引起钻进速度降低。同时,在现用转速范围内,增大转速会使钻具摆动加剧,这样一方面扩大了孔壁;另一方面也使所钻的岩芯变细,从而使钻孔弯曲增大和岩芯采取率降低,影响钻孔质量。因此,钻头的转速无疑有一最优值。

实际生产中一般根据钻头直径和合理的线速度由下式确定转速范围:

$$n = 60vL/\pi D \qquad (3-2)$$

式中:n ——钻头转速,r/min;

D ——钻头直径,m;

vL ——线速度,根据经验一般取 $vL = 1 \sim 2m/s$ 为宜,
当钻进破碎层或卵砾石层时可降到 0.6m/s。

在实际应用中,转速的确定还需考虑岩性、钢粒质量、孔深及设备条件等。一般钻进坚硬岩石应采用低转速;钢粒质量高可采用高转速,而孔越深则应选用较低转速。其原因是钢粒的相对抗压强度是随岩石硬度的增加而降低的。在硬度大的岩石中,钢粒的抗压强度相应变小,如转速过高,则更易使钢粒过早破损而失效。

4. 冲洗液量

在钢粒钻进中,冲洗液流在孔底循环,它不仅起着排除岩粉和冷却钻具的作用,更重要的还起着分选、更新钢粒和促使钻头唇面下合理布砂的作用。因此冲洗液量的大小选择是至关重要的。

冲洗液量不足时,较粗粒钻粉冲不上来,大量地积聚在孔底,有时可超过半米或更高,使工作钢粒不能直接与岩石接触,钢粒滚动阻力也增大,削弱了钻具对孔底的脉动力量,于是碎岩效率降低,同时十分容易造成卡钻或埋钻事故。

显然,冲洗液量过大时,会把钢粒冲离孔底,也会把有用的工作钢粒冲上来,落到取粉管中。使孔底缺少甚至没有工作钢粒,使钻头直接接触到岩石,钻进也就无法进行。合适的冲洗液量应该是既能保证有效地将钻粉冲走、保持孔内清洁,能使多余的钢粒在外环间隙中呈悬浮状态;又不致将有用钢粒冲走而破坏孔底的工作过程。

在生产工作中,常采用下式计算钢粒钻进的冲洗液量。

$$Q = k \cdot D \qquad (3-3)$$

式中:Q——钢粒钻进的冲洗液量,L/min;

D——钻头直径,cm;

k——送水系数,L/(min·cm);$D < 20$cm 时,$k = 2 \sim 5$;$D \geqslant 20$cm,$k = 4 \sim 6$。

送水系数 k 是一个经验数值。在计算冲洗液量时,k 值的选取与钢粒的大小、所钻岩石的级别、冲洗液的性质、水口的面积、孔底的砂量及投砂方法等因素有关。

岩层较软时,产生的岩粉量较多,冲洗液量应大些。若采用泥浆,冲洗液量应比清水小些。钻头水口的大小直接影响到该处的流速。在钻进过程中随钻头的磨耗水口逐渐变小,为了不影响正常补砂,冲洗液量应随水口变小而减小。特别是采用一次投砂法时,在整个回次钻程中,冲洗液量应分数次逐步改小,钢粒钻进称之为"改水"。如不改水就会影响后期的钻进效率。

第六节　取芯钻进技术

一、金刚石取芯钻具

采用金刚石钻进常用的取芯钻具有单管钻具,单动双管钻具和绳索取芯钻具。其中单管钻具由钻头、扩孔器、单层岩芯管和异径接头等组成,结构简单,保护岩芯差,只适用于较完整的硬岩层。生产中广泛采用的是单动双管取芯钻具,当钻进的孔较深时采用绳索取芯钻具。

1. 金刚石单动双管取芯钻具

单动双管取芯钻具是指钻具由内、外两层岩芯管组成,钻进时连接钻头的外管回转碎岩,内管不转动的取芯钻具。金刚石单动双管钻具的结构形式较多,但其基本组成如图 3-6 所示。其中单动部分 4 的结构形式有球—单盘推力球轴承式(Q 型,见图 3-7)、单盘推力球轴承式(D 型,见图 3-8)、双盘推力球轴承式(S型,见图3-9)三种标准形式。

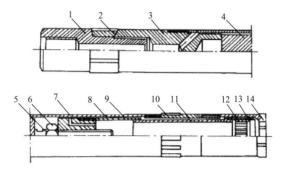

图 3-6 单动双管钻具总体结构

1—上接头;2—耐磨稳定环;3—外管接头;4—单动部分;5—心轴(调节螺杆);
6—锁紧螺母;7—内管接头;8—外管;9—内管;10—扩孔器;11—短节;
12—卡簧;13—卡簧座;14—钻

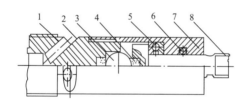

图 3-7 球—单盘推力球轴承式图

1—外管;2、4—硬质合金;3—钢球;5—推力球轴承;6—O型密封圈;
7—轴承外壳;8—心轴(调节螺杆)

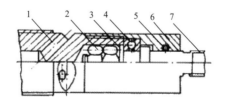

图 3-8 单盘推力球轴承式

1—外管接头;2—轴承锁紧螺母;3—垫;4—推力球轴承;5—O型密封圈;
6—轴承外壳;7—心轴(调节螺杆)

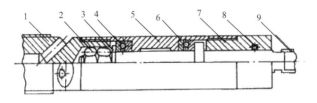

图 3-9 双盘推力球轴承式

1—外管接头；2—轴承锁紧螺母；3—垫；4,6—推力球轴承；5—连接管；
7—接头；8—O 型密封圈；9—心轴(调节螺杆)

钻进时，钻压和转速通过钻杆，经上接头、外管接头、外管、扩孔器带动金刚石钻头回转碎岩；而内管由于单动部分的轴承结构，当外管接头回转时自身不转动，起保护岩矿芯的作用。由钻杆送入的冲洗液流经外管接头的分水孔进入内外管间隙，然后流至孔底冲洗冷却钻头，携带岩粉沿孔壁间隙返回地面；而内管内的冲洗液随岩芯的进入由内管接头的排水孔排出至内外管间隙。该类钻具的岩芯卡取是采用卡簧卡取法卡取的，如图 3-10 所示。卡簧是由 40Cr 或 65Mn 钢经淬火处理加工成的带缺口环[图 3-10(b)]，具有很好的弹性和耐磨性，其内表面为柱状，与岩芯配合，一般自由内径比钻头内径小 0.3～0.4mm；其外表面是锥形，与卡簧座配合，锥度为 3°～5°。钻进时随着岩芯的进入，摩擦力使卡

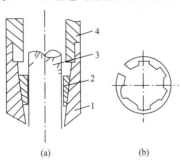

(a)   (b)

图 3-10 卡簧卡心原理

1—卡簧座；2—卡簧；3—岩芯；4—短节

簧向上运动,卡簧张开,岩芯顺利进入;当提升钻具取芯时,摩擦力使卡簧向下移动,卡簧直径缩小抱住岩芯,越拉抱的越紧,直至卡簧座从短节中部分脱出座到钻头内台阶上,靠外管拉断岩芯(卡簧座底端与钻头内台阶的距离应为3~4mm)。

生产中使用的卡簧有内槽式、外槽式和切槽式三种,如图3-11所示,其中常用的是内槽式。

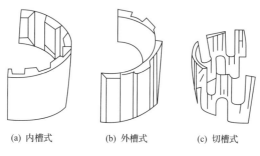

(a) 内槽式   (b) 外槽式   (c) 切槽式

图 3-11　岩芯卡簧

可见,该类钻具的主要特点是避免了冲洗液对岩矿芯的直接冲刷破坏和岩芯管回转引起岩矿芯的磨损消耗,即具有保护岩矿芯好,采取率高的特点。另外,卡簧座与钻头内台阶间的距离可调。该钻具适用于适合金刚石钻进的各类地层取芯。

使用单动双管钻具时应注意如下事项:

(1) 内、外管应直,连接同心,不易过长(一般为3~5m),以确保钻进时单动灵活,即内管不转动。

(2) 钻头、扩孔器、卡簧、卡簧座及短节管应合理级配。如扩孔器外径应比钻头外径大0.3~0.5mm;卡簧自由内径比钻头内径小0.3~0.4mm;卡簧座底端距钻头内台阶3~4mm;卡簧与卡簧座锥度一致,相对运动自如;卡簧座与短节管插入配合松紧适宜等。

(3) 卡簧活动范围很小(仅约12mm),故钻进中不得随意提动钻具,否则会提断岩芯,并卡死,不能继续钻进。

（4）提出钻具从内管内退芯时，不允许用铁锤击打，以防内管变形；并应认真检查单动部分的灵活性和水眼的畅通性。

2. 绳索取芯钻具

使用单管或单动双管钻具钻进时，均需提钻取芯，即取芯时需将孔内钻杆及钻具全部提出。由于金刚石钻进钻速高，带来升降钻具花费的辅助时间多，纯钻时间少，一般占 30%～40%。孔越深，升降钻具所占用的时间越多，而且升降钻具是机械化程度差、劳动强度大的辅助工序。因此，要增加纯钻时间，提高钻进效率，最有效的途径是减少升降钻具的时间，即采用不提钻取芯法。

绳索取芯便是不提钻取芯方法之一，即在钻进中，当内岩芯管装满岩芯或岩芯堵塞时，不需要把孔内全部钻杆柱提升到地表，而是借助专用的打捞工具用钢丝绳把内岩芯管从钻杆柱内捞取上来退芯。用绳索取芯钻具，只有当钻头被磨损至需要检查或更换时，才提升全部钻杆柱，从而显著地减少了升降钻具的次数和辅助时间，提高了钻进效率。

另外我国已研制出了不提钻换钻头的绳索取芯钻具，如BH75 型。我国使用金刚石绳索取芯钻具已经取得了较好的效果。例如：平均台月效率近 500m，最高达 1196m；平均纯钻时间超过 50%，最高达 63%；平均提钻间隔超过 16m，最高达 211.03m；最大钻孔深度为 2505m。显然，绳索取芯钻进的各项主要经济技术指标均高于普通双管钻进（即单动双管）。

整套绳索取芯钻具可分为单动双管和打捞器两部分。单动双管部分由内管总成和外管总成组成。其中外管总成由弹卡挡头、弹卡室、座环、稳定接头（上扩孔器）、外管、扶正环、下扩孔器和钻头组成，钻杆直接与外管总成相连，将钻压和转速作用于钻头碎岩；而内管总成由捞矛头、弹卡板、悬挂环、到位报信、岩芯堵塞报警、单动、内管保护、调节、扶正、岩芯容纳与卡取等机构组成；打捞器一般由打捞机构和安全脱卡机构组成。

金刚石绳索取芯钻具是中深孔取芯钻进的有效取芯工具,主要用于地质取芯钻探中,水利水电灌浆施工及检查极少使用,在此不做详细介绍。

二、金刚石钻进规程参数选择

钻头结构确定后,金刚石钻进的效率主要取决于钻进规程参数。规程参数包括钻压、转速和冲洗液量三个参量。影响规程参数的因素很多,其中主要有:所钻岩石的性质、钻头的类型与结构、所用设备和钻具的性能、钻孔直径和深度及其他工艺技术条件等。

下面介绍表镶和孕镶金刚石钻头的钻压、转速、泵量及其合理配合。

1. 钻压

一般说来,在一定范围内钻速是随钻压的增大而增加的。钻压对钻速的影响也可分为三个区:Ⅰ为表面研磨破碎区,虽呈线性正比关系,但钻速极低;Ⅱ为疲劳破碎区,是一个过渡区,依靠多次重复、裂纹扩展而碎岩;Ⅲ为金刚石刃切入岩石的体积破碎区,该区内钻速随钻压增长很快。但与此同时,单位进尺金刚石的耗量也随钻压的增长而增大。而且过大的钻压不仅使金刚石耗量急剧增大,还会导致钻速下降。权衡两者,便可确定最优钻压范围。

实际使用时,钻压的选用参照金刚石钻进参数还需考虑下列因素:

(1)岩石性质。一般在软的和弱研磨性岩石中钻进时,应选用较小的钻压;对完整、坚硬或强研磨性的岩石,应选用适当大的钻压;对破碎、裂隙和非均质岩层应适当减小钻压。

(2)钻头结构参数。钻头上所用金刚石质量好、浓度大、粒度粗时,应选用较大的钻压;反之,应采用较小的钻压。

(3)初始压力和正常压力。金刚石钻头下入孔底,其唇面形状可能与孔底不吻合,尤其是更换钻头后,因此应有一个磨合阶段,此阶段所加钻压较小(一般为正常钻压的1/3左右),以免过大钻压造成钻头局部损坏。等钻头与孔底经磨合紧密结合后,便可加正常钻压进行钻进。这一点对于新下孔的钻头十分重要,必须遵照执行。另外磨合阶段采用的转速也是较低的。

(4)钻压的传递与损失。前述计算出的钻压是指直接加到钻头上的压力。而实际施工中,钻压是由地面通过控制很长的、转动的钻杆柱而施压于孔底钻头上的。钻杆柱在孔内由于弯曲和回转的离心力等作,与孔壁产生摩擦力,及冲洗液的浮力和上顶力等均会使钻压在传递中产生损失。这是在钻进中必须予以考虑的。

2. 转速

表镶和孕镶金刚石钻头切削刃小的特点决定了只有在高转速的条件下才能获得高的钻进效率。

转速与金刚石的磨损关系较为复杂。在其他条件正常时,两者之间存在着一个合理值,即在某一转速范围内,金刚石磨损量最小。转速过大或过小,金刚石的磨损量都较大。

实际钻进中,参照金刚石钻进参数并还应考虑下列因素具体确定:

(1)岩石性质。在中硬完整的岩石中钻进时,可采用高转速;如岩石破碎、裂隙发育、软硬不均、孔壁不稳或有扩径现象时,则应采用较低的转速。

(2)钻孔结构与深度。钻孔结构简单,环状间隙较小,孔深不大时,应尽量选用高转速钻进;反之,则应采用低转速。实际钻进中,常常随孔深的增加不断降低转速。

(3)钻机与钻具的性能。实际生产中,钻杆的质量限制了转速的可选高度。钻机的性能决定了转速的可选范围及具体取值。

3. 冲洗液量

冲洗液量也称泵量,是金刚石钻进的另一重要规程参数,其作用除冷却钻头和清除岩粉外,在采用孕镶钻头钻进中,有时还利用它的变化来调节钻头的锐化和金刚石的出刃。另外金刚石钻进用的冲洗液还必须有润滑性,钻进不稳定岩层时还应有良好的护壁性等。

金刚石钻进的钻具级配、切削刃小及所钻岩石较硬等特点,决定了冲洗液的过水断面小,流动阻力大。因此金刚石钻进是以较小的泵量和较高的泵压工作的。如泵量过大,不仅会增加工作泵压,而且还会冲坏孔壁、冲蚀岩芯而易造成岩芯堵塞事故,使钻压过量减少,甚至造成钻具的振荡。当然,泵量不足也会发生排粉不畅,增大回转阻力,增加单位进尺金刚石的耗量。一旦严重不足,则会发生烧钻等严重事故。所以,金刚石钻进一般以保证上返流速来确定冲洗液量,即有效冲出岩粉。

实际钻进中还应考虑下列因素优化选用:

(1)岩石性质及完整程度。钻进坚硬致密岩石时,由于钻速较低,单位时间产生的岩粉量少,且粉粒细,可选用较小的泵量;反之,钻进中硬、颗粒粗的岩石时,应选用较大的泵量;钻进漏失地层时,如漏失量较小,可采用大于常规的泵量以补偿其漏失量。

(2)冲洗液性能及水泵性能等。冲洗液性能不同,悬浮携带岩粉的能力不同。采用黏度、密度大的冲洗液时,可选用小的泵量;反之,采用清水或乳化液时,应选较大的泵量。水泵的性能决定可选泵量的范围和具体取值。

三、硬质合金钻头取芯钻进

硬质合金钻头取芯钻进原理同金刚石取芯钻进一样,主要差别是钻头为硬质合金或复合片钻头,在选取钻进参数的钻压、转速、冲洗液量时参照硬质合金钻进参数。

四、较高要求的取芯钻进

对于一些软弱复杂地层较难取芯的情况,并对岩芯扰动有特殊要求的取芯钻进,可选用三管单动钻具进行取芯钻进,三管单动钻具原理和结构与双管单动钻具相似,效果更好,三管单动钻具能获得更好的岩芯采取率。

第七节　钻孔过程冲洗及护壁堵漏

一、钻孔过程冲洗

1. 钻孔过程冲洗的意义与功用

钻孔过程冲洗是指在钻进过程中,利用某些流体介质冲洗钻孔底部。它是钻进工艺的一个重要组成部分。选用合适的冲孔循环介质,对于及时有效地冲洗悬浮孔底钻屑和冷却钻具,使钻进过程连续进行,提高钻速和钻头寿命,以及在复杂地层进行护壁堵漏,都有重要意义。

钻孔过程中冲孔循环介质的功用有:

(1) 清洗孔底,携带和悬浮钻屑。钻头破碎下来的钻屑只有被钻孔冲洗流体及时清洗并携带出地表,才能避免钻头的重复破碎,保证钻进连续进行。另外,当冲洗液停止循环时,冲洗液的悬浮作用能避免因钻屑短期内大量沉积于孔底而造成的埋钻事故。大直径全面钻进中,破碎下来的钻屑颗粒粗,数量大,因而常选用携粉和悬浮能力强的流体,如泥浆;岩芯钻探,尤其是小口径岩芯钻探,因岩粉颗粒细且数量小,因而对冲孔流体的携粉和悬浮能力要求不高,可用清水、乳状液等。如用携带和悬浮岩粉能力强的冲孔流体,如泥浆,则其上返流速可较低;如用携粉和悬浮能力弱的冲孔流体,如空气,则其上返流速就要大。

(2) 冷却钻头。钻头回转破碎岩土时,钻头与地层摩擦而产生很高热量。热量的聚积会使碎岩工具的物理力学性质发生变化,从而降低其碎岩效率和工作寿命,甚至引起烧钻现象。冲孔流体的流动,会随时带走钻头回转产生的高热,保证碎岩效率和钻头寿命。

(3) 保护孔壁,实现平衡钻进。钻进各种松散、松软和破碎地层时,经常出现孔壁坍塌、掉块和缩径等不稳定状态。为稳定孔壁,首选的技术措施就是利用具有护壁性能的冲孔流体,在冲孔的同时稳定孔壁。当靠冲孔液自身难以完成护壁时,再选用注浆、下套管等专门护壁措施。压力平衡钻进,是指用流体冲孔时，冲孔流体对钻孔孔壁的压力与该处的地层缝隙内流体压力达到平衡。压力平衡钻进有利于防止发生井喷或漏失。

（4）润滑钻具。在高速回转钻进和钻进深孔时，为减少回转摩擦力，以及回转振动和磨损，需要采用具有润滑性的冲洗液。

（5）参与碎岩。冲孔流体参与碎岩的方式，一是流体直接参与碎岩，如石油钻井中的高压喷射钻进；二是通过冲孔流体驱动碎岩工具破碎岩石，如液动冲击回转钻进、潜孔锤钻进、螺杆钻进等。

（6）输送岩芯或岩样。冲孔流体在上返的同时将钻出的岩芯或岩屑连续地排至地表，这就是连续取芯（样）法。

此外，冲孔流体还具有输送孔底信息的功能。

在上述诸多功能中，第一和第二种功能是两种基本功能。

2. 钻孔过程冲洗循环介质的分类

常用的钻孔过程冲洗循环介质有液体（即冲洗液）和气体，按其组成和性能特点，可分为以下五类：

（1）清水。用清水冲孔，对钻头和钻具有良好的冷却性能，又可得到较高的钻速。但清水冲孔对复杂地层孔壁没有保护作用，对钻具润滑性也差。因此，它适合于孔壁稳定、钻具转速不高的情况和浅孔钻进。

（2）润滑冲洗液。它是指冲孔液体中加入润滑剂而得到的冲洗液，适合于高转速钻进和深孔钻进。

（3）泥浆。泥浆分两大类：水基泥浆和油基泥浆。常用的是水基泥浆。泥浆的黏度和比重较大，因而携粉和悬浮能力强；泥浆在孔壁上形成的泥皮，对孔壁有一定的保护作用；泥浆容易调到较大的比重，以防止井喷。泥浆的缺点是当黏土含量高且分散细时，碎岩效率较低；泥浆中的黏土颗粒对钻具有冲蚀、磨蚀作用等。它主要应用于孔壁不稳定的钻孔和钻速快、岩粉多且颗粒粗的钻孔。

（4）无固相聚合物冲洗液。它是高分子聚合物的水溶液,具有胶结护壁性能好、不含固相、比重小、钻速高等特点。

(5)空气和气液混合体。空气是最廉价的冲孔流体,用它冲孔具有钻进效率高的特点。气液混合体可分成雾气、泡沫和充气液体三类。其中空气泡沫应用较多,主要用于缺水地区和钻孔严重漏失的地层。

3. 水利水电灌浆施工钻孔中按以下要求选择配置冲洗液

(1)冲洗液应根据地层结构特点、地质技术要求、钻进方法、材料来源和设备条件选用,并应符合表 3-17 的规定。

表 3-17　　　　钻孔过程冲洗液类型表

地层分类	钻进方法	冲洗液种类	备注
完整、较完整基岩	合金	清水	
	金刚石	乳化液	
复杂基岩	各种	低固相、无固相、泡沫液	泡沫液用于漏失层或缺水地区
覆盖层	合金	泥浆、低固相	
	金刚石	无固相	

(2)配制乳化冲洗液采用的润滑剂及其用量应按表 3-18 的规定确定。

表 3-18　　　配制乳化冲洗液采用润滑剂种类和用量

类型	名称	加量(体积分数)/%		备注
		清水	泥浆	
阴离子型	太古油	0.1~0.5	1~5	
	皂化溶解油	0.3~0.5	1~5	
非离子型	O 型乳化油(甲)	0.7		有一定抗钙化性
	O 型乳化油(乙)	0.3~0.5		
复合型	复合乳化剂	0.3~0.5		有一定抗钙化性
	减阻剂	0.2		

(3)不分散低固相泥浆的性能和配制应遵守下列规定:

1)应根据岩层特点先进行室内试验确定配方,在使用过程中应定期测定浆液的性能,根据变化进行调整。

2）不分散低固相泥浆应采用优质黏土和选择性絮凝剂配制，钙质黏土必须进行预水化处理。根据性能指标要求，可加入化学处理剂调整性能指标。常用化学处理剂的种类按表 3-19 规定选择。

（4）不同地层对低固相泥浆主要性能指标的要求应符合表 3-20 的规定。

表 3-19　　　　　　　常用泥浆化学处理剂表

分类	处理剂名称
选择性絮凝剂	部分水解聚丙烯酰胺、醋酸乙烯酯与顺丁酸酐共聚物
增黏剂	Na-CMc、植物胶、水解聚丙烯酰胺
絮凝剂	水泥、石灰、石膏、氯化钙、水玻璃
稀释剂	单宁酸钠、栲胶、煤碱剂、纸浆废液
降失水剂	Na-CMc、单宁酸钠、煤碱剂、聚丙烯酸钠、水解聚丙烯酰胺、野生植物胶（钻进粉、香叶粉、榆树皮粉、槐土粉、海藻粉、植物胶）
水化抑制剂	石灰、石膏、氯化钙、植物胶
pH 值控制剂	烧碱、纯碱、石灰
润滑剂	皂化溶解油、太古油

表 3-20　　　　　同地层对低固相泥浆主要性能的要求

性能指标	坍塌掉块	水敏地层	漏失地层	涌水地层	卵砾石层
漏斗黏度/s	23～30	18～25	30～60	30 以上	40 以上
相对密度	1.03～1.08	1.03～1.05	1.03～1.05	根据水头计算	1.03～1.08
失水量/（mL/30min）	15	<10	15	15	<15
静切力/（×10^{-5} N/cm^2）	25～50	0～53	0～80	25～50	30～50
含砂量/%	<0.5	<0.5	<0.5	<0.5	<1
动塑比（τ_0/η_0）	>3	>3	>3	>3	>3
pH 值	8～12	8～12	8～12	8～12	8～12
备注				加重泥浆	

（5）聚丙烯酰胺无固相冲洗液可以在破碎地层中使用，在清水中加入量应大于 0.07%。

（6）植物胶类无固相冲洗液，配制使用应遵守下列规定：

1）植物胶粉和碱的加量应按产品说明书要求进行。

2）配制时应采用高速立式搅拌机或软轴搅拌器，转速应在 600r/min 以上，搅好的冲洗液应分散均匀。

3）配制好的冲洗液必须浸泡 4～8h。

4）浆液黏度高，除砂困难时，可加入少量 PHP 水溶液絮凝岩粉。

5）应加入防腐剂。

6）发酵变质的植物胶冲洗液应清除，不得与新浆混合使用。

（7）泥浆现场管理应遵守下列规定：

1）应配备简易泥浆测试仪器。

2）应有专人管理泥浆，及时除砂，对泥浆性能进行调整。

3）循环槽宽度不应小于 200mm，长度不应小于 10m，当除砂困难时，可配置旋流除砂器。

二、护壁堵漏

1. 孔壁失稳原因

造成孔壁失稳的因素主要有以下几方面：

（1）造成孔壁失稳的岩层性质及赋存条件，即复杂地层的成因类型及性质；

（2）钻进过程中造成孔壁岩层应力状态的变化；

（3）钻进过程中孔壁岩层受冲洗液的破坏作用；

（4）钻进过程中采用的工艺技术及升降钻具产生压力扰动等对孔壁的破坏作用。

2. 稳定孔壁的基本原理

不稳定地层钻进欲稳定孔壁，依不稳定地层的特点，可从以下三个方面进行研究并采取相应的技术措施：

（1）根据孔壁岩层的性质，建立孔内各种压力间的压力平衡，以实现压力平衡钻进。

（2）根据不同岩层产生失稳的特征，选用合理的防塌泥浆,调整其组成及性能,并采用相应的防塌措施。这对于遇水失稳地层是最主要的。

（3）对于力学不稳定地层,除采用与之相适应的冲洗介质和合理的钻进技术外,应采用凝固性材料固结孔壁岩层,以提高孔壁岩层的稳固强度,达到稳定孔壁的目的。

3. 护壁堵漏材料的选择

（1）护壁堵漏材料应根据护壁要求、地下水活动程度和货源情况进行选择,并应符合表 3-21 规定。

表 3-21　　　　　　护壁材料及适用范围

护壁材料	材料要求	适用条件	操作要点
泥浆或无固相	根据地层特性,配制不同性能的泥浆或无固相冲洗液	1. 破碎坍塌、掉块,及一般漏失地层; 2. 水敏性地层; 3. 覆盖层	1. 配制优质泥浆或无固相冲洗液; 2. 高黏度堵漏泥浆; 3. 全絮凝或交联堵漏
黏土	1. 选用黏性大的黏土; 2. 黏土中加纤维物; 3. 制成黏土球	1. 钻孔浅部一般漏失; 2. 覆盖层浅部一般漏失	1. 黏土球投入到预定位置; 2. 用钻具挤压
水泥	1. 高标号水泥加速凝剂; 2. 早强水泥	1. 坍塌严重的破碎带; 2. 漏失严重的裂隙地层或覆盖层	1. 浅部干孔采取直入法; 2. 深部采取泵入法或导管注入法及灌注器送入法; 3. 植物胶冲洗液中可投入水泥球
化学浆液	1. 有一定的抗压强度,能有效固结岩石; 2. 可控制固化时间	1. 漏失严重的裂隙地层; 2. 破碎坍塌地层; 3. 漏失严重的覆盖层、架空层、有流动水地层	用灌注器送入预定地段固化或泵入法

护壁材料	材料要求	适用条件	操作要点
套管	1. 符合《钻探用无缝钢管》(GB/T 9808—2008)标准; 2. 不松扣	1. 松散覆盖层及架空层; 2. 严重坍塌漏失地层; 3. 较大的溶洞、老窿	1. 基岩中应下到完整的坚硬岩石; 2. 孔口间隙堵严; 3. 反扣套管管口要固定; 4. 正扣套管管靴要封固

（2）使用水泥护壁时应遵守下列规定：

1）应做好地面试验，测定初、终凝时间、流动度和可泵期。

2）早强水泥最小可泵期宜为 30min。

3）配制水泥浆的水灰比宜控制在 0.45～0.6。

4）使用普通水泥或矿渣硅酸盐水泥护壁时，应加入速凝剂或早强剂。

5）灌注水泥浆时，可用泵入法、灌注器输送法或导管注入法，非干孔严禁从孔口直接倒入。下入导浆管距孔底应小于 0.5m。

6）大裂隙、溶洞及强烈涌水、漏水、坍塌等地层，应采用下套管护壁；极松散的堆积层、漂砾石架空层及水文地质试验孔，应采用跟套管护壁。

7）灌浆前必须做好准备，浆量一次灌完。

（3）灌注化学浆液时，应做好配方试验，确定固化时间。操作时，必须戴防护用品，灌完后应立即清洗灌注器，并涂油保护。

（4）套管护壁应遵守下列规定：

1）大裂隙、溶洞及强烈涌水、漏水、坍塌等地层，应采用下套管护壁；极松散的堆积层、漂砾石架空层及水文地质试验孔，应采用跟套管护壁。

2）应检查测量套管，并依次记入班报表，严禁将不合要求的套管下入孔内。

3）金刚石钻进的钻孔采用反螺纹套管时，下管后孔口应固定。采用正螺纹套管时，应在套管的螺纹上用黏结剂粘牢，并将套管固定。

4）套管上端口周围环状间隙应密封。

5）应将套管靴下到孔底或固定在变径台阶上，发现套管断开，应及时处理。

（5）起拔套管应遵守下列规定：

1）终孔后应立即起拔套管。在套管起活后，可向孔内下过滤器、观测管或封孔等工作。

2）起拔套管可采用拉、打、顶、扭相结合的方法。起管次序是先内后外。在起打过程中，应经常拧紧连接螺纹。

3）起拔套管困难时，可在管靴下 0.5m 处放炮震松。

第八节　特殊钻孔施工

一、水平钻孔

1. 水平孔钻进的特点

水平孔钻进与垂直孔、倾斜孔钻进比较，具有以下显著的特点：

（1）钻探机底座受力由原来垂直或基本垂直方向变成水平方向受力。立轴必须平放。钻机基础要牢固、稳定，液压钻机底座应加固，防止发生位移或引起激烈振动。

（2）钻具升降工序由高空作业变成地面作业，设备简化。但下降钻具由靠钻具自身质量变成靠外力压入。

（3）钻具质量全部或大部分作用于孔底变成作用于孔壁。钻机与钻具磨损严重，钻机振动加大，容易发生钻具折断事故。

（4）钻进压力全部靠机械加压，并随孔深增加而逐渐增加。加压比较困难，钻进效率较低。

（5）岩芯采取比较容易，取芯效果较直孔、斜孔为佳，地质效果较好。

（6）孔口必须设置导流装置，防止返出孔口的冲洗液到处飞溅导致操作人员衣服打湿。

2. 钻探设备及其安装要求

（1）钻探设备。水平孔深度一般只有几十米，最深的也不超过百米。应根据孔深与设计要求，选择不同的机械设备。常用的设备有 DK100 型坑道钻机、XY—1 型或 XY—2 型液压立轴式回转钻机。既可用于硬质合金钻进，也可用于金刚石钻进。水泵可选用 BW100 型变量泵。

（2）设备安装。水平孔一般布置在平洞两壁，也有少量钻孔布置在平洞工作面的。由于水平孔钻进的机械安装和操作需要一定的空间，断面为 2m×2m 的平洞空间不能满足需要，因而必须对洞壁和顶板进行扩挖。场地面积达到 5m 长、4m 宽即可满足 100m 孔深钻进的需要。

平洞内施钻，修筑地基较为简单。应平整底板渣石、消除顶板与洞壁危石。如顶板岩石有松动掉块现象，可用木料进行支撑，确保施钻安全。

1）钻机安装。在钻机安装处，定出地脚螺栓位置，用凿岩机打几个 1m 深的炮眼，埋好地脚螺栓，灌注水泥浆。凝固后安装钻机底座，保证钻机安装稳固、周正、水平。

2）提引系统安装。洞壁岩石完整稳定时，可在孔位两边离孔位 0.5～1m 处打两个锚孔，和钻孔相对应的另一洞壁打一个锚孔，埋设地锚。用水泥浆灌注后，安装滑车与引绳。如洞壁岩石不够稳定，可在钻机前后安装立柱（木质或钢管）代替锚孔。挂上滑车与引绳即可。

3. 钻进方法

（1）钻孔角度与钻孔结构。钻孔角度以上漂 1°～1°30′ 为佳，便于排粉和取芯。钻孔结构可一径到底，以利于下钻。若地层比较破碎，可下入孔口管，然后换径钻进。

（2）钻具与钻头。

1）钻具：75mm 或 59mm 孔径采用单动双管钻具。110mm、130mm 孔径采用单管钻具。

2）钻头：根据地层情况可选用硬质合金钻头或金刚石

钻头。金刚石钻头胎体性能应与地层情况相适应,以提高钻进效率、延长钻头寿命。

(3) 钻进技术参数。

1) 钻压:水平孔钻进,钻头所需压力自始至终依靠机械加压,其中一部分压力消耗于钻具与孔壁之间的摩擦上。因此钻压值比直孔、斜孔要大。根据孔深情况,59mm 钻头钻压应达到 5～7kN,75mm 钻头钻压应达到 7～8kN。

2) 转速:水平孔钻进时,钻机振动大,如转速过高,会造成仪表盘损坏和油管振断等事故。一般应采用中低速(300～500r/min)钻进,情况较为正常。

3) 泵量:水平孔钻进,冲洗液容易排出,单动双管钻具可防止冲洗液对岩芯的冲刷。钻进泵量一般均较大。59mm 孔径,泵量一般为 35～55L/min。

(4) 取芯。水平孔取芯比较容易。59mm、75mm 孔径取芯方法与直孔相同,110mm、130mm 孔径可采用以下两种方法:自然取芯,由于裂隙发育而岩芯自行折断,起钻时能完全取出;坚硬完整岩芯,用楔子楔断后用钻具套取。

4. 防斜措施

(1) 开好孔口,使孔口与钻机立轴同心,保持孔径平直。为防止孔位偏斜,孔口采用人工开凿,孔口安装导向管,用锥形定心钻头钻进。有 0.2～0.3m 进尺时,即可将钻具下入锥形孔内。开始使用短粗径钻具钻进。每回次下钻后,必须校正立轴钻杆角度,才能开钻,直至孔深超过粗径钻具长度两倍以上,再加长粗径钻具长度,转入正常钻进。

(2) 采用 110mm、130mm 钻头钻进时,每根钻杆上应安装扶正接头,防止钻孔弯曲。

(3) 钻机滑道变成水平受力,制动器成为薄弱环节。钻机加压时,制动器容易产生位移,造成钻孔偏斜,可采用加固措施,保证钻机稳定性。

5. 预防孔内事故

(1) 防止掉块卡钻。在破碎地层钻进,为防止掉块卡钻,可在岩芯管接头上镶以硬质合金块,卡钻后向外反扫,即可解除卡钻事故。在钻孔深部或坚硬岩石掉块,应使用水泥浆胶结法进行处理。

(2) 防止烧钻事故。保证水泵正常工作、冲洗液畅通无阻。发生岩芯堵塞,应立即提钻。

(3) 防止钻杆折断。水平孔钻进,钻具磨损严重,必须及时检查更换。应适当控制转速和钻压,尽量减少钻杆折断事故的发生。发现钻杆折断应及时处理。

二、倒垂孔钻进

1. 概述

倒垂线观测系统是监测岩体或坝体变形的直观手段,各项设施精度要求较高。其安装必须具备有效的铅直空间即倒垂线保护管的有效铅直管径。因此,首先要求完成能够埋设相应直径保护管的高垂直度钻孔。偏斜率一般控制在 2‰左右,具体以设计要求为准。其造孔的精度直接影响倒垂线观测系统的安装精度。

2. 钻探机械设备与工具

(1) 钻机。根据地质条件和设计要求,选择稳定性好、精度高、具有相应功率的金刚石钻机,以承受钻进过程中的扭矩,消除由于立轴晃动、偏心而产生的钻具振动与不稳定。如选择 XY—2 型或 XY—4 型液压立轴式钻机或其他相应型号的钻机,以满足倒垂孔钻进的需要。

(2) 水泵。根据钻进工艺、钻头直径和钻孔深度等因素,选择耗能较少、操作灵活、可以变量、解体性能好、便于搬迁的三缸往复式水泵,如 BW150 型、BW200 型泥浆泵或相应型号的水泵。

(3) 钻塔。根据施工条件、自行设计制造适用于廊道或露天施工的四腿或两腿钢管式钻塔。

(4) 孔口导向装置。为确保钻孔定位准确、开孔钻进铅直、升降拧卸钻具安全,可设计加工孔口导向盘或设置孔口导向管。

(5) 岩芯管、钻杆与立轴钻杆。根据钻头直径和钻孔深度,选择相应的刚性与强度均能满足设计要求的岩芯管与钻杆。钻头直径 $\Phi171mm$ 以上的倒垂孔必须选用 $\Phi89mm$ 粗径钻杆。

岩芯管、沉淀管、钻杆与锁接头的加工精度应满足规定要求。其不同轴度误差应小于 0.2mm，每米长度内的弯曲度不得大于 0.5mm。立轴钻杆必须保持垂直，不得使用弯曲的立轴钻杆。

（6）钻杆扶正接头。钻杆扶正接头外径应小于孔口导向管内径或钻孔直径 2～3mm。在一般情况下，每根钻杆均应安装扶正接头。

（7）钻孔测斜仪。选用符合测量精度的测斜器，保证测斜精度满足规定要求。

3. 钻进工艺

（1）钻机的安装与校正。

1）安装是倒垂孔钻进的重要环节之一，必须认真对待。钻机安装在基台木上，再以三根 16♯ 槽钢作压梁，通过预埋的螺杆，将钻机牢固的固定在坝面上，保证钻机安装稳固、周正、水平。当松开螺杆时，钻机可以前、后、左、右四个方向自由移动，以适应钻孔纠斜时钻机的平面位移。

2）钻机安装后，应采用两台经纬仪校正钻机立轴，使其上、下死点与孔口中心偏差控制在 1mm 以内。将开孔钻具连接立轴下端，置于孔口导向盘或导向管内。采用垂线法逐渐调整 X、Y 两个方向误差，使其精度小于 1mm。

（2）孔口导向管的安装与调整。孔口导向管的精心安装是倒垂孔顺利钻进的重要条件。其中心偏斜必须控制在 0～3mm，导向管的规格应比钻具大 1～2 级，导向管的安装必须确保其垂直精度。导向管下入后经检测无误，可灌入水泥砂浆使其与孔壁固结。

防斜是倒垂孔施工的中心环节。在施工全过程中，必须严格控制钻进技术参数和钻进速度，禁止盲目追求进尺。始终坚持"防斜为主""及时测斜"的原则，采取综合防斜措施，确保孔斜满足设计要求。如发现偏斜值较大，应及时采取有效纠斜措施。

（3）开孔钻进。开钻前,应重新校对立轴中心,使其与导向盘或导向管的中心相重合。在导向管内进行金刚石钻进时,应使用小于导向管内径2mm的扶正接头。

开孔采用轻压慢转钻进。随着钻孔延伸,逐步加长粗径钻具,直至达到8～10m。

必要时可加至20m或30m,形成管柱钻具,其导向性能更可靠。

（4）钻杆加扶正接头。粗径钻具以上的钻杆均应加钻杆扶正接头,使钻具回转平稳,以消除由于钻杆挠曲摆动而产生的孔斜。扶正接头上可镶以保径合金,以减少过度磨损,或采用滚珠轴承扶正接头。

（5）冲洗液的作用。开孔混凝土采用清水钻进,基岩孔段应采用乳化冲洗液,以润滑钻具、减少阻力、提高效率、延长钻头寿命。

（6）严格执行金刚石钻头排队轮换使用的制度。每回次提钻后用游标卡尺测量钻头与扩孔器磨损情况,并记录在钻头卡片或班报表上。

（7）采用较低的钻进参数。立轴转速和钻进压力是控制钻进速度、防止孔斜的关键环节。正常钻进中,不得使用钻机加压。孔浅时可用粗径钻具和钻铤自身质量压力,孔深时应减压钻进,使钻具呈微承拉状态。

金刚石钻进时,钻头线速度一般为1～1.5m/s。Φ220mm钻头的立轴转速80～122r/min,泵量120L/min,Φ171mm钻头的立轴转速为200～300r/min,泵量100L/min。孔底压力为1～1.5MPa。

（8）钻具、钻杆的合理使用。每回次下钻时,粗径钻具、钻杆各螺纹连接部位应涂黄油,便于拧卸。不用的岩芯管及其接头、钻头等应及时卸开放置,并涂抹黄油。

上下钻具要平稳,严禁猛墩或强力起拔。钻具遇阻时要分析原因,正确处理。提钻时,严禁猛甩钻杆、钻具,防止变形、弯曲。

（9）岩芯的卡取。卡料应合乎要求。每回次投卡料取岩芯,争取一次成功。取出岩芯、测斜后再继钻进。

(10) 严格把好变径关。变径是倒垂孔钻进的重要环节之一。变径必须使用导向钻具。当小径孔段长度等于大径钻具长度时,才能去掉作为导向的大径钻具。变径时应采用轻压慢转的钻进参数,防止钻孔过大偏斜。

(11) 定时测斜。每钻进 1m 左右,应测定孔斜一次,确保测斜准确,并记录在测斜表格上,及时掌握孔斜变化情况。如发现超标,应立即采取措施,防止因偏斜值过大而造成纠斜困难。

测斜工作必须在捞尽孔内岩芯及沉淀物以后才能进行。首先安装好水箱架和水箱,保持基本水平。然后向箱内注水,当浮体能在液面上自由漂浮时可停止注水。用钢丝与鼓形测斜仪连接,通过绕线架控制,下到预定孔深。将绕线架放置于浮体上,待浮体平稳后即可测量。在孔口十字坐标上量出偏斜的横坐标与纵坐标值。该坐标点与孔口十字坐标原点的距离即为中心偏斜值。

4. 保护管安装

保护管安装是倒垂孔施工中的最后一道工序。倒垂孔的精度最后要落实到保护管的安装质量上,因此必须严格要求,精心操作。

(1) 钻孔验收后测斜时,用作图法确定有效铅直孔径。其方法是:取钻孔不同孔深偏斜值较大的若干测点投影到平面上,在余下的平面内作圆,即为有效铅直孔径。然后确定保护管的中心坐标和安装位置。如铜街子大坝 24 坝段倒垂双标孔孔深 97.38m,Φ168mm 套管有效孔径为 131mm,见图 3-12。

(2) 所用管材应满足出厂技术要求。加工前应严格检查,其弯曲率小于 0.02%,弯曲、锈蚀严重的不能使用。保证不同轴度小于 0.25mm,台阶端面的轴线的不垂直直度应小于 0.10mm。采用公母螺纹连接。加工时应使用千分表在管床车头的另一端上加工好的螺纹部位,校正其径向跳动,使其在允许公差范围内。

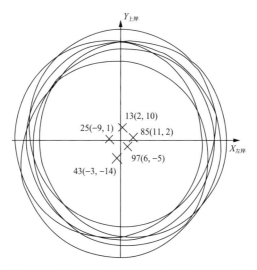

图 3-12　铜街子大坝 24 坝段倒垂双标孔 $\Phi168mm$ 管
有效孔径图

（3）保护管内壁应清洗除锈，涂防锈漆。底部管外 0.5m 以下进行粗加工以保证管壁与水泥浆的固结。保护管底部堵塞封闭，在其周边焊牢，以防漏水。

（4）使用定位扶正环。根据目前钻进技术水平，按照钻孔直径下入保护管，用钻孔本身的垂直度作导向，使保护管达到要求的垂直精度，显然是不可能的。按有效铅直径下置保护管，钻孔则存在一定的偏斜空间，保护管直径小，钻孔直径大。管柱超过一定长度后，柔性增大，在孔内失稳而产生局部弹性弯曲偏斜。为此，应采用保护管外分段焊接定位扶正环的方法。通过钻孔最终测斜成果数据，即每 1m 或 2m 测点的偏斜值，取其最大三点，按有效铅直孔径和保护管下置中心坐标点，根据计划设置扶正环相应孔深的测斜成果，定向计算出该点保护管外四个方向与实际钻孔直径，按数值焊接扶正环。

依靠下置不同深度的扶正环的径向支撑，使保护管轴线成为垂直线。从而提高保护管的垂直精度。

保护管下入孔内时,管柱要承受同体积水质量的轴向浮托力。特别是在固管注浆时,水泥浆比重按 1.80 计算,其浮托力则更大。为此,在注浆前必须将保护管固定在孔口导向管上。否则,当孔内浆液升到一定高度时,浮托力超过管柱质量,管柱就会托出孔口。

（5）灌注水泥浆固管。保护管安装达到设计要求后,可用 525♯ 水泥拌制水泥浆(水灰比为 0.5∶1),将保护管与孔壁固结。待水泥浆凝固后,自下而上测定保护管的偏斜值,绘制保护管平面和中心投影图,计算其有效铅直孔径。

保护管安装技术应符合水利部《混凝土大坝安全监测技术规范》(SL 601—2013)的有关要求。

第九节 孔 斜 控 制

在灌浆工程钻孔中,由于地质和工艺的原因,钻孔偏斜是不可避免的。但过大的孔斜会产生极大的危害性,如容易导致孔故发生,可能使技术人员对灌浆质量作出错误的判断等。为了防止钻孔偏斜和纠正钻孔偏斜,都需要进行钻孔测斜。

在测斜工作中磁针式测斜仪是应用最广泛的。它有许多型号:按记录数据方式分,有机械顶卡型、液体凝固型、电测记录型和照相记录型等;按一次下孔测读数次数分,有单点式和多点式。目前主要应用电测记录型。磁针式测斜仪只能用于非磁性干扰条件下钻孔偏斜的测量,不能应用于随钻测量中。对于磁性条件地层可采用光纤陀螺测斜仪进行孔斜测量。

灌浆孔不同于地质勘探孔,它是灌浆工程的一部分,数量很多,测斜工作量很大,因此用于灌浆孔的测斜仪应当满足一定的精度要求,性能稳定、坚实耐用、操作和维修简便,一般不需要追求过高的精度。我国生产的多种型号的测斜仪,能满足灌浆工程钻孔施工的需要。

部分测斜仪型号与规格性能见表3-22。

表3-22 灌浆工程中使用的部分测斜仪型号与规格性能表

序号	型号	测量范围		测量精度		井下仪器			生产厂家
		顶角	方位角	顶角	方位角	外径/mm	长度/mm	重量/kg	
1	KXP—2D2	0°~50°	0°~360°	±0.2	±5	40	1320		上海昌吉地质仪器厂
2	JJX—3A1	0°~50°	0°~360°	±0.2	±3	54	1345		
3	JJX—3A2	0°~50°	0°~360°	±0.2	±3	54	1345	2.4	
4	YST—25型有线随钻测斜仪	0°~180°	0°~360°	±0.2	±1.5	35			北京海蓝科技开发公司
5	YST—35型有线随钻测斜仪	0°~180°	0°~360°	±0.2	±1.5	45			
6	YST—48X型无线随钻测斜仪	0°~180°	0°~360°	±0.2	±1.5	48			
7	YSS—48D一体化电子单点测斜仪	0°~180°	0°~360°	±0.2	±1.5	48			

序号	型号	测量范围		测量精度		井下仪器			生产厂家
		顶角	方位角	顶角	方位角	外径/mm	长度/mm	重量/kg	
8	CX—6C 光纤陀螺测斜仪	0°～85°	0°～360°	0.1	1	53、40			武汉勘探研究总院
9	CX—1 型浅孔测斜仪	0°～60°	0°～360°	±0.1	±2	47	800		
10	CX—5C 钻孔测斜仪	0°～60°	0°～360°	±0.1	±2	49	1000		
11	JTL—40GX 光纤陀螺测斜仪	0°～50°	0°～360°	±0.1	±2	40	1400		上海地学研究所
12	KXP—3D 遥控数字罗盘测斜仪	0°～45°	0°～360°	±0.5	±4	40	51090	5	

地质钻孔及灌浆工程钻孔贯彻"防斜为主"的方针是非常重要的。但是,由于地质条件、施工条件、技术水平和客观情况估计不足等因素的影响,钻进过程中发生孔斜是难免的。一旦发生孔斜,应及时采取纠斜措施,不可延误时机。

主要纠斜方法有以下几种:

(1)立轴平面位移纠斜。根据钻孔偏斜方向和偏斜值,通过立轴往偏斜方向平面位移改变钻具轴线方向,使钻头工作时轴心压力产生偏压而改变原钻孔轴向。同时使粗径具顶部靠近偏斜一侧孔壁,钻头则靠偏斜相反方向孔壁钻进,从而达到纠斜目的。

纠斜钻具不必用导向接头,钻具长度以 2m 为宜。加大钻头外径和厚度,严格控制进尺,以达到钻头偏压垂直导正的目的。

此方法仅适用于孔深 20m 以内、中心偏斜不大于 20mm 的孔段。

(2)立轴纠斜。根据钻孔偏斜方向和偏斜值,将孔内岩芯全部取出,并用磨孔钻头将孔底磨平。然后在偏斜相反方向调整钻机立轴角度,采用轻压慢转钻出一个新孔,再恢复正常钻进。

(3)扩孔纠斜。当钻孔变径后,钻进到一定深度时,发现孔斜过大,可将孔内岩芯打捞干净,并用地勘水泥浆将该面封填,再用大径长钻具导向轻压慢转扩孔钻进,直至将孔斜纠正后再继续钻进。

(4)回填封孔纠斜。在中硬岩层钻进,当某一孔段偏斜值较大时,可用 525# 水泥浆加砂、砾石掺合封填。由于水泥和掺合料凝固后与偏斜孔段岩石相等或略高,可避免纠斜钻进时又回到原偏斜孔段里,因而能取得较好效果。

(5)中心导向纠斜。用 Φ3mm 钢丝绳作垂线,将一个外径比钻头内径小 4~6mm 的中心导向器垂直下入偏斜孔段,然后以水泥浆或水泥砂浆灌注。凝固后,拉断中心导向器顶端强度较小的接线,将孔内钢丝绳起出。下入钻具套住中心导向器,顺预留方向钻进,达到纠斜目的。

（6）定向纠斜管纠斜。根据钻孔偏斜方向和偏斜值，将套管脚处外侧焊一块弧形钢板（厚度视偏斜值而定）、以吊垂线画线的方法方向下入孔内。下入小一级钻具，钻具连接导向钻具（沿套管内导向），用较小钻进参数钻进 1m 左右。提出纠斜套管，下入与纠斜套管同径的钻具，其下部连接小一级导向管，用较小的钻进参数缓慢导向扩孔，达到预想效果。

（7）定向偏斜楔纠斜。根据钻孔偏斜方向和偏斜值，用钢管加工槽形偏斜楔。将偏斜楔用铆钉锚固或点焊在钻杆接头上，定向下到偏斜孔段。然后通过钻杆加压切断锚钉或焊点，经测斜检查无误后，再灌注水泥浆或水泥砂浆固定。凝固后下钻具顺偏斜楔槽内导向钻进。钻进时要轻压慢转，随时掌握孔内情况。纠斜成功后，再继续钻进。

（8）跳级变径是一次缩小孔径二至三级。如用 Φ275mm 钻具钻到一定深度，发现孔斜较大时，可下入 Φ219mm 套管作导向管。然后换 Φ171mm 孔径继续钻进。

（9）加长粗径钻具纠斜。钻进过程中，如发现孔斜较大，可将粗径钻具加长到 20～30m，这样也可以达到纠斜的目的。

第四章

水泥灌浆材料与浆液

第一节 灌 浆 材 料

水泥灌浆的主要材料是水泥和水,根据工程需要也可加入黏土、粉煤灰、膨润土、砂等掺合料和外加剂。

一、水泥

1. 水泥的品种和技术性能

水泥是一种粉末状的水硬性无机胶凝材料。水泥的品种繁多,水利水电灌浆工程中使用最多的是普通硅酸盐水泥,根据工程条件也可使用硅酸盐水泥、矿渣水泥、火山灰水泥、粉煤灰水泥和抗硫酸盐水泥。它们的技术特性见表4-1、表4-2和表4-3。

表 4-1　　　　　　　　　　灌浆工程常用水泥

水泥品种	代号	定义	混合材料
硅酸盐水泥	P.Ⅰ P.Ⅱ	由硅酸盐熟料、0～5%石灰石或高炉矿渣、适量石膏磨细制成的水硬性胶凝材料	P.Ⅰ型不掺混合料;P.Ⅱ型在硅酸盐水泥粉磨时掺加不超过水泥质量5%的石灰石或粒化高炉矿渣混合材料
普通硅酸盐水泥(简称普通水泥)	P.O	由硅酸盐水泥熟料、6%～20%的混合材料、适量石膏磨细制成的水硬性胶凝材料	活性混合材料最大掺量不得超过20%,其中允许用不超过水泥质量5%的窑灰或不超过水泥质量8%的非活性材料来代替

水泥品种	代号	定义	混合材料
矿渣硅酸盐水泥(简称矿渣水泥)	P.S	由硅酸盐水泥熟料和粒状高炉矿渣,并加入适量石膏磨细制成的水硬性胶结材料	水泥中粒化高炉矿渣掺加量按质量百分比计为20%~70%。允许用石灰石、窑灰、粉煤灰和火山灰质混合材料中的一种材料代替矿渣,代替数量不得超过水泥质量的8%
火山灰质硅酸盐水泥(简称火山灰水泥)	P.P	凡由硅酸盐水泥熟料和火山灰质混合材料、适量石膏磨细制成的水硬性胶凝材料	水泥中火山灰质混合材料掺量按质量百分比计为20%~40%
粉煤灰硅酸盐水泥(简称粉煤灰水泥)	P.F	凡由硅酸盐水泥熟料和粉煤灰、适量石膏磨细制成的水硬性胶凝材料	水泥中粉煤灰掺量按质量百分比计为20%~40%
抗硫酸盐硅酸盐水泥(简称抗硫酸盐水泥)	P.MSR P.HSR	凡以适当成分的硅酸盐水泥熟料,加入适量的石膏磨细制成的具有抵抗硫酸根离子侵蚀的水硬性胶凝材料	P.MSR 为中抗硫酸盐水泥,具有抵抗中等浓度硫酸根离子侵蚀的能力;P.HSR 为高抗硫酸盐水泥,具有抵抗较高浓度硫酸根离子侵蚀的能力

表 4-2　　　　几种水泥的技术要求

水泥品种	硅酸盐水泥	普通水泥	矿渣水泥	火山灰水泥	粉煤灰水泥
适用国家标准	GB 175—2007	GB 175—2007	GB 175—2007	GB 175—2007	GB 175—2007
密度	3.1~3.2	3.1~3.2	2.9~3.1	2.7~3.1	2.8~3.1
细度	比表面积300m²/kg以上	80μm 筛余10%以下	80μm 筛余10%以下或 45μm 筛余30%以下	80μm 筛余10%以下或 45μm 筛余30%以下	80μm 筛余10%以下或 45μm 筛余30%以下

水泥品种		硅酸盐水泥	普通水泥	矿渣水泥	火山灰水泥	粉煤灰水泥
凝结时间	初凝/min	45 以上	45 以上	45 以上	45 以上	45 以上
	终凝/h	6.5 以下	10 以下	10 以下	10 以下	10 以下
安定性(煮沸法)		合格	合格	合格	合格	合格
抗压强度/MPa		见表 4-3				
氧化镁		5.0%以下	5.0%以下	6.0%以下	6.0%以下	6.0%以下
三氧化硫		3.5%以下	3.5%以下	4.0%以下	3.5%以下	3.5%以下
不溶物		P.Ⅰ 0.75%以下 P.Ⅱ 1.5%以下	—	—	—	—
烧失量		P.Ⅰ 3.0%以下 P.Ⅱ 3.5%以下	5.0%以下	—	—	—
总碱量		不大于 0.6%或由供需双方商定				

表 4-3　　　　　水泥强度等级及强度指标

强度等级	硅酸盐水泥				普通水泥				矿渣、火山灰水泥			
	抗折强度≥/MPa		抗压强度≥/MPa		抗折强度≥/MPa		抗压强度≥/MPa		抗折强度≥/MPa		抗压强度≥/MPa	
	3d	28d	3d	28d	3d	28d	3d	28d	3d	28d	3d	28d
32.5	—	—	—	—	—	—	—	—	2.5	5.5	10.0	32.5
32.5R	—	—	—	—	—	—	—	—	3.5	5.5	15.0	32.5
42.5	3.5	6.5	17.0	42.5	3.5	6.5	17.0	42.5	3.5	6.5	15.0	42.5
42.5R	4.0	6.5	22.0	42.5	4.0	6.5	22.0	42.5	4.0	6.5	19.0	42.5
52.5	4.0	7.0	23.0	52.5	4.0	7.0	23.0	52.5	4.0	7.0	21.0	52.5
52.5R	5.0	7.0	27.0	52.5	5.0	7.0	27.0	52.5	4.5	7.0	23.0	52.5
62.5	5.0	8.0	28.0	62.5	—	—	—	—	—	—	—	—
62.5R	5.5	8.0	32.0	62.5	—	—	—	—	—	—	—	—

2. 灌浆水泥要求

《水工建筑物水泥灌浆施工技术规范》(SL 62—2014)规定：

(1) 灌浆工程所采用的水泥品种，应根据灌浆目的、地质条件和环境水的侵蚀作用等因素确定。可采用硅酸盐水泥、普通硅酸盐水泥和复合硅酸盐水泥。当有抗侵蚀或其他要求时，应使用特种水泥。使用矿渣硅酸盐水泥或火山灰质硅酸盐水泥时浆液水灰比不宜大于1。矿渣硅酸盐水泥和火山灰质硅酸盐水泥比硅酸盐水泥或普通硅酸盐水泥抗侵蚀性更好，在部分特殊灌浆工程中可以使用，但因其含有矿渣或火山灰，浆液过稀时易于离析，因此浆液水灰比不宜大于1。

(2) 灌浆用水泥的品质应符合《通用硅酸盐水泥》(GB 175—2007)或所采用的其他水泥的标准以及本条规定。

回填灌浆、固结灌浆和帷幕灌浆所用水泥的强度等级可为32.5或以上，坝体接缝灌浆、各类接触灌浆所用水泥的强度等级可为42.5或以上。

帷幕灌浆、坝体接缝灌浆和各类接触灌浆所用水泥的细度宜为通过80μm方孔筛的筛余量不大于5%。

根据GB 175—2007及相应的水泥试验标准，水泥的标号改为相对应的强度等级。硅酸盐水泥的强度等级分为42.5、42.5R、52.5、52.5R、62.5、62.5R 六个等级；普通硅酸盐水泥的强度等级分为 42.5、42.5R、52.5、52.5R；矿渣硅酸盐水泥、火山灰质硅酸盐水泥、粉煤灰硅酸盐水泥、复合硅酸盐水泥的强度等级分为 32.5、32.5R、42.5、42.5R、52.5、52.5R 六个等级。

GB 175—2007规定，硅酸盐水泥和普通硅酸盐水泥的细度以比表面积表示，要求不小于 $300m^2/kg$；矿渣硅酸盐水泥、火山灰质硅酸盐水泥、粉煤灰硅酸盐水泥和复合硅酸盐水泥的细度以筛余表示，要求 80μm 方孔筛筛余不大于10%或45μm 方孔筛筛余不大于30%。灌浆使用水泥对细度有较为严格的要求，硅酸盐水泥和普通硅酸盐水泥的细度一般能满足通过 80μm 方孔筛的筛余量不大于5%的要求，但其他种类水泥的细度通常难以满足，需进行专门处理。

（3）灌浆用水泥应妥善保管，严格防潮并缩短存放时间。不应使用受潮结块水泥。

二、水

凡符合国家标准的饮用水、洁净的江河湖水，均可用于搅制水泥浆。当使用不明情况的地面和地下水制浆时，应当进行水质检验，其所含矿物质不宜大于《水工混凝土施工规范》(DL/T 5144—2015)中对拌制水工混凝土用水的要求（见表 4-4），同时应进行水泥凝结时间和水泥浆结石抗压强度的试验，要求使用这种水拌制的水泥浆与使用洁净水的试样的初、终凝时间差不得大于 30min，水泥砂浆 28d 的抗压强度与使用洁净水的试样相比不低于 90%。

表 4-4　　拌和与养护混凝土用水的指标要求

项目	单位	钢筋混凝土	素混凝土
pH 值	—	≥4.5	≥4.5
不溶物	mg/L	≤2000	≤5000
可溶物	mg/L	≤5000	≤10000
氯化物（以 Cl^- 计）	mg/L	≤1200	≤3500
硫酸盐（以 SO_4^{2-} 计）	mg/L	≤2700	≤2700

三、黏土、膨润土

1. 黏土

在《水工建筑物水泥灌浆施工技术规范》(SL 62—2014)中对灌浆用黏性土的塑性指数不宜小于 14，黏粒（粒径小于 0.005mm）含量不宜少于 25%，含沙量不宜大于 5%，有机物含量不宜大于 3%。黏土益采用浆液的形式加入，并筛除大颗粒和杂物。

灌浆浆液中加入黏土的目的是：

（1）黏土中含有大量的比水泥颗粒更细小的微细颗粒，能灌注到地层的微小裂隙和孔隙中。

（2）当地层吸浆量非常大时，替代部分水泥，降低浆液成本。

（3）黏土中的胶体颗粒能大大提高浆液的稳定性。

2. 膨润土

膨润土是以蒙脱石为主要矿物成分的黏土,膨润土中的黏粒含量比普通黏土高得多,它可以作为掺和料或外加剂用于水泥浆中。作为掺和料加入水泥浆的比例通常大于水泥重量的 5%,它在浆液中起的作用与加入黏土所起的作用是相同的。膨润土作为稳定剂加入水泥浆液的比例通常为水泥重量的 1%～5%。它的作用主要是提高浆液的稳定性,在配制稳定浆液时它是必不可少的浆液成分。

灌浆用膨润土,品质应符合《钻井液材料规范》(GB/T 5005—2010)的规定。作为稳定剂使用的膨润土宜为Ⅰ级土或Ⅱ级土;作为掺和料使用时,各级膨润土均可。

四、粉煤灰

水泥浆液中掺入粉煤灰的主要作用在于节约水泥、降低成本。此外由于粉煤灰成分中含有 70%～90% 活性氧化物(SiO_2 和 Al_2O_3 等),它们能与水泥水化析出的部分氢氧化钙发生二次反应而生成水化硅酸钙和水化铝酸钙等较稳定的低钙水化物,从而能使浆液结石的后期强度增长和抗侵蚀耐久性提高。

粉煤灰取代水泥的用量要通过试验来确定,通常掺粉煤灰量是水泥重量的 30%～40%。灌浆用粉煤灰,品质指标应符合《水工混凝土掺用粉煤灰技术规范》(DL/T 5055—2007)的要求(表 4-5)。

根据工程需要,帷幕灌浆和固结灌浆应采用Ⅰ级或Ⅱ粉煤灰,Ⅲ级粉煤灰可用在回填灌浆中。

表 4-5　　　　　　　　粉煤灰品质指标和等级

序号	指标	等级		
		Ⅰ级	Ⅱ级	Ⅲ级
1	细度(45μm 方孔筛筛余)	≤12.0	≤25.0	≤45.0
2	烧失量	≤5.0	≤8.0	≤15.0
3	需水量比	≤95	≤105	≤115
4	三氧化硫含量	≤3.0	≤3.0	≤3.0

五、砂

在水泥浆液中掺入砂,拌制成砂浆主要是用于回填大的空腔或灌注大裂隙、溶洞时使用。以砂浆代替纯水泥浆,一可以节约水泥,二可以提高浆液结石强度。

SL 62—2014 规定灌浆用砂应为质地坚硬的天然砂或人工砂,粒径不宜大于 1.5mm。

有条件时应尽量使用天然的细砂或中细砂,其磨圆度好,配制的砂浆和易性、可泵性好。

六、外加剂

水泥浆液通常不需要加入外加剂。但有特殊需要时可通过掺入外加剂调节水泥浆液的性质,以适应不同的地质条件和工程要求。外加剂种类繁多,水泥浆中用得较多的见表 4-6。外加剂的品质要求可参照《水工混凝土外加剂技术规程》(DL/T 5100—2014)的规定。外加剂品种的选用和掺入量应通过试验确定。

表 4-6   **水泥浆的外加剂及掺量**

名称	试剂	用量(占水泥重)	说明
速凝剂	氯化钙	1%～2%	缩短凝结时间
	硅酸钠	0.5%～3%	
	铝酸钠		
缓凝剂	木质磺酸钙	0.2%～0.5%	延长凝结时间 增加流动性
	酒精酸	0.1%～0.5%	
	磷酸氢二钠	0.5%～2%	
	磷酸氢二铵		
增塑剂	木质磺酸钙	0.2%～0.3%	降低黏度
	UNF-5	0.5%～1.0%	
膨胀剂	铝粉	0.005%～0.02%	约膨胀 1.5%
	CEA	8%～10%	膨胀 0.025%～0.1%
	UEA	8%～12%	膨胀率 0.01%～0.035%
	AEA	8%～10%	膨胀率 0.003%～0.056%
稳定剂	膨润土	1%～3%	增加黏度和稳定性
灌浆剂	灌浆剂	12%	增塑、微膨胀

第二节 灌 浆 浆 液

一、浆液的种类和组成

1. 浆液的种类

水泥灌浆一般使用纯水泥浆液，在特殊地质条件下或有特殊要求时，根据需要通过现场灌浆试验论证，可使用其他浆液。以水泥基为主的灌浆浆液主要有普通水泥浆液、细水泥浆液、稳定浆液、水泥基混合浆液、膏状浆液、其他浆液。

（1）普通水泥浆液，系指以普通水泥不加任何其他材料的水泥浆液。

（2）细水泥浆液，系指超细水泥浆液、干磨细水泥浆液或湿磨水泥浆液。

（3）稳定浆液，系指掺有稳定剂，2h 析水率不大于 5% 的水泥浆液。

（4）水泥基混合浆液，系指掺有掺合料的水泥浆液，包括水泥黏土浆、水泥粉煤灰浆、水泥砂浆等。

（5）膏状浆液，系指以水泥、黏土为主要材料的初始塑性屈服强度大于 50Pa 的混合浆液。

（6）其他浆液。

2. 浆液的组成材料及要求

（1）根据灌浆需要,灌浆浆液或浆液组成部分的材料应满足下列要求：

1）灌浆用黏性土技术指标符合《水工建筑物水泥灌浆施工技术规范》(SL 62—2014)的材料要求。

2）灌浆用膨润土,品质应符合 GB/T 5005—2010 的规定。

3）灌浆用粉煤灰,品质指标应符合 DL/T 5055—2007。

4）灌浆用砂,质地坚硬的天然砂或人工砂,粒径不宜大于 1.5mm。

5）其他掺合料。

对各种掺合料品质指标的具体要求,应根据工程的情况和灌浆目的通过室内试验或现场试验确定。

（2）根据灌浆需要,可在水泥浆液中加入下列外加剂：

1）速凝剂,水玻璃、氯化钙、硫酸钠等,或使用硫铝酸盐水泥。

2）减水剂,木质素磺酸盐类减水剂、萘系高效减水剂、聚羧酸类高效减水剂等。

3）稳定剂,膨润土及其他高塑性黏土等。

4）其他外加剂。

外加剂的成分性能应与所用水泥性能相适应。凡能溶于水的外加剂应以水溶液状态加入。

（3）各类浆液中加入掺合料和外加剂的种类及数量,应通过室内浆材试验和现场灌浆试验确定。

（4）普通纯水泥浆液可不进行室内试验。其他类型浆液应根据设计要求和工程需要,有选择地进行下列性能试验：

1）掺合料（或细水泥）的细度和颗分曲线。

2）浆液的流动性或流变参数。

3）浆液的密度、析水率或沉降稳定性。

4）浆液的凝结时间或丧失流动性时间。

5）浆液结石的密度、抗压强度、抗拉强度、弹性模量和渗透系数、渗透破坏比降。

6）其他试验。

二、浆液的性能指标

灌浆浆液是一种固液两相的流体,有着复杂的流体性质。其中直接影响浆液的可灌性、浆液结石的性质,从而决定灌浆效果。特性主要有水灰比、密度、析水率、黏度、屈服强度和凝结时间等。在一般情况下,纯水泥浆可不进行室内浆液试验。但掺加有掺和料和外加剂的水泥基混合浆液应进行必要的室内浆液性能试验,必要时还应进行浆液结石性能试验。

在施工现场一般应进行浆液密度、温度、漏斗黏度和析水率的检测和控制。

1. 水灰比和密度

浆液中水与水泥含量的比值称为浆液水灰比,我国多采用质量比,美国和欧洲国家也采用体积比。浆液的密度是指单位体积的浆液的质量,单位为 g/cm^3。

已知浆液的水灰比,求浆液密度:

$$\mu = \frac{\mu_c \times (W+1)}{\mu_c \times W + 1} \tag{4-1}$$

已知浆液的密度,求浆液的水灰比:

$$W = \frac{\mu_c - \mu}{\mu_c \times (\mu - 1)} \tag{4-2}$$

式中：μ_c ——水泥的表观密度,g/cm^3；

μ ——浆液密度,g/cm^3；

W ——浆液水灰比。

各种水灰比浆液的密度见表 4-7。

表 4-7　　　　**水泥浆液密度与水灰比关系对照表**

水灰比	10∶1	8∶1	6∶1	5∶1	4∶1	3∶1	2∶1
浆液密度	1.065	1.082	1.107	1.127	1.156	1.204	1.292
水灰比	1.5∶1	1∶1	0.8∶1	0.7∶1	0.6∶1	0.5∶1	0.4∶1
浆液密度	1.372	1.513	1.605	1.663	1.735	1.825	1.939

注：水泥的表观密度为 $3.1g/cm^3$。

浆液密度的测定方法采用比重秤计量。

2. 析水率和结石率

浆液的析水率是指浆液在静止状态下由于水泥颗粒的沉淀作用而析出水的比率。析水率的大小是浆液稳定性的标志。

析水率的测定方法：

（1）取 1000ml 搅拌均匀的水泥浆，注入有刻度的玻璃量筒内，盖上玻璃板；

（2）每隔 1～2min 读记上部清水与下部沉淀液之间刻度一次，直至达到稳定标准为止；

（3）稳定标准：连续三个读数完全相同；

（4）析水率计算：析水率＝析出清水体积（ml）/1000（ml），以百分数表示；

（5）注意事项：一般应做二次平行试验，以平均值作为试验成果。

浆液的水灰比越小，析水率越小，析水时间越长，但大多数浆液在 2h 内达到沉降稳定。浆液析水后凝结形成的结石的体积占原浆液的体积的百分数，称为结石率。显然，结石率＝1－析水率。浆液的水灰比越大、析水率越大，结石率越小；浆液的水灰比越小，析水率越小，结石率越大。

3. 漏斗黏度、塑性黏度和屈服强度

漏斗黏度、塑性黏度 η 和屈服强度 τ（屈服值、动切力）都是表征水泥浆液的流动与变形性质的重要指标。

漏斗黏度以一定规格的漏斗，流出一定体积（500ml 或 946ml）的泥浆所经历的时间（秒）来衡量黏度的大小，称漏斗黏度，它是一种相对黏度。这泄流时间可以作为一定条件下某一表观黏度的量度，相对地表示。在中国常用的有马氏漏斗和标准漏斗黏度计。

采用标准漏斗和马氏漏斗测得的黏度数值不同，标准漏斗清水黏度为 15s，马氏漏斗清水黏度为 26s。我国以前多用标准漏斗，现在二者都有应用。习惯上简称黏度时，通指标准漏斗黏度，否则应当指明为马氏漏斗黏度，避免混淆。

塑性黏度是流变性指标。泥浆内摩擦性质的量度。它受泥浆系统的固相种类、含量、形状以及液相黏度和高分子物质的浓度的影响。泥浆是结构流体,塑性黏度可认为是泥浆的连续网状结构的拆散,并不是随剪应力变化时的黏度。

屈服强度反映泥浆流体在流动时内部凝胶网状结构的强度,也称屈服值。

水灰比是影响浆液塑性黏度和屈服强度的重要因素,水灰比越小,塑性黏度和屈服强度越大。表 4-8 为不同水灰比水泥浆液的塑性黏度、屈服强度和漏斗黏度示例。

表 4-8   纯水泥浆液的塑性黏度和屈服强度示例

水灰比 W	塑性黏度 /(mPa·s)	屈服强度/Pa	漏斗黏度/s	水灰比 W	塑性黏度 /(mPa·s)	屈服强度/Pa	漏斗黏度/s
0.3	403	384		2.0	2.5	1	16.3
0.4	90	67		3.0	1.8	0.70	15.8
0.5	37	23	60	5.0	1.4	0.53	15.4
0.6	20	12	29	8.0	1.3	0.45	
0.7	13	7	24	10.0	1.2	0.43	15.2
0.8	9	5	22	20.0	1.1	0.39	
1.0	6	2	18.8	水	1.0	0	15
1.5	3.6	1.37	16.8				

有时候使用的浆液很浓,水灰比小于 0.5:1,漏斗黏度值很大,甚至浆液很难从漏斗中流出,在这种情况下常常使用"流动度"的指标衡量浆液的流动性能,单位为 cm。

4. 浆液的凝结时间

凝结时间一般是指在一定温度下,从参加反应的全部组分混合时起,直到凝结体形成的一段时间,单位为 h 或 min。初凝时间是指浆液从加水搅拌起,到开始失去塑性的时间;终凝时间是指浆液从加水搅拌起,至完全失去塑性的时间。

浆液凝结时间的测定使用凝结时间测定仪,其方法为:

(1) 在凝结时间测定仪上装好测针,调整仪器,使测针接触底座玻璃板上的玻璃板时,指针对准标尺零点。

（2）把圆模放在玻璃板上，将搅拌均匀的浆体注满圆模（必要时加套模），待浆体沉降后，吸去上层析水，刮平表面，放入标准养护箱内养护。

（3）根据不同浆体凝结快慢，确定测定时间间隔，一般开始每隔 1～3h 测定一次。当快接近初凝时每 5min 测试一次，接近终凝时每 1～5min 测试一次。

（4）测定前，将充满浆体的圆模移到凝结时间测定仪底座上，移动金属测杆，使测针与浆体表面接触，然后松开测杆的紧固螺丝，使其自由下落，记录标尺的刻度。

（5）从加水搅拌至测针沉入试样中，距玻璃板 0.5～1.0mm 时的时间，为初凝时间；从加水搅拌至测针沉入试样不大于 1.0mm 时的时间，为终凝时间。

（6）浆液的凝结时间受多种因素的影响。浆液的水灰比越大，水泥的颗粒越粗（比表面积越小），凝结时间越长；灌浆压力越大，环境温度越高，凝结时间越短。

同一种水泥浆液的凝结时间受水灰比的影响很大，表 4-9 为不同水灰比的浆液在自由沉降条件下的凝结时间示例。

表 4-9　　　　　　　水泥浆液的凝结时间示例

水灰比	浆液密度 /(g/cm³)	浆液析水率	析水后浆体密度 /(g/cm³)	凝结时间/时：分	
				初凝	终凝
0.4：1	1.95	1.8%	1.97	6：55	8：07
0.6：1	1.74	13.7%	1.86	8：36	9：19
0.8：1	1.59	28.1%	1.83	9：24	10：30
1：1	1.52	36.7%	1.85	9：47	11：22
2：1	1.30	55.0%	1.62	10：10	11：59
4：1	1.16	74.0%	1.62	10：45	14：04
6：1	1.16	82.3%	1.63	13：05	16：25
8：1	1.08	86.4%	1.66	18：14	21：13

注：使用 425♯硅酸盐水泥，初凝 3：27，终凝 4：23；凝结时间自析水达到稳定时开始。

5. 浆液结石的主要性能

灌浆工程对水泥浆液结石性能的要求主要有密度、抗压强度、弹性模量和渗透系数，在有的情况下还要求抗拉和黏结强度。各项性能指标可采用《水工混凝土试验规程》（DL/T 5150—2001）中砂浆的试验方法进行测试。

浆液结石的密度、力学强度和渗透性能与水灰比有密切关系。浆液水灰比越大浆液结石的密度则越小渗透系数越大，水灰比越小浆液结石强度越高渗透系数越小，不同水灰比的浆液结石的力学性能和渗透系数示例见表4-10。

表4-10 不同水灰比的水泥浆液结石的力学性能和渗透系数示例

水灰比	抗压强度 /MPa	弹性模量 /GPa	劈裂抗拉强度 /MPa	抗渗等级	渗透系数 /(cm/s)
0.4:1	84.7	16	2.40	>W10	4×10^{-11}
0.5:1	46.0	15	1.65	>W10	7×10^{-11}
0.6:1	45.1	12	1.50	W10	2×10^{-10}
0.8:1	26.0	10	1.40	W6	4×10^{-9}
1.0:1	18.7	8.3	1.02	W4	2×10^{-7}
1.5:1	6.8	5.8	0.64	W2	3×10^{-4}

6. 压滤作用对浆液结石性能的影响

实验证明，水泥水化所需水分仅相当于水泥重量的25%左右，而灌浆施工所使用的水泥浆液中的水分远大于此，其中的大部分只起着改善浆液的流动性，方便浆液输送的作用。在实际灌浆过程中，当浆液充满岩石裂隙后继续施加压力进行注浆，浆液中的多余水分就会在灌浆压力作用下排出，然后凝固形成水泥结石，这种作用就是压滤作用。

三、几种浆液的特性和适用范围

1. 纯水泥浆液

纯水泥浆具有结石强度高、抗渗性能好、工艺简单、操作方便、材料来源丰富、价格较低等优点，是应用最广泛的一种灌浆材料。由于水泥浆液是一种颗粒材料的悬浊液，其最大

粒径约为 $80\mu m$，因此灌注纯水泥浆时应具备如下条件：

（1）受灌岩层的裂隙宽度应大于 0.2mm；或者透水率大于 1Lu。

（2）对于砂砾石地层，其可灌比值应大于 15，或渗透系数大于 1×10^{-3} cm/s。

（3）地层中地下水流速不大于 100m/d；当大于此值时需考虑在浆液中掺加速凝剂。

（4）地下水的化学成分不妨碍水泥浆的凝结和硬化。

细水泥浆液适用于微细裂隙岩石和张开度小于 0.5mm 的坝体接缝灌浆。超细水泥，用特殊方法磨细的水泥，一般 D_{max} 在 $12\mu m$ 以下，D50 为 $3\sim6\mu m$。干磨细水泥，将普通水泥通过干法进一步磨细，一般情况下最大粒径 D_{max} 在 $35\mu m$ 以下，平均粒径 D50 为 $6\sim10\mu m$。湿磨水泥，将水泥浆液通过湿磨机磨细，其细度与磨机型式及研磨时间有关，采用胶体磨一般为 $D97\leqslant40\mu m$，$D50=10\sim12\mu m$，采用珠磨机能达到干磨细水泥和超细水泥的细度。

2. 水泥黏土浆

（1）水泥黏土浆的特点。符合要求的黏土材料具有颗粒细、分散性好、拌制的浆液稳定性好、一般可就地取材、价格低廉等优点，但黏土不能发生水硬性化学反应，不能形成具有足够强度的浆液结石体。水泥黏土浆液则兼有水泥和黏土的优点，稳定性好，可灌性比纯水泥浆液提高，防渗能力强，而价格较低。水泥黏土浆主要应用于砂砾石防渗帷幕的灌浆，国外也有应用于隧洞的回填灌浆的。

（2）水泥黏土浆的性能。水泥黏土浆中，含水量越多或黏土越少，则析水率越大，稳定性越差。

浆液的浓度越大，水固（固体材料，即水泥与黏土干料）比越小，结石的强度越高。

水泥黏土浆的渗透系数一般为 $10^{-7}\sim10^{-11}$ cm/s。

水泥黏土浆的配合比，通常可采用水泥占干料（水泥加黏土）的 20%～40%。临时性、低水头的防渗工程，黏土掺量的比例可大一些。水固比一般为 3：1～1：1。当采用上述范围的配比时,水泥黏土浆液的密度为 1.20~1.48g/cm³,黏度 18~37s,稳定性<0.02,析水率<2%。

黏土质量的优劣是影响水泥黏土浆液质量的最重要的因素。最好采用钠质黏土。当采用钙土时,可加入碳酸钠 2%~4%,或氢氧化钠 1%~2%,或磷酸钠 0.4%(均按黏土重量计)改善性能。在水泥黏土浆中加入其他外加剂也可以调节改善浆液性能。

3. 水泥砂浆

水泥砂浆具有流动度小、灌浆范围易于控制、结石强度高,砂子为当地材料有利于降低造价等优点。砂浆之用于灌浆,主要是应用在大溶洞、空腔、宽大裂缝的灌浆和隧洞回填灌浆中。为便于灌浆泵输送,以细砂为宜。

通常灌浆用的水泥砂浆应具备如下技术性能:

(1)在一定时间内保持稳定状态,不离析沉淀;

(2)具有一定的流动度,便于在管道中输送和使浆液能在岩层裂隙中扩散一定范围;

(3)结石强度满足需要,收缩性要小。

由于单纯的水泥砂浆易于析水沉淀,因此在配制水泥砂浆时,通常都要掺加膨润土或黏土,膨润土用量可为水泥重量的 3%~5%。

表 4-11 为几组不同配比的水泥砂浆试验成果,可供参考。

4. 水泥水玻璃浆

水泥水玻璃浆液是以水泥浆液和水玻璃溶液按一定比例混合配制成的浆液。这种浆液不仅具有水泥浆的优点,而且兼有化学浆液的一些特点,例如,它的凝胶时间可以从几秒钟到几十分钟任意调节,灌后结石率可达 100%,可灌性比纯水泥浆明显提高,可在施工中进行控制型灌浆,通过调整浆液的凝结时间控制浆液的扩散范围。它除在基岩裂隙的较大含水层中使用以外,还能在砂层中灌注,广泛应用于矿井、隧道、地下建筑的堵水注浆和地基加固工程中。

表 4-11

灌浆用水泥砂浆配比示例

序号	膨润土掺量	灰砂比	水灰比	浆液性能						浆液结石性能				
				密度 /(g/cm³)	马氏黏度 /s	流动度 /cm	析水率	凝结时间 /时:分 初凝	凝结时间 /时:分 终凝	结石密度 /(g/cm³)	抗压强度 /MPa 7d	抗压强度 /MPa 28d	渗透系数 /(cm/s)	弹性模量 /MPa
1	4%	1:0.5	0.6	1.872	59	25.5	5%	4:38	5:42	1.948	16.2	25.2	2.6×10^{-10}	5350
2	4%	1:0.75	0.7	1.921	46	27.0	3%	6:10	7:38	1.939	15.7	25.3	4.3×10^{-10}	4334
3	4%	1:0.75	0.8	1.822	39	34.0	5%			1.931	13.8	23.1		
4	4%	1:1	0.7	1.937	54	27.2	3%			1.995	14.7	20.7		
5	4%	1:1	0.8	1.877	42	31.9	3%			1.957	12.3	18.9	1.6×10^{-11}	4002
6	5%	1:0.75	0.7	1.912	45	27.3	2%	6:20	7:20	1.956	15.2	24.2		
7	5%	1:0.75	0.8	1.837	40	30.0	5%			1.896	13.0	18.1	5.9×10^{-10}	3593
8	5%	1:1	0.8	1.867	50	28.3	3%	6:27	9:50	1.919	9.9	14.8		

水泥水玻璃浆液的性质取决于其配制成分的性质:水泥浆的水灰比、水玻璃溶液的模数和浓度,以及二者的比例。

　　当在一定水灰比的水泥浆液中加入水玻璃时,最初水泥水玻璃浆液的凝结时间随着加入水玻璃量的增加而逐渐缩短,但当超过一定的比例以后,浆液的凝结时间随着加入水玻璃量的增加,转变为逐渐加长(见图4-1)。对应于凝结时间最短的那一点的水玻璃占水泥浆液体积的百分数称之为"凝结转点比值"。该比值的大小因使用水泥的品种、水泥浆液的水灰比、水玻璃的模数、水玻璃溶液的浓度不同而异,多变化在10%～20%的范围内,具体应通过试验确定。

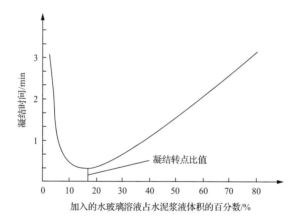

图4-1　浆液中水玻璃含量与凝结时间定性关系图

　　因此,水泥水玻璃浆液分两种,一种是水玻璃作为速凝剂使用,水玻璃溶液的掺入量一般在水泥浆体积的0.5%～3%之间(正确地说,这种浆液应当称为掺加了外加剂的水泥浆,而不应称作水泥水玻璃浆液),反映在图4-1中即处于"凝结转点比值"的左侧。另一种是水玻璃和水泥同作为浆液的主要材料,水玻璃溶液的掺入量一般在水泥浆体积的25%～60%之间,反映在图4-1中即处于"凝结转点比值"的右侧。

后者通常归属于化学灌浆。

试验资料表明,水泥水玻璃浆液的凝胶时间有一定的规律性:

(1) 水玻璃模数大时,SiO_2 含量高,凝结时间快,结石强度高;水玻璃模数小时,SiO_2 含量低,凝结时间相对变慢,结石强度较低。

(2) 其他条件相同时,随水泥浆浓度的增加,胶凝时间缩短。

(3) 其他条件相同时,水玻璃浓度为 30~50°Bé❶ 时,水玻璃浓度减小,凝结时间缩短。

(4) 其他条件相同时,水泥浆与水玻璃的体积比在 1:0.3~1:1 范围内,水玻璃用量较少,凝胶时间较短。

水泥水玻璃浆液的配比选定后,如果凝胶时间显得过短不能满足施工要求时,可考虑在上述浆液中加入缓凝剂,使浆液的凝胶时间变长。缓凝剂通常采用磷酸氢二钠或磷酸氢二铵,其作用是抑制水泥与水玻璃的反应,使两者开始反应时间推迟 10~45min。缓凝剂用量的经验数据按水泥重量的 2.5%~3% 选定。这个用量既可增长凝胶时间,也能确保固结强度不显著下降。有资料显示,磷酸氢二铵的缓凝效果优于磷酸氢二钠。

通常水泥水玻璃浆液中的水泥浆的水灰比为 0.5:1~1:1,水玻璃溶液浓度多为 30~45°Bé,水泥选用普通硅酸盐水泥。表 4-12 和表 4-13 为水泥水玻璃浆液的若干配比和相应的胶凝时间、抗压强度试验资料。

水泥水玻璃浆液的凝胶时间应当根据工程及地层情况确定,由此进行浆液配比的设计和试验。当凝胶时间较短时,应当进行双液灌浆。

---

❶ °Bé 为波美度,波美度为非法定计量单位,可换密度,其法定计量单位为 g/cm^3 或 kg/L,30°Bé=1.26g/cm^3,45°Bé=1.45g/cm^3,50°Bé=1.53g/cm^3。

表 4-12   几种水泥水玻璃浆液的胶凝时间和抗压强度示例

水泥浆与水玻璃体积比	35°Bé 水玻璃			40°Bé 水玻璃		
	凝胶时间/s	抗压强度/MPa		凝胶时间/s	抗压强度/MPa	
		14d	28d		14d	28d
1∶0.3	0~28.5	5.9	7.0	0~31.5	9.0	9.9
1∶0.35	0~31	9.2	9.8	0~36.5	12.6	12.8
1∶0.4	0~34.8	11.0	10.5	0~40	11.3	11.9
1∶0.45	0~41	10.2	11.5	0~46	11.2	12.6
1∶0.5	0~47	11.5	14.7	0~52	11.2	17.9
1∶0.55	0~51	11.0	13.9	0~57		14.7
1∶0.6	0~56.5	7.5	12.1	60~03	11.3	13.0
1∶0.7	60~4	11.4	13.2	60~15	10.2	15.3
1∶1	60~26	9.0	11.7	60~51	9.2	11.0

注：1. 使用 32.5 级普通硅酸盐水泥；

　　2. 水泥浆的水灰比为 1∶1；

　　3. 35°Bé＝1.32g/cm³，40°Bé＝1.38g/cm³。

表 4-13   水泥浆浓度、水泥浆与水玻璃体积比对应

浆液凝结时间和结石强度示例

水泥浆浓度（水∶水泥）	水泥浆与水玻璃体积比	凝胶时间/s	抗压强度/MPa	
			7d	28d
0.6∶1	1∶1	60~46	17.6	21.6
	1∶0.8	60~21	19.8	23.8
	1∶0.6	60~0	21.8	23.7
	1∶0.4	0~37	14.0	18.3
0.75∶1	1∶1	60~58	12.7	16.6
	1∶0.8	60~29	16.0	21.0
	1∶0.6	60~08	17.9	21.8
	1∶0.4	0~44	14.1	15.8
1∶1	1∶1	120~10	2.2	12.8
	1∶0.8	60~40	9.4	13.0
	1∶0.6	60~15	11.5	16.0
	1∶0.4	0~52	11.8	14.8

水泥浆浓度	水泥浆与水	凝胶时间/s	抗压强度/MPa	
（水∶水泥）	玻璃体积比		7d	28d
1.5∶1	1∶1	180～55	0.6	5.2
	1∶0.8	120～58	1.5	7.0
	1∶0.6	120～58	6.8	8.3
	1∶0.4	60～25	7.6	10.3

注：水玻璃密度为 $40°B\acute{e}$，$40°B\acute{e}=1.38g/cm^3$。

5. 稳定浆液

稳定浆液是指 2h 析水率不大于 5％ 的浆液。它是一种黏塑性的宾汉流体。性能良好的稳定浆液不但要有足够的稳定性，而且要有良好的流动性。适用于遇水性能易恶化或注入量较大的地层的灌浆。通常在水泥浆液加入 3％～5％ 的钠基膨润土和外加剂制成，若加入钙基膨润土和高塑性黏土，其掺量应通过室内配比试验确定。

由于稳定浆液不易沉降分离，因此多用于纯压式灌浆法。GIN 灌浆法也要求使用稳定浆液。

在普通水泥浆液中加入适量的稳定剂（通常使用膨润土）和减水剂，就可以获得稳定浆液。各种成分的作用和性能如下：

膨润土的掺加可显著降低浆液的析水率，改善浆液的稳定性；增加了浆液的塑性黏度和屈服强度。

减水剂的掺加可降低浆液的塑性黏度和屈服强度，但也会增加浆液的析水率，即降低浆液的稳定性。

因此，稳定浆液配方试验的任务就是要兼顾各种因素，配制出具有良好的稳定性、较低的塑性黏度和屈服强度的浆液来。表 4-14 列出了国内使用的一些稳定性浆液配方及性能示例。

6. 膏状浆液

膏状浆液有时又称高稳定性浆液。普通浆液流动度大，易流失，在灌注堆石体、大溶洞等大孔隙地层时，材料消耗大。

表 4-14　　小浪底水利枢纽灌浆工程稳定性浆液性能表示例

编号	水灰比	膨润土	减水剂	析水率	马氏漏斗黏度/s	屈服强度/Pa	抗压强度/MPa	
							7d	28d
1	0.75	3%	0.75%	0.9%	31.2	19.9	9	17
2	0.65	2%	1.0%	0.7%	32.8	25.7	14.7	25
3	0.75	0.8%	0.5%	2.0%	30.6	18.6	16.5	21.5
4	0.65	0.6%	0.5%	2.8%	32.1	17.4	18.8	26.3

注：使用山东昌邑膨润土、天津雍阳减水剂厂 UNF-5 型减水剂。

而膏状浆液由于其具有较高的屈服强度、较大的塑性黏度及良好的触变性能,在大孔隙地层的扩散范围具有良好的可控性。适用于大孔隙地层(岩体宽大裂隙、溶洞、堆石体等)的灌浆。通常是在水泥浆液中加入较多黏土、增塑剂等制成,其基本特征是屈服强度值大于其重力的影响,具有自堆积特性。实际上,浆液进入膏体状态并无明显界限值,国际岩石力学学会灌浆专业委员会主席奥地利学者 R. 维德曼(R. widmann)认为屈服强度小于 50Pa 的浆液属于"稳定"或"接近稳定"的悬浮浆液,故此处以大于 50Pa 为膏状浆液起点。

速凝膏浆是通过加入速凝剂或其他速凝材料制成的膏状浆液,其凝结时间可控制在 10min 以内。

已有的工程经验和室内模拟试验表明:化学浆、黏土浆适用于微细开度的裂隙灌浆,细水泥浆适用于细开度的裂隙灌浆,纯水泥浆、水泥黏土浆、水泥粉煤灰浆适用于小开度、静水或小流速的裂隙灌浆;普通水泥膏浆、砂浆、水泥水玻璃浆、低级配混凝土适用于中等开度、静水或小流速流量的裂隙灌浆;速凝水泥膏浆适用于中等开度、一定流速下的动水裂隙灌浆。对于大开度、高流速裂隙地层灌浆宜根据现场情况采用填级配料、速凝浆液、模袋灌浆或者其他特殊措施。

一般来讲,屈服强度低于 10Pa 的浆液是不稳定的,而高于 35Pa 的浆液采用往复式柱塞泵输送困难,因此拌制膏状浆液要使用强制式涡浆搅拌机,灌注膏状浆液最好使用螺杆式灌浆泵。

膏状浆液的组成成分主要有水泥、黏土或膨润土、粉煤灰以及外加剂等,水泥可选用普通硅酸盐水泥。通常水和干料的质量比为 1∶1.8～1∶2.4。表 4-15 是贵州红枫水库堆(砌)石坝坝体防渗灌浆工程膏状浆液部分试验资料。

表 4-15　贵州红枫水库堆(砌)石坝灌浆膏状浆液
部分配合比及性能

| 序号 | 配合比 | | | | | | 浆液性能 | | | 结石性能 | | |
	水泥	粉煤灰	黏土	赤泥	减水剂	水	密度/(g/cm³)	塑性黏度/(MPa·s)	屈服强度/Pa	抗压强度/MPa	劈拉强度/MPa	弹模/GPa
1	100	70	50	15		135	1.69	880	117	9.7	0.53	5.6
2	100	70	50	15	0.25	135	1.67	1000	95	9.9	0.54	5.4
3	100	80	50	15	0.25	140	1.67	5000	87	5.0	0.50	5.7
4	100	50	40	15	0.25	124	1.69	1000	97	10.3	0.67	6.2
5	100		60	15		105	1.67	290	48	11.6	0.53	5.2
6	100		60	15	0.5	123	1.59	270	22	7.5	0.50	4.0

注:赤泥为炼铝副产品,微细粉末,具有微膨胀性能。1～5 号浆液漏斗黏度和流动度不漏不流,析水率为 0;6 号浆液漏斗黏度 49s,析水率 1%。浆液结石性能均为 28d 龄期数据,抗渗等级均大于 W10。

第三节　配置浆液的用料计算

一、浆液的配比与材料用量

浆液配合比为组成浆液的各种材料含量的质量比,常取水泥的份数为 1,水和其他材料则是相对水泥的倍数,如水∶水泥＝2∶1,水泥∶黏土∶水＝1∶3∶5。在各类灌浆工程中所用的水泥浆配合比一般为 5∶1～0.5∶1(或 5～0.5)。

1. 浆液用料的计算方法

配制配比为水泥：黏土：砂：水＝x：y：z：k 的水泥黏土砂浆，所需各种材料用量的计算式为

$$W_c = x \frac{V}{x/\mu_c + y/\mu_e + z/\mu_s + k/\mu_w} \tag{4-3}$$

$$W_e = y \frac{V}{x/\mu_c + y/\mu_e + z/\mu_s + k/\mu_w} \tag{4-4}$$

$$W_s = z \frac{V}{x/\mu_c + y/\mu_e + z/\mu_s + k/\mu_w} \tag{4-5}$$

$$W_w = k \frac{V}{x/\mu_c + y/\mu_e + z/\mu_s + k/\mu_w} \tag{4-6}$$

式中：W_c——水泥的质量，kg；

$\quad W_e$——黏土的质量，kg；

$\quad W_s$——砂子的质量，kg；

$\quad W_w$——水的质量，kg；

$\quad \mu_c$——水泥的密度，g/cm^3；

$\quad \mu_e$——黏土的密度，g/cm^3；

$\quad \mu_s$——砂子的密度，g/cm^3；

$\quad \mu_w$——水的密度，g/cm^3；

$\quad V$——浆液体积，L。

当上式中 $y = 0$、$z = 0$ 时，便成为纯水泥浆的用料计算公式；

当上式中 $z = 0$ 时，便成为水泥黏土浆的用料计算公式。

2. 水泥浆浓度变换时加料的计算

水泥浆由稀变浓或由浓变稀，需向原来的浆液中加入水泥或水数量为

$$\nabla W_c = \frac{\mu_c(k_1 - k_2)V}{k_2(1 + k_1\mu_c)} \tag{4-7}$$

$$\nabla W_w = \frac{\mu_c(k_2 - k_1)V}{1 + k_1\mu_c} \tag{4-8}$$

式中：W_c——应加入的水泥量，kg；

   W_w——应加入的水量，kg；

   V——原来浆液的体积，L；

   k_1——原来浆液中水占的比例（水泥所占比例为1）；

   k_2——需配制的浆液中水占的比例（水泥所占比例为1）；

   μ_c——水泥的密度，g/cm³。

如果把上式(4-7)式(4-8)中的水泥密度换成黏土密度，就变成了黏土浆浓度变换的计算公式。

为使用简便，可将各种配浆材料用量计算成表，如配制100L水泥浆用料量见表4-16，以供参考。

表 4-16   配制水泥浆用料量表

（制浆量 100L，水泥密度取 3.1g/cm³）

水灰比	水体积/L	水泥重量/kg	水灰比	水体积/L	水泥重量/kg
5：1	94.0	18.8	1：1	75.0	75.0
4：1	92.4	23.1	0.8：1	70.6	88.6
3：1	90.0	30.0	0.6：1	64.2	107.0
2：1	86.0	43.0	0.5：1	60.0	120.0
1.5：1	81.2	54.5	0.4：1	54.0	137.0

二、浆液的拌制

拌制浆液的材料应当进行称量，称量方法有重量法和体积法。一般情况下，水泥、膨润土粉、细砂和粉煤灰等干料应采用重量称量法；水、黏土浆和外加剂溶液可采用体积称量法。不论何种方法称量误差均应小于 5%。

拌制浆液时，应根据拌制材料的成分和形态，确定向搅拌机内加料的次序。配置水泥基浆液时，应先加水，而后加入水泥，基本搅拌均匀后再加入膨润土粉和其他掺和料，细砂、外加剂等最后加入。

配制水泥黏土浆所使用的黏土分为干料和黏土泥浆两种。采用预先拌制好的黏土原浆制浆时，可先向搅拌桶加入适量的水,再加入计量的水泥,搅拌成水泥浆,而后再放入已测知密度的黏土原浆以及适量的水,就可制成符合配比要求的水泥黏土浆。

使用黏土干料制浆时,土料应制成粉末(如商品膨润土那样),将其加入水中搅拌成浆。商品膨润土可以直接使用干粉制浆,但最好应先水化溶胀 24h 以上,然后以膨润土浆或膨润土膏的形式使用。

制浆所用的搅拌时间,应根据浆液的种类和搅拌机性能而定,其基本原则是在达到充分搅拌、混合均匀和高度分散的前提下时间最短,并便于施工。应当尽量使用高速搅拌机制浆。使用高速搅拌制浆有许多优点:

(1) 缩短搅拌时间,提高施工效率;

(2) 提高浆液质量,与普通搅拌机制浆相比较,高速搅拌机拌制的浆液水泥的细颗粒增加,胶体率提高,析水率减小,稳定性提高。

表 4-17 为采用高速和低速两种方式搅拌的水泥浆析水率比较结果。

表 4-17 搅拌速度对浆液质量的影响

搅拌机转速 /(r/min)	不同搅拌时间的浆液析水率				
	2min	4min	6min	8min	10min
110	17.8%	17.8%	17.4%	17.0%	16.5%
2810	7.6%	6.1%	6.0%	5.0%	4.1%

注:使用 525# 普硅水泥,0.8:1 浆液。

但是过度搅拌的浆液质量也会下降。试验资料表明,当高速搅拌 20min 以后,浆液凝结时间延长,结石强度开始下降;慢速搅拌 60min 以后,浆液凝结时间延长,结石强度开始下降。因此制浆宜使用高速搅拌机,但储浆不宜高速搅拌,储浆搅拌机的搅拌轴转速宜为 20~60r/min。

细水泥较普通水泥具有较高的表面活性,在相同水灰比下易于凝聚结团,必须采用机械分散和化学分散;稳定浆液也必须采用机械分散和化学分散才能达到良好的性能。另外，这类浆液黏度较大，宜加入减水剂，改善其流动性能。

在使用一种配比的稳定浆液灌浆的工地，集中制浆站也可直接制备稳定浆液。使用量大的泥浆和膨润土浆也宜集中配制。

第五章

基岩帷幕灌浆

基岩帷幕灌浆是指用浆液灌入岩体的裂隙、孔隙,形成连续的阻水帷幕,以减小渗流量和降低渗透压力的灌浆工程。水利水电帷幕灌浆多是在坝基内,平行于坝轴线并多在上游处,用灌浆的方法将浆液灌入到岩石裂隙中,形成类似帷幕的防渗条带,也称为防渗帷幕。帷幕灌浆的主要目的是:截断基础渗流,保证设计水头,以满足水库及坝工设计的经济效益;降低基础扬压力,从而使构筑物断面可以减少,节约工程量,降低造价,缩短工期;防止集中渗流,避免在基础中发生冲刷、管涌,保证坝基渗流稳定和大坝安全。帷幕灌浆的钻孔较深灌浆压力较大,基本采用单孔灌浆;钻孔单排呈线性布置,多设计为两排或三排,以形成良好帷幕。

知识链接

★汛前坝体上升高度应满足拦洪要求,帷幕灌浆及接缝灌浆高程应能满足蓄水要求。
——《水利工程建设标准强制性条文》
(2016年版)

第一节 灌浆孔的钻进与冲洗工作

一、基岩帷幕灌浆钻孔要求

帷幕灌浆孔的钻孔方法应根据地质条件和灌浆方法确定。当采用自上而下灌浆法、孔口封闭灌浆法时,宜采用回转式钻机和金刚石或硬质合金钻头钻进;当采用自下而上灌浆法时,可采用冲击回转式钻机或回转式钻机钻进。钻进方法与参数的确定依据"第三章　钻孔技术"进行。灌浆孔要达到的技术标准依据是《水工建筑物水泥灌浆施工技术规范》(SL 62—2014)。

灌浆孔位与设计孔位的偏差应不大于10cm,孔深应不小于设计孔深,实际孔位、孔深应有记录。灌浆孔孔径应根据地质条件、钻孔深度、钻孔方法和灌浆方法确定。灌浆孔以较小直径为宜,但终孔孔径应不小于46mm;先导孔、检查孔孔径应满足获取岩芯和孔内试验检测的要求。

帷幕灌浆孔应进行孔斜测量。垂直的或顶角小于5°的帷幕灌浆孔,孔底的偏差不应大于表5-1的规定。如钻孔偏斜值超过规定,必要时应采取补救措施。

表5-1　　　　　　帷幕灌浆孔孔底允许偏差

孔深/m	20	30	40	50	60	80	100
允许偏差/m	0.25	0.45	0.70	1.00	1.40	200	2.50

对于顶角大于5°的斜孔,孔底允许偏差值可适当放宽,但方位角的偏差值不应大于5°。孔深大于100m时,孔底允许偏差值应根据工程实际情况确定。

深孔钻进时,应重点控制孔深20m以内的偏差。

钻孔遇有洞穴、塌孔或掉块难以钻进时,可先进行灌浆处理,再行钻进。如发现集中漏水或涌水,应查明情况、分析原因,经处理后再行钻进。

灌浆孔或灌浆段钻进结束后,应进行钻孔冲洗,孔(段)底残留物厚度应不大于20cm。

当施工作业暂时中止时,孔口应妥加保护,防止流进污水和落入异物。

钻孔过程应进行记录,遇岩层、岩性变化,发生掉钻、坍孔、钻速变化、回水变色、失水、涌水等异常情况,应详细记录。

二、钻孔冲洗和裂隙冲洗

1. 钻孔冲洗

钻孔冲洗是指使用清水或压缩空气与水将钻孔孔底沉淀的岩屑和孔壁上黏附的岩粉等污物冲出孔口以外,以使与钻孔相交的岩石裂隙口不被泥渣堵塞,达到便于浆液注入的目的。严格地说,冲孔是钻孔工序的一部分,钻孔(全孔或一个孔段)完成以后就应当及时地将钻孔冲洗干净,并保护好孔口,防止污水流进或异物落入。冲孔是灌浆工程中不可缺少的一个环节。

灌浆孔的冲洗通常采用水冲法,即在钻孔完成后,取出岩芯,再下入钻具(或仅下入钻杆),开大水流,使孔内钻渣随循环水流悬浮带出孔外。冲孔水量要尽可能地大一些,直至回水清净,肉眼观察无岩粉为止。如果这样不能冲洗干净,不能达到孔底沉积小于 20cm 的要求,那就要采取捞砂取粉等措施。如果孔壁有很多黏着物,或有特殊的冲洗要求,可能还应当专门对孔壁进行侧向冲洗。孔深较浅的灌浆孔和使用风动钻孔机械钻进的灌浆孔也可使用压缩空气与水作冲洗介质。

冲孔的特点是,孔口不封闭,冲洗水流的水量大,但压力不一定大。冲洗时间以回水变清为原则。

灌浆工程对钻孔冲洗的要求是冲洗后孔底沉积厚度不大于 20cm。

2. 裂隙冲洗

裂隙冲洗的目的是用压力水将岩石裂隙或空洞中所充填的松软的、风化的泥质充填物冲出孔外,或将充填物推移到离孔较远端,裂隙被冲洗干净后利于浆液流进裂隙并与裂隙接触面胶结更好。

采用自上而下分段循环式灌浆法、孔口封闭灌浆法进行帷幕灌浆时,各灌浆段在灌浆前进行压力水裂隙冲洗,冲洗压力可为灌浆压力的 80%,并不大于 1MPa,冲洗时间至回水澄清时止或不大于 20min。采用纯压法灌浆方式进行裂隙冲洗时,因冲洗液不能反出孔外一般只在裂隙发育地段或其他认为必要的地段进行。

采用自下而上分段灌浆法时,各灌浆孔可在灌浆前全孔进行一次裂隙冲洗。

岩溶、断层、大型破碎带、软弱夹层等地质条件复杂地段,以及设计有专门要求地段的裂隙冲洗,应按设计要求进行或通过现场试验确定。裂隙冲洗的特殊冲洗方法主要是强力冲洗,即高压水冲洗、脉动冲洗、风水联合冲洗或高压喷射冲洗。

三、压水试验

压水试验是一种在钻孔内进行的原位渗透试验。指利用水泵或水柱自重,将清水压入钻孔试验段,根据一定时间内压入的水量和施加压力大小的关系,计算岩体相对透水性和了解裂隙发育程度的试验。

简易压水试验指一种试验时间较短、精确度较低的压水试验,其目的是了解灌浆施工过程中岩体透水性变化的趋势。

1. 压水试验的设备和仪表

在一般情况下可使用灌浆施工所用的设备和仪表,但应保持足够的精度和适宜的示值范围。

试段隔离:用栓塞隔离试段是钻孔压水试验的基本特点,试验数据比较精确,根据试段在钻孔中的部位可采用单塞法(孔底段或每段钻孔结束时)或双塞法(钻孔全部结束后在孔中间段进行)。一般栓塞的止水段长度要大于钻孔孔径的7倍,以避免栓塞漏水影响试验数据的精确。

供水管路及仪表安装:试验段栓塞隔离好后,安装压水试验用的供水设备、流量计、压力表等设备。有条件的最好采用自流供水以保证压力平稳。但大多数情况采用水泵进行供水,水泵一般选用压力、流量稳定的型号,三缸单作用泵效果较好。流量要达到100L/min,压力满足1MPa。

压力表或压力传感器的选择:压力表或压力传感器是压水试验的主要仪器,使用的压力值应在压力表极限压力的1/3到3/4之间,压力表等级要达到1.5级,要根据压水压力选用压力表和压力传感器的量程,压力表和压力传感器安装中要有良好的油浆隔离装置,保证采取压力稳定。

2. 压水试验的方法

帷幕灌浆先导孔应当自上而下分段进行压水试验,试验采用单点法。采用自上而下分段循环式灌浆法、孔口封闭灌浆法进行帷幕灌浆时,普通的灌浆孔一般采用灌前简易压水。先导孔和检查孔一般使用一级压力的单点法,可以满足灌浆工程中求得岩体透水率而不进行流态分析的要求。要求进行流态分析的灌浆试验检查孔和有精确要求的灌浆先导孔、检查孔需要采用三级压力五个阶段的五点法压水,以取得比较精确的压水资料进行分析。

采用自下而上分段灌浆法时,灌浆前可进行一次全孔简易压水和孔底段简易压水。在岩溶泥质充填物和遇水后性能易恶化的岩层中进行灌浆时,可不进行裂隙冲洗和简易压水,也宜少做或不做压水试验。

3. 压水试验的压力

可根据工程具体情况和地质条件参照表 5-2 选用适当的压力值。检查孔各孔段压水试验的压力应不大于灌浆施工时该孔段所使用的最大灌浆压力的 80%。

表 5-2 压水试验压力值选用表

灌浆工程类别	钻孔类型	坝高/m	灌浆压力/MPa	压水试验压力
帷幕灌浆	先导孔和检查孔	<50	—	灌浆压力的 80%,且不大于 1MPa
		50~100	—	1MPa
		100~200	—	1MPa 或 H(m)且不大于 2MPa
		>200	—	
搭接帷幕	检查孔	—	—	1MPa
坝基及隧洞固结灌浆	检查孔	—	1~3	1MPa
		—	≤1	灌浆压力的 80%

注:1. H 为坝前水头,从帷幕所在部位基岩面高程起算至正常蓄水位。

2. 除特殊情况外,灌浆工程各部位均进行试验压力为 1MPa 的标准压水试验。

3. 坝前水头大于 100m 时,帷幕检查孔可使用相当于作用水头的压水试验压力,但不大于 2MPa。

4. 坝基或隧洞围岩固结灌浆压力大于 3MPa 时,压水试验压力根据工程需要和地质条件确定。

5. 现场灌浆试验钻孔压水试验压力根据工程需要和地质条件确定。

4. 压水试验压入流量的稳定标准

在稳定的压力下每 2～5min 测读一次压入流量,连续四次读数中最大值与最小值之差小于最终值的 10%,或最大值与最小值之差小于 1L/min 时,本阶段试验即可结束,取最终值作为计算值。简易压水可结合裂隙冲洗进行,压力为灌浆压力的 80%,并不大于 1MPa,压水时间 20min,每 5min 测读一次压入流量,取最后的流量值作为计算流量,其成果以透水率 q 表示,单位为吕荣(Lu)。

5. 压水试验结果的表示

压水试验的结果以透水率 q 表示,单位为吕荣(Lu)。在 1MPa 压力下,每米试段长度每分钟注入水量为 1L 时,$q=1$Lu。

6. 单点法压水试验结果的计算方法

单点法压水试验的结果按式(5-1)计算:

$$q = Q/(PL) \qquad (5-1)$$

式中:q ——试段透水率,Lu;

Q ——压入流量,L/min;

P ——作用于试段内的全压力,MPa;

L ——试段长度,m。

计算结果取 2 位有效数字。

7. 五点法压水试验结果计算和表示的方法

(1) 以压水试验三级压力中的最大压力值(P)及相应的压入流量(Q)及公式(5-1)求算透水率。

(2) 根据五个阶段的压水试验资料绘制 P—Q 曲线,并参照表 5-3 确定 P—Q 曲线类型。

(3) 五点法压水试验的成果用透水率和 P—Q 曲线的类型表示。例如,2.3(A)、8.5(D)等,2.3 和 8.5 为试段的透水率(Lu);(A)和(D)表示该试段 P—Q 曲线为 A(层流)型和 D(冲蚀)型。

表 5-3　　　　　　　　　　　五点法压水试验的 *P—Q* 曲线类型及特点表

类型名称	A(层流)型	B(紊流)型	C(扩张)型	D(冲蚀)型	E(充填)型
P—Q 曲线					
曲线特点	升压曲线为通过原点的直线,降压曲线与升压曲线基本重合	升压曲线凸向 Q 轴,降压曲线与升压曲线基本重合	升压曲线凸向 P 轴,降压曲线与升压曲线基本重合	升压曲线凸向 P 轴,降压曲线与升压曲线基本重合,呈顺时针环状	升压曲线凸向 Q 轴,降压曲线与升压曲线基本重合,呈逆时针环状

8. 压水试验压力的组成和计算

（1）压力表安设在孔口处的进水管上（图 5-1），按式（5-2）计算压水试验压力。压力表安设在孔口处的回水管上（图 5-2），按式（5-3）计算压水试验压力。

$$S = S_1 + S_2 - S_f \qquad (5\text{-}2)$$

$$S = S_1 + S_2 + S'_f \qquad (5\text{-}3)$$

式中：S——作用于试段内的全压力，MPa；

S_1——压力表指示压力，MPa；

S_2——压力表中心至压力起算零线的水柱压力，MPa；

S_f、S'_f——压力损失，MPa，一般情况下忽略不计。

（2）压力起算零线的确定。

当地下水位在试段以上时，压力起算零线为地下水位线。

当地下水位在试段以下时，压力起算零线为通过试段中点的水平线。

当地下水位在试段以内时，压力起算零线为通过地下水位以上的试段的中点的水平线，见图 5-3，图中 $x = (L - l)/2$，$S = H + x$。

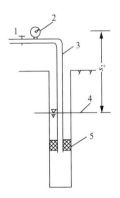

图 5-1　进水管上安设压力表示意图

1—进水阀门；2—压力表；3—进水管；4—地下水位；5—橡胶塞

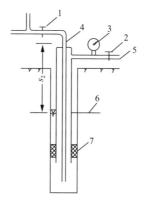

图 5-2　回水管上安设压力表示意图

1—进水阀门;2—回水阀门;3—压力表;4—进水管;

5—回水管;6—地下水位;7—橡胶塞

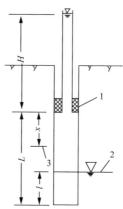

图 5-3　地下水位在试验段内示意图

1—橡胶塞;2—地下水位;3—试验压力起算点;

H—橡胶塞以上的水柱高;L—试验段长;l—试验段内水深

9. 地下水位的观测和确定

灌浆工程在开始前,要利用先导孔测定地下水位。测量水位在钻孔完成孔内水位基本稳定后进行,稳定标准为每 5min 测读一次孔内水位,当连续两次测得水位下降速度均小于 5cm/min 时,以最后的观测值作为本单元工程的地下水位值,测量水位可采用电子式或浮漂式测量装置。

孔口有涌水时应测定涌水压力,将压力表安装在涌水回水管阀门前测量涌水压力。

对测得的地下水位或涌水压力进行记录并计算到压水压力以内。

第二节　灌浆施工次序和施工方法

基岩灌浆有多种方法,按照浆液流动的方式分,有纯压式灌浆和循环式灌浆;按照灌浆段施工的顺序分有自上而下灌浆和自下而上灌浆等。它们各有优缺点,各自适应不同的情况。

一、灌浆施工顺序

混凝土坝、土石坝、水电站厂房等一般水工建筑物的基岩帷幕灌浆,蓄水前应完成蓄水初期最低库水位以下的帷幕灌浆及其质量检查和验收工作。蓄水后,灌浆应在库水位低于孔口高程时施工。

进行工程总体进度安排时,应对帷幕灌浆及与相关的混凝土浇筑、岸坡接触灌浆、灌浆平洞与引水洞衬砌、导流洞封堵等的施工时间做好统筹安排。

防渗帷幕的钻孔灌浆应具备下列条件才可进行:

(1)上部结构混凝土浇筑厚度达到设计规定的盖重厚度要求。上部结构混凝土厚度较小的部位(趾板、压浆板、芯墙底板、岸坡坝段、尾坎等),需待混凝土浇筑达到其完建高程和设计强度,压浆板、趾板等加固锚杆砂浆达到设计强度;防渗墙与覆盖层下帷幕灌浆时,达到相应设计规定。

(2)相应部位的基岩固结灌浆、混凝土坝底层灌区接缝灌浆、岸坡接触灌浆完成并检查合格。

(3)相应部位平洞的开挖、混凝土衬砌(或喷锚支护)、回填灌浆、围岩固结灌浆完成并检查合格。

(4)灌区临近 30m 范围内的勘探平洞、大孔径钻孔、断

(夹)层等地质缺陷的开挖、清理、混凝土回填、灌浆等作业完成,影响灌浆作业的临空边坡锚固、支护完成并检查合格。

灌浆应按分序加密的原则进行。由三排孔组成的帷幕,应先灌注下游排孔,再灌注上游排孔,后灌注中间排孔,每排孔可分为二序。由两排孔组成的帷幕应先灌注下游排,后灌注上游排,每排可分为二序或三序。单排孔帷幕应分为三序灌浆。

采用自上而下分段灌浆法或孔口封闭灌浆法进行帷幕灌浆时,同一排相邻的两个次序孔之间,以及后序排的第一次序孔与其相邻部位前序排的最后次序孔之间,在岩石中钻孔灌浆的高差不得小于15m。

采用自下而上分段灌浆法进行帷幕灌浆时,相邻的前序灌浆孔封孔结束后,后序孔方可进行钻进,但24h内不应进行裂隙冲洗和压水试验。

混凝土防渗墙下基岩帷幕灌浆宜采用自上而下分段灌浆法或自下而上分段灌浆法,不宜直接利用墙体内预埋灌浆管作为孔口管进行孔口封闭法灌浆。

帷幕后的排水孔和扬压力观测孔必须在相应部位的帷幕灌浆完成并检查合格后,方可钻进。

二、纯压式和循环式灌浆

1. 纯压式灌浆

将浆液灌注到灌浆孔段内,不再返回的灌浆方式称为纯压式灌浆,图5-4(a)(b)为纯压式灌浆的灌浆设备、管路布置安装形式。

很显然,纯压式灌浆的浆液在灌浆孔段中是单向流动的,没有回浆管路,灌浆塞的构造也很简单,施工工效也较高,这是它的优点。它的缺点是,当长时间灌注后或岩层裂隙很小时,浆液的流速慢,容易沉淀,可能会堵塞一部分裂隙通道,解决这一问题的办法是提高浆液的稳定性,如在浆液中掺加适量的膨润土,或者使用稳定性浆液。

2. 循环式灌浆

浆液灌注到孔段内,一部分渗入岩石裂隙,一部分经回浆管路返回储浆桶,这种方法称为循环式灌浆,图5-4(c)为循环式灌浆的灌浆设备、管路布置安装形式。为了达到浆液在孔内循环的目的,要求射浆管出口接近灌浆段底部,规范规定其距离不大于50cm。

循环式灌浆时,无论何时灌浆孔段内的浆液总是保持着流动状态,因而可最大限度地减少浆液在孔内的沉淀现象,不易过早地堵塞裂隙通道,因而有利于提高灌浆质量,这是其优点。它的缺点是比纯压式灌浆施工复杂、浆液损耗量大、工效也低一些;在有的情况下,如灌注浆液较浓,注入率较大,回浆很少,灌注时间较长等,可能会发生孔内浆液凝住射浆管的事故。

在国外,纯压式灌浆采用比较普遍。我国灌浆规范规定"根据地质条件、灌注浆液和灌浆方法的不同,应相应选用循环式灌浆或纯压式灌浆"。各个工程应根据工程具体情况选用。

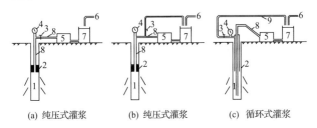

(a) 纯压式灌浆　　　(b) 纯压式灌浆　　　(c) 循环式灌浆

图5-4　灌浆方式示意图

1—灌浆段;2—灌浆塞;3—阀门;4—压力表;5—灌浆泵;6—供浆管;
7—储浆搅拌机;8—进浆管;9—回浆管

三、自上而下和自下而上灌浆

1. 自上而下灌浆

自上而下灌浆法(也称下行式灌浆法)是指自上而下分段钻孔、分段安装灌浆塞进行的灌浆。在孔口封闭灌浆法推广以前,我国多数灌浆工程采用此法。

采用自上而下灌浆法时,各灌浆段灌浆塞分别安装在其上部已灌段的底部,见图5-5。每一灌浆段的长度通常为5～

6m,特殊情况下可适当缩短或加长,但最长也不宜大于10m,其他各种灌浆方法的分段要求也是如此。灌浆塞在钻孔中预定的位置上安装时,有时候由于钻孔工艺或地质条件的原因,可能达不到封闭严密的要求,在这种情况下,灌浆塞可适当上移,但不能下移。自上而下灌浆法可适用于纯压式灌浆和循环式灌浆,但通常与循环式灌浆配套采用。

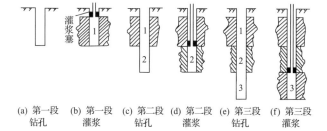

(a) 第一段　(b) 第一段　(c) 第二段　(d) 第二段　(e) 第三段　(f) 第三段
　　钻孔　　　　灌浆　　　　钻孔　　　　灌浆　　　　钻孔　　　　灌浆

图 5-5　自上而下灌浆法
1、2、3—施工顺序

2. 自下而上灌浆

自下而上灌浆法(也称上行式灌浆法)就是将钻孔一次钻到设计孔深,然后自下而上逐段安装灌浆塞进行灌浆的方法(见图 5-6)。这种方法通常与纯压式灌浆结合使用。很显然,采用自下而上灌浆法时,灌浆塞在预定的位置塞不住,其

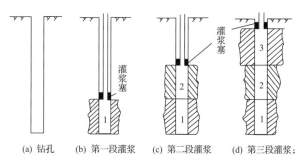

(a) 钻孔　　(b) 第一段灌浆　　(c) 第二段灌浆　　(d) 第三段灌浆;

图 5-6　自下而上灌浆法
1、2、3—施工顺序

调整的方法是适当上移或下移,直至找到可以塞住的位置。如上移时就加大了灌浆段的长度,当灌浆段长度大于 10m 时,应当采取补救措施。补救的方法一般是在其旁布置检查孔,通过检查孔发现其影响程度,同时可进行补灌。

3. 综合灌浆法

综合灌浆法是在钻孔的某些段采用自上而下灌浆,另一些段采用自下而上灌浆的方法。这种方法通常在钻孔较深、地层中间夹有不良地质段的情况下采用。

各种灌浆方法的特点及适用范围见表 5-4。

表 5-4 **各种灌浆方法的特点**

灌浆方法	优 点	缺 点	适用范围
自上而下灌浆法	灌浆塞置于已灌段底部,易于堵塞严密,不易发生绕塞返浆;各段压水试验和水泥注入量成果准确;灌浆质量比较好	钻孔、灌浆工序不连续,工效较低;孔内灌浆塞和管路复杂	可适用于较破碎的岩层和各种岩层
自下而上灌浆法	钻孔、灌浆作业连续,工效较高	岩层陡倾角裂隙发育时,易发生绕塞返浆;不便于分段进行裂隙冲洗	适用较完整的或缓倾角裂隙的地层
综合灌浆法	介于自上而下灌浆法和自下而上灌浆法之间	介于自上而下灌浆法和自下而上灌浆法之间	可适用于较破碎和完整性基岩地层
孔口封闭法	能可靠地进行高压灌浆,不存在绕塞返浆问题,事故率低;能够对已灌段进行多次复灌,对地层的适应性强,灌浆质量好,施工操作简便,工效较高	每段均为全孔灌浆,全孔受压,近地表岩体抬动危险大。孔内占浆量大,浆液损耗多,灌后扫孔工作量大,有时易发生灌浆管事故	适宜于较高压力和较深钻孔的各种灌浆。水平层状地层慎用

四、孔口封闭灌浆法

孔口封闭法是我国当前用得最多的灌浆方法,它是采用小口径钻孔,自上而下分段钻进,分段进行灌浆,但每段灌浆都在孔口封闭,并且采用循环式灌浆法。

1. 设备配置

孔口封闭灌浆法的管路连接形式见图 5-7,主要设备配置有岩芯钻机、钻具、钻杆(灌浆管)、高压灌浆泵、高压胶管、高压阀门、孔口封闭器、高速制浆机、储浆搅拌机、自动记录仪、压力表等设备。

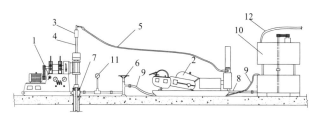

图 5-7　孔口封闭灌浆法的管路连接形式

1—钻机;2—高压灌浆泵;3—送液器;4—灌浆管(钻杆);5—高压胶管;
6—高压阀门;7—孔口封闭器;8—吸浆管;9—回浆管;10—储浆桶;
11—压力表;12—供浆管

2. 工艺流程

孔口封闭灌浆法单孔施工程序为:孔口管段钻进 ——→ 裂隙冲洗兼简易压水 ——→ 孔口管段灌浆 ——→ 镶铸孔口管 ——→ 待凝 48~72h ——→ 第二灌浆段钻进 ——→ 裂隙冲洗兼简易压水 ——→ 灌浆 ——→ 下一灌浆段钻孔、压水、灌浆 ——→ ……直至终孔 ——→ 封孔,见图 5-8。

3. 技术要点

孔口封闭法是成套的施工工艺,施工人员应完整地掌握其技术要点,而不能随意肢解,各取所需。

(1)钻孔孔径。孔口封闭法适宜于小口径钻孔灌浆,因此钻孔孔径宜为 $\Phi 46 \sim \Phi 76\text{mm}$。灌浆管外径与钻孔孔径之差宜为 $10 \sim 20\text{mm}$,保持孔内浆液能较快地循环流动。

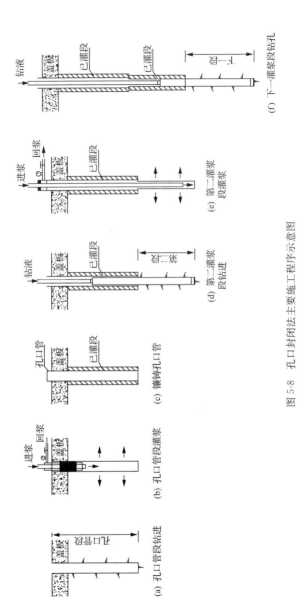

图 5-8 孔口封闭法主要施工程序示意图

（2）孔口段灌浆。灌浆孔的第一段即孔口段是镶铸孔口管的位置，各孔的这一段应当先钻出，先进行灌浆。孔口段的孔径要比灌浆孔下部的孔径宜大 2 级，通常为 76mm 或 91mm。孔口段的深度应与孔口管的长度一致。灌浆时在混凝土盖板与岩石界面处安装灌浆塞，进行循环式或纯压式灌浆，直至达到结束条件。

（3）孔口管镶铸。镶铸孔口管是孔口封闭法的必要条件和关键工序。孔口管的直径应与孔口段钻孔的直径相配合，通常采用 Φ73mm 或 Φ89mm。孔口管埋入基岩的深度根据最大灌浆压力和地层岩性确定，采用 5MPa 以上高压灌浆时，孔口管埋入基岩深度不应小于 2.0m。孔口管宜高出地面 10cm。孔口管的上端应当预先加工有螺纹，以便于安装孔口封闭器。孔口段灌浆结束后应当随即镶铸孔口管，即将孔口管下至孔底，管壁与钻孔孔壁之间填满 0.5：1 的水泥浆，导正并固定孔口管，待凝 48～72h。

（4）孔口封闭器。由于灌浆孔很深，灌浆管要深入到孔底，所以必须确保在灌浆过程中灌浆管不被浆液凝固铸死，因此孔口封闭器的作用十分重要。规范要求，孔口封闭器应具有良好的耐压和密封性能，在灌浆过程中灌浆管应能灵活转动和升降。图 5-9 为常用的孔口封闭器和高压阀门示意图。图 5-10 为一种封闭器示意图，使用这种孔口封闭器可以做到灌浆管（钻杆）转动时，不停泵，不减压。

（5）射浆管。孔口封闭法的射浆管即孔内灌浆管，也就是钻杆。射浆管必须深入灌浆孔底部，离孔底的距离不得大于 50cm。这是形成循环式灌浆的必要条件。

（6）孔口各段灌浆。孔口段及其以下 2～3 段段长划分宜短，灌浆压力递增宜快，这样做的目的一方面是为了减少抬动危险，另一方面是尽快达到最大设计压力。再以下灌浆段宜为 5m 长度，并升高到设计最大压力。

（7）裂隙冲洗及简易压水。除地质条件不允许或设计另有规定外，一般孔段均合并进行裂隙冲洗和简易压水，作业方法按钻孔冲洗方法所述。

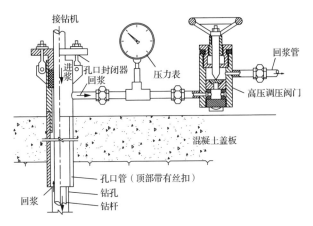

图 5-9　孔口封闭法灌浆的孔口装置图

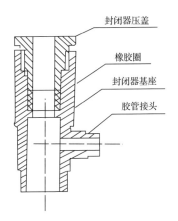

图 5-10　改进后的孔口封闭器示意图

需要注意的是各段压水虽然都在孔口封闭,全孔受压,但在计算透水率时,试段长度只取未灌浆段的段长,已灌浆段视为不透水。

(8)活动灌浆管和观察回浆。采用孔口封闭法进行灌浆,特别是在深孔(大于 50m)、浓浆(小于 0.7∶1)、高压力(大于 4MPa)、大注入率和长时间灌注的条件下必须经常活动灌浆管和十分注意观察回浆。灌浆管的活动包括转动和上下升降,每次活动的时间 1～2min,间隔时间 2～10min,视灌浆时的具体情况而定。回浆应经常保持在 15L/min 以上。这两条措施都是为了防止在灌浆的过程中灌浆管被凝住。

(9) 灌浆结束条件。孔口封闭法的灌浆结束条件按照规范及设计要求执行。

(10) 不待凝。一个灌浆段灌浆结束以后,不待凝,立即进行下一段的钻孔和灌浆作业。

五、先导孔施工

1. 先导孔的作用

一项灌浆工程在设计阶段通常难以获得最充分的地质资料,因此在施工之初,利用部分灌浆孔取得必要的补充地质资料或其他资料,用以检验和核对设计及施工参数,这些最先施工的灌浆孔就是先导孔。

先导孔的工作内容主要是获取岩芯和进行压水试验,同时要完成作为Ⅰ序孔的灌浆任务。

2. 先导孔的布置

在帷幕灌浆的先灌排或主帷幕孔中宜布置先导孔。先导孔应当在Ⅰ序孔中选取,其间距宜为 16～24m,通常 1～2个单元工程可布置一个,或按本排灌浆孔数的 10% 布置。双排孔或多排孔的帷幕先导孔应布置在最深的一排孔中并最先施工。先导孔的深度一般应比帷幕设计孔深深 5m。

设计阶段资料不足或有疑问的地段可重点布置先导孔。但应注意,虽然先导孔具有补充勘探的性质,也不要把勘探设计阶段的任务任意或大量地转移到先导孔来完成。这是因为在施工阶段来进行的先导孔施工受工期、技术和预算等条件的影响,通常不易做得很细,难以满足设计的要求。

3. 先导孔施工的方法

先导孔通常使用回转式岩芯钻机自上而下分段钻孔,采取岩芯,分段安装灌浆塞进行压水试验。压水试验的方法宜为三级压力五个阶段的五点法。

先导孔各孔段的灌浆宜在该段压水试验后进行,这样灌浆效果好,且施工简便,压水试验成果的准确性可满足要求。也有在全孔逐段钻孔、逐段进行压水试验直到设计深度后,再自下而上逐段安装灌浆塞进行纯压式灌浆直至孔口的。除非钻孔很浅,不允许对先导孔采取全孔一次灌浆法灌浆。

六、抬动观测

工程必要时,应安设抬动监测装置,在灌浆过程中连续进行观测记录,抬动值应在设计允许范围内。

1. 抬动观测的作用

在一些重要的工程部位进行灌浆,特别是高压灌浆时,有时要求进行抬动观测。抬动观测有两个作用:

(1)了解灌浆区域地面变形的情况,以便分析判断这种变形对工程的影响;

(2)通过实时监测,及时调整灌浆施工参数,防止上部构筑物或地基发生抬动变形破坏。

2. 抬动观测的方法

常用的抬动观测方法有:

(1)精密水准测量。即在灌浆范围内埋设测桩或建立其他测量标志,在灌浆前和灌浆后使用精密水准仪测量测桩或标点的高程,对照计算地面升高的数值。必要时也可在灌浆施工的中期进行加测。这种方法主要用来测量累计抬动值。

(2)测微计观测。建立抬动观测装置,安装百分表、千分表或位移传感器进行监测。抬动观测装置的构造见图5-11。浅孔固结灌浆的抬动观测装置的埋置深度应大于灌浆孔深度,深孔灌浆抬动观测装置的深度一般不应小于20m。这种方法用来监测每一个灌浆段在灌浆过程中的抬动值变化情况,指导操作人员实时控制灌浆压力,防止发生抬动或抬动值超过限值。

这种抬动观测在压水和灌浆过程中应连续进行,时间间隔可为5～10min,但当抬动速率较快时,时间间隔应当缩小至1～2min。

根据观测的目的要求可以选用其中的一种观测方法。但在灌浆试验时或对抬动敏感地带,应当同时采用上述两种方法进行观测。

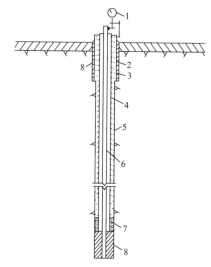

图 5-11　抬动装置示意图

1—百分表;2—外管(钢管);3—细砂;4—套管(钢管或塑料管);
5—钻孔;6—钢管或钢筋;7—塑性胶泥;8—水泥浆

第三节　灌　浆　压　力

一、灌浆压力的构成和计算

准确地说,灌浆压力是指灌浆时浆液作用在灌浆段中点的压力,它是由灌浆泵输出压力(由压力表指示)、浆液自重压力、地下水压力和浆液流动损失压力的代数和。在灌浆施工实践中,特别是现今多采用的高压灌浆施工中,由于灌浆压力很大(大于 3MPa),浆柱压力、地下水压力、管路损失相对都较小,因此习惯上常常就采用表压力作为灌浆压力。

灌浆施工采用的灌浆压力应根据工程等级、灌浆部位的地质条件和承受水头等情况进行分析计算并结合工程类比拟定。重要工程的灌浆压力应通过现场灌浆试验论证。灌浆压力在施工过程中可根据具体情况进行调整。灌浆压力的改变应征得设计同意。

灌浆压力是保证和控制灌浆质量的重要因素,对工程安全和造价也有重要影响。近 30 年来工程界趋向于尽量采用较高灌浆压力,传统的经验公式多已不适用,因此工程类比和现场灌浆试验已成为确定灌浆压力的主要途径。

对于纯压式灌浆(图 5-12(a))

$$P = P_1 + P_2 - P_3 - P_4 \qquad (5-4)$$

对于循环式灌浆(图 5-12(b))

$$P = P_1 + P_2 + P_4 - P_3 \qquad (5-5)$$

式中:P ——灌浆压力(简称全压力),MPa;

P_1——孔口压力表指示压力(简称表压力),MPa;

P_2——孔口压力表中心至灌浆段中心的浆液柱自重压力,MPa;

P_3——地下水对灌浆段的压力,MPa;

P_4——浆液在灌浆管和钻孔中流动的压力损失,MPa。

P_2、P_3 可按下式计算:

$$P_2 = h\gamma_g \qquad (5-6)$$

$$P_3 = h_w\gamma_w \qquad (5-7)$$

式中:h ——孔口压力表中心至灌浆段中心的高度,m;

h_w——地下水位至灌浆段中心的高度,m;

γ_g——浆液的重度,N/m³;

γ_w——水的重度,N/m³。

按式(5-6)、式(5-7)和以上单位计算所得的 P_2、P_3 为以 N/m² 或 Pa 表示。

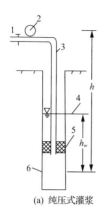 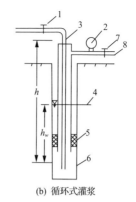

(a) 纯压式灌浆　　　　　(b) 循环式灌浆

图 5-12　灌浆压力的构成

1—进浆阀门；2—压力表；3—进浆管；4—地下水位；5—灌浆塞；

6—灌浆段；7—回浆阀门；8—回浆管

　　浆液在灌浆管和钻孔中流动的压力损失 P_4 包括沿程损失和局部损失。此项数值与管路长度、管径、孔径、糙率、接头弯头的多少与形式、浆液黏度、流动速度等有关，可以通过计算或试验得出，但由于计算比较复杂，试验也不易作得准确，且这项数值相对较小，因此为简便起见一般予以忽略。

　　采用循环式灌浆时，灌浆压力表或记录仪的压力变送器应安装在灌浆孔孔口处的回浆管路上；采用纯压式灌浆时，压力表或记录仪的压力变送器应安装在灌浆孔孔口处的进浆管路上。压力表或记录仪的压力变送器与灌浆孔孔口间的管路长度不宜大于 5m。灌浆压力应保持平稳，宜读压力波动的中间值，同时记录最大值。

　　从理论上讲，灌浆压力应是孔内灌浆段中点处所承受的压强，施工中以孔口安装的压力表或压力变送器测得的压力表示，二者是有差异的，压力表或压力变送器离孔口越远，差异越大，因此条文规定"不宜大于 5m"。

　　灌浆压力记读压力表指针摆动的"中值"（平均值），或是

"峰值"(最大值),都是可以的。从理论上讲,中值较峰值更能代表对灌浆段所实际施加的总能量。

灌浆压力应当稳定,灌浆泵压力波动值宜小于20%,这无论是对于记读中值或峰值都是重要的。压力摆动的主要原因在于灌浆泵的类型及其工作状态。使用单缸泵,摆动就大;使用双缸泵或三缸泵,摆动就会小些。灌浆泵使用时间过久或维修不善,也会加大压力波动。所以必须重视灌浆泵的选用,注意维护保养,使其保持良好的工作状态。

记读灌浆压力值的方法,在技术要求中应写清。高压灌浆时,为了防止压力过大发生地面抬动或破坏岩层,还宜对最大限值提出要求。同一工程中记读灌浆压力的方法应保持一致。

使用灌浆自动记录仪可以方便地测记灌浆时段内的平均压力和最大压力,这对分析灌浆过程、控制灌浆质量十分有利。

二、灌浆压力的控制

灌浆过程中,灌浆压力的控制主要有以下两种方法:

一次升压法。灌浆开始后,尽快地将灌浆压力升到设计压力(图 5-13)。

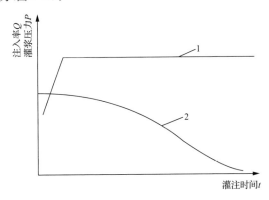

图 5-13　一次升压过程示意图

1—压力过程线;2—注入率过程线

分级升压法。在灌浆过程中，开始使用较低的压力，随着灌浆注入率的减少，将压力分阶段逐步升高到设计值（图 5-14）。

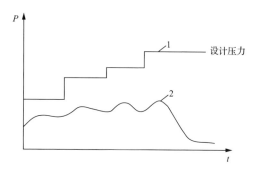

图 5-14　分级升压法过程示意图
1—压力过程线；2—注入率过程线

在灌浆作业中，正确地使用灌浆压力十分重要。一般来说，在地质条件较好、注入率较小时，灌浆一开始就应尽快达到设计压力；反之，应当分级提高灌浆压力。灌浆压力的盲目快速提升，常常是导致结构物或岩体抬动的重要因素。

一次升压法适用于透水性不大、裂隙不甚发育的岩层灌浆。分级升压法适用于裂隙发育，透水率较大的地层。

灌浆压力应当根据注浆率的变化进行控制。灌浆压力和注浆率是相互关联的两个参数，在施工中应遵循这样的原则：当地层吸浆量很大、在低压下即能顺利地注入浆液时，应保持较低的压力灌注，待注浆率逐渐减小时再提高压力；当地层吸浆量较小、注浆困难时，应尽快将压力升到规定值，不要长时间在低压下灌浆。

高压灌浆应当特别注意控制灌浆压力和注入率。平缝模型试验表明，上抬力与最大灌浆压力和最大注入量成正比，见式（5-8）。而注入量与注入率有关，因此为防止上抬力过大而引起地面抬动，必须协调控制灌浆压力和注入率。

$$F_{max} = P_{max} V_{max} / 6t \qquad (5-8)$$

式中：F_{max} ——最大上抬力；

$\quad P_{max}$ ——最大灌浆压力；

$\quad V_{max}$ ——最大注入量，即平缝中尚未发生沉淀的浆液体积；

$\quad t$ ——缝宽的一半。

不同的工程灌浆压力与注入率的匹配情况是不一样的。国内一些工程在不同的灌浆压力下控制注入率的情况见表 5-5。

表 5-5   灌浆压力与注入率的协调控制关系

灌浆压力/MPa	1～2	2～3	3～4	＞4
注入率/(L/min)	30	30～20	20～10	＜10

三、灌浆压力趋向的判断与应对

在灌浆过程中，根据实际情况合理地控制灌浆压力是灌浆成功的关键，施工人员必须对灌浆压力趋向进行正确判断，并采取相应措施。表 5-6 为灌浆过程中各种压力变化趋向及其应对措施。

表 5-6   压力趋向判断与控制措施

序号	压力趋向	物理描述	控制措施
1	压力升高，吸浆量增加很慢，或稍有增加就停止了	岩体完整，透水性不大	不要急于变换浆液水灰比，尽快提高灌浆压力至设计压力
2	注入量很大，达到灌浆泵最大排量，压力仍无法提升	通常是严重破碎地段或岩溶发育区的灌浆	保持较低压力灌浆，浆液继续变浓，或采用膏状浆液、砂浆，遇溶洞时可向孔中充填砂石料。灌入一定量后停灌待凝，再扫孔复灌

序号	压力趋向	物理描述	控制措施
3	压力不变,吸浆量逐渐减少	表明浆液逐渐充填在裂隙岩层中,通常吸浆量是低至中等	灌浆情况基本正常。当总注入量较大且注入率递减不快时,可适当改浓浆液,控制浆液扩散
4	压力不变,吸浆量逐渐减少,接着突然减少	裂隙过早堵塞	改稀浆液或谨慎提高灌浆压力。无效进行冲洗复灌
5	在设计压力下,在较长时间内保持不变压力和中等吸浆量	可能存在漏浆或串浆,或扩散范围较大,常发生在I序孔中	如无表面渗漏,可逐渐灌注,按规程变换浓浆。如灌注一定量的水泥后,吸浆率仍未减少,可采用间歇、待凝措施,再复灌
6	压力不变,吸浆量突然增大	岩体发生劈裂、裂隙拓宽,岩体或建筑物发生抬动	立即降低压力和注入率,观察情况发展,直到吸浆率有减少趋势,再重新缓慢提高压力。抬动严重时应停灌待凝
7	压力不变,吸浆量突然增加之后又逐渐减少	可能浆液重开一条通道,又被堵塞	情况基本正常。观察是否发生了劈裂或抬动,如有抬动按第6种情况处理;如未抬动,可逐渐升高压力
8	在低压或缓慢升高压力情况下,吸浆量很大但逐渐减少	一般是在中等破碎地层中灌浆,通常发生在I序孔	灌浆情况正常。按规范要求变换浆液水灰比。缓慢提高灌浆压力
9	压力迅速增加,吸浆量迅速减少	可能浆液加浓太快,提前堵塞裂隙	改用稀浆灌注,或冲洗钻孔重灌

序号	压力趋向	物理描述	控制措施
10	吸浆量由减少变为增大,使用较浓浆液时仍不改变	岩体可能发生大范围的缓慢变形,或在有充填的大裂隙中,冲刷出了通道	加浓浆液到最大浓度,适当降低灌浆压力,保持较低的注入率灌注,直至出现注入率减少或压力升高的趋势;或在注入一定量的浆液后停止灌浆,避免浆液过度扩散,待凝后恢复灌浆
11	压力和吸浆率脉动变化,趋于无规律地减少	破碎或层状岩层中的裂隙逐渐堵塞	灌浆情况基本正常,按规范变浆和升压
12	压力和吸浆量不稳定地增减脉动,没有固定的变化趋势	岩体表面、岩块或灌浆区浆液打开了新通道,发生局部变形,通常与严重破碎岩层和大吸浆量有关	参照第10种情况处理

四、灌浆压力的确定

灌浆压力是灌浆能量的来源,一般地说使用较大的灌浆压力对灌浆质量有利,因为较大的灌浆压力有利于浆液进入岩石的裂隙,也有利于水泥浆液的泌水与硬结,提高结石强度;较大的灌浆压力可以增大浆液的扩散半径,从而减少钻孔灌浆工程量(减少孔数)。但是,过大的灌浆压力会使上部岩体或结构物产生有害的变形,或使浆液渗流到灌浆范围以外的地方,造成浪费;较高的灌浆压力对灌浆设备和工艺的要求也更高。

灌浆施工中,灌浆压力应根据工程等级、灌浆部位的地质条件、承受水头情况进行分析计算并结合工程类比拟定。重要工程的灌浆压力应通过现场灌浆试验论证。施工过程中灌浆压力可根据具体情况进行调整。灌浆压力改变应征得设计同意。

第四节　浆液浓度变换及结束条件

一、浆液水灰比

浆液水灰比是水泥浆液中所含的水与水泥成分数量的比值。我国通常使用质量(重量)比,用数字或分式表示。同样水与固相(水泥、黏土、粉煤灰等)的比值称为水固比。

基岩帷幕灌浆施工中,灌注普通水泥浆液时,浆液水灰比可分为 5、3、2、1、0.8(0.7)、0.5 六级,灌注时由稀至浓逐级变换。

灌注细水泥浆液时,水灰比可采用 3、2、1、0.5 四个比级或 2、1、0.6 三个比级。

开灌水灰比根据各工程地质情况和灌浆要求确定,采用循环式灌浆时,普通水泥浆可采用水灰比 5,细水泥浆可采用 3;采用纯压式灌浆时,开灌水灰比可采用 2 或单一比级的浆液。

特殊地质条件下(如洞穴、宽大裂隙、松散软弱地层等)经试验验证后,可采用稳定浆液、膏状浆液进行灌注。其浆液的成分、配比以及灌注方法应通过室内浆材试验和现场灌浆试验确定。

除规定的水灰比比级外,类似的比级如 5.67、2.67、1.67、1.17、0.87、0.67、0.53,也是可行的,这种比级每搅拌 150L 浆液中加入的水泥量分别为 0.5、1、1.5、2、2.5、3、3.5 袋(以每袋水泥 50kg,水泥表观密度 3.0g/cm³ 计)。有利于使用袋装水泥和分散制浆的情况。

表 5-7 为某工程采用的纯水泥浆的流变参数资料。从表中可见水灰比为 3、5 和 10 的水泥浆的两项黏度参数比较接近,因此从保证可灌性的角度考虑,开灌浆液水灰比采用 3 和 5 差别不大,但从灌浆的勘探性质和节约水泥综合考虑,开灌水灰比采用 5 是适宜的。

由于细水泥浆的细水泥颗粒细,比表面积大,活性高,浆液保水性强,为保证水泥结石有一定的强度和提高灌浆质量,应采用较小的水灰比。

表 5-7　　纯水泥浆的塑性屈服强度和黏度

水灰比	屈服强度 /Pa	黏度 /(mPa·s)	水灰比	屈服强度 /Pa	黏度 /(mPa·s)
0.3	384	403	1.0	2	6
0.4	67	90	2.0	1	2.5
0.5	23	37	3.0	0.7	1.8
0.6	12	20	5.0	0.53	1.4
0.7	7	13	10.0	0.43	1.2
0.8	5.5	12	水	0	1.0

注:浆液的塑性屈服强度和黏度与水泥品种、试验条件等有关,表中数据仅供参考。

二、浆液变换

在灌浆过程中,浆液浓度的使用一般是由稀浆开始,逐级变浓,直到达到结束标准。过早地换成浓浆,常易将细小裂隙进口堵塞,致使未能填满灌实,影响灌浆效果;灌注稀浆过多,浆液过度扩散,造成材料浪费,也不利于结石的密实性。因此,根据岩石的实际情况,恰当地控制浆液浓度的变换是保证灌浆质量的一个重要因素。一般灌浆段内的细小裂隙多时,稀浆灌注的时间应长一些;反之,如果灌浆段中的大裂隙多时,则应较快换成较浓的浆液,使灌注浓浆的历时长一些。

灌浆过程中常用的浆液浓度的变换应遵循如下原则:

(1)当灌浆压力保持不变,吸浆量均匀地减少时,或当吸浆量不变,压力均匀地升高时,不需要改变水灰比;

(2)当某一级水灰比浆液的灌入量已达到某一规定值(如 300L)以上,或灌浆时间已达到足够长(如 30min),而灌浆压力及注入率均无改变或改变不显著时,可改换浓一级浆液灌注;

（3）当其注入率大于 30L/min 时，可根据具体情况越级变浓。

不同工程针对具体的地质条件可调整各级浆液的灌注量或灌注时间。

每一种比级的浆液累计吸浆量达到多少时才允许变换一级，这个数值要根据地质条件和工程具体情况而定，一般情况下可采用 300L。原则是尽量使最优水灰比的浆液多灌入一些（最优水灰比通过灌浆试验得出）。

对于"无显著改变"的理解可以量化为，某一级浓度的浆液在灌注了一定数量之后，其注入率仍大于初始注入率的 70%，就属于"改变不显著"。

灌浆过程中，灌浆压力或注入率突然改变较大时，应立即查明原因，采取相应的措施处理。灌浆压力和注入率突然改变，包括灌浆压力突然升高和注入率减小，或灌浆压力突然降低和注入率增大的现象。这常常是一些施工事故的征兆，或设备系统发生故障，正常灌浆的通道突然被堵塞；灌浆范围内某一裂隙、通道突然被打开，如岩体劈裂、混凝土结构抬动或裂缝等，应高度警惕和重视。

灌浆过程的控制也可采用灌浆强度值（GIN）等方法进行，采用"GIN"灌浆法时，其最大灌浆压力、最大单位注入量、灌浆强度指数、浆液配比、灌浆过程控制和灌浆结束条件等，应经过试验确定。

三、灌浆结束条件及封孔

各灌浆段灌浆的结束条件应根据地质和地下水条件、浆液性能、灌浆压力、浆液注入量和灌浆段长度等确定。在一般情况下，当灌浆段在最大设计压力下，注入率不大于 1L/min 后，继续灌注 30min，可结束灌浆。

当地质条件复杂、地下水流速大、注入量较大、灌浆压力较低时，持续灌注的时间应延长；当岩体较完整，注入量较小时，持续灌注的时间可缩短。

灌浆孔灌浆结束后，应使用水灰比为 0.5 的浆液置换孔内稀浆或积水，可采用导管注浆封孔法和全孔灌浆法封孔。

导管注浆封孔法:全孔灌浆完毕后,将导管(灌浆铁管或胶管)下入到钻孔底部,用灌浆泵向导管内泵入水灰比为 0.5 的水泥浆,将孔内余浆或积水顶出孔外。在泵入浆液过程中,将导管徐徐上提,并注意使导管底口始终保持在浆面以下。工程有专门要求时,也可注入砂浆。这种封孔方法适用于承受水头小的浅孔和灌浆后孔口没有涌水的钻孔。

全孔灌浆封孔法:全孔灌浆完毕后,先采用导管注浆法将孔内余浆置换成为水灰比 0.5 的浓浆,而后将灌浆塞塞在孔口,进行纯压式灌浆封孔。封孔灌浆的压力可根据工程具体情况确定(如采用全孔段平均灌浆压力),一般不宜小于 2MPa,当采用孔口封闭法灌浆时,可使用该孔最大灌浆压力。封孔灌浆持续时间不应小于 1h。

当采用自下而上灌浆法,整孔灌浆结束后,通常全孔已经充满凝固或半凝固状态的浓稠浆体,在这种情况下可直接在孔口段进行封孔灌浆即可。

如封孔灌浆中出现较大的注入量(如大于 1L/min),则应当按灌浆要求灌注达到结束条件。

采用上述方法封孔,待孔内水泥浆液凝固后,灌浆孔上部空余部分大于 3m 时,应继续采用导管注浆法进行封孔;小于 3m 时,可使用干硬性水泥砂浆人工封填捣实。

四、GIN 灌浆法

20 世纪 1990 年代,第 15 届国际大坝会议主席、瑞士学者隆巴迪(Lombardi)等提出的一种灌浆工程的设计和控制方式——灌浆强度值(Grout Intersity Number,GIN)法,以此作为各个孔段灌浆过程的控制和结束条件。这种方法在美洲的一些国家应用,取得了较好的效果。我国有一些工程进行了灌浆试验,黄河小浪底水利枢纽部分帷幕灌浆工程采用了 GIN 法灌浆。

1. 基本原理

隆巴迪认为,对任意孔段的灌浆,都是一定能量的消耗,这个能量消耗的数值,近似等于该孔段最终灌浆压力 P 和灌入浆液体积 V 的乘积 PV,PV 就叫作灌浆强度值,即 GIN。

灌入浆液的体积可用单位孔段的注入量 L/m 表示,也可以用注入干料量 kg/m 表示,灌浆压力用大气压或 MPa 表示。

GIN 法就是根据选定的灌浆强度值控制灌浆过程,控制的目标是使 $PV=GIN=$ 常数,这在 $P—V$ 直角坐标系里是一条双曲线,如图 5-15 中的 AB 弧线。为了避免在注入量小的细裂隙岩体中使用过高的灌浆压力,导致岩体破坏,还需确定一个压力上限 P_{max}(AE 线);为了避免在宽大裂隙岩体中注入过量的浆液,同样需要确定一个累计极限注入量 V_{max}(BF 线)。这样一来,灌浆结束条件受三个因素制约:或灌浆压力达到压力上限,或累计注入量达到规定限值,或灌浆压力与累计注入量的乘积达到 GIN。AE、AB、BF 三条线称作包络线。

由上述可知,严格地说 GIN 法不是一种工艺方法,而是一种控制灌浆过程的规定或程序。

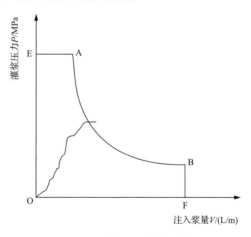

图 5-15　典型 GIN 灌浆包络线

2. 技术要点

采用 GIN 方法灌浆的要点是:

(1) 应用稳定的、中等稠度的浆液,以达到减少沉淀,防止过早地阻塞渗透通道和获得紧密的浆液结石的目的。

（2）整个灌浆过程中尽可能只使用一种配合比的浆液，以简化工艺，减少故障，提高效率。

（3）用 GIN 曲线控制灌浆压力，在需要的地方尽量使用高的压力，在有害和无益的地方避免使用高压力。

（4）用计算机监测和控制灌浆过程，实时地控制灌浆压力和注入率，绘制 $P—V$ 过程曲线，掌握灌浆结束条件。

此外，该法所采用的灌浆方式多是自下而上纯压式灌浆。

GIN 灌浆法在一定程度上自动地适应了岩体地质条件的不规则性，使得沿帷幕体的总的注入浆量得到较合理分配，灌浆帷幕的效益—投资比率达到最大。GIN 法在美洲一些国家的工程中首先应用，取得了较好的效果。但也有学者提出质疑，认为该法不适用于细微裂隙和宽大裂隙（包括岩溶）岩体的灌浆，隆巴迪本人也承认这一局限性。

我国于 1994 年引进该法，先后在黄河小浪底水利枢纽、长江三峡水利枢纽和湖南江垭水利枢纽等工程进行了灌浆试验或应用，但未曾大面积推广。总的看来，该法理论明确、施工简便、工效较高，但地质针对性不强，用以构建的帷幕防渗标准较低。

第五节　灌浆过程中特殊情况的
预防和处理

灌浆过程中特殊情况的预防和处理主要有下面 10 个措施。

（1）帷幕灌浆孔的终孔段，其透水率或单位注灰量大于设计规定值时，钻孔灌浆应当继续加深。以保证帷幕底线达到设计要求，防止出现明显薄弱的部位影响整体防渗效果。对于封闭式帷幕，这一条尤为重要。

（2）灌浆过程中发现冒浆、漏浆时，为防止长时间的冒漏影响其他裂隙的充填以及防止浆液浪费等，要根据具体情况采用嵌缝、表面封堵、低压、浓浆、限流、限量、间歇、待凝等方法进行处理。

（3）灌浆过程中发生串浆时，为防止泄压造成浆液扩散范围变小等，要先塞住串浆孔，待灌浆孔灌浆结束后，再对串浆孔进行扫孔、冲洗，而后继续钻进或灌浆。如注入率不大，且串浆孔具备灌浆条件，可一泵一孔同时灌浆。

（4）灌浆必须连续进行，如发生长时间中断，进入裂隙的浆液可能发生析水、凝结等，从而使浆液不能再继续进入裂隙，影响灌浆效果。若因故中断，要及时采取措施处理。按以下原则进行。

1）要尽快恢复灌浆。否则立即冲洗钻孔，再恢复灌浆。若无法冲洗或冲洗无效，则要进行扫孔，再恢复灌浆。

2）恢复灌浆时，应使用开灌比级的水泥浆进行灌注，如注入率与中断前相近，即可采用中断前水泥浆的比级继续灌注；如注入率较中断前减少较多，应逐级加浓浆液继续灌注；如注入率较中断前减少很多，且在短时间内停止吸浆，应采取补救措施。中断后恢复灌浆的注入率与中断前的注入率相比较，达到 90% 以上可谓"相近"；达到 $70\%\sim90\%$ 可谓"减少较多"；70% 以下可谓"减少很多"。

（5）孔口有涌水的灌浆孔段，灌浆前要测记涌水压力和涌水量，根据涌水情况，可选用下列措施综合处理：

1）自上而下分段灌浆。

2）缩短灌浆段长。

3）提高灌浆压力。

4）改用纯压式灌浆。

5）灌注浓浆。

6）灌注速凝浆液。

7）屏浆。

8）闭浆。

9）待凝。

（6）灌浆段注入量大而难以结束时，可选用下列措施处理：

1）低压，浓浆，限流，限量，间歇灌浆。

2）灌注速凝浆液。

3）灌注混合浆液或膏状浆液。

（7）遇有溶洞灌浆，应查明溶洞充填类型、规模和渗流情况，采取相应措施处理：

1）溶洞内无充填物时，根据溶洞大小和地下水活动程度，可泵入高流态混凝土或水泥砂浆，或投入级配骨料再灌注水泥砂浆、混合浆液、膏状浆液，或进行模袋灌浆等。

2）溶洞内有充填物时，根据充填物类型、特征以及充填程度，可采用高压灌浆、高压旋喷灌浆等措施。灌浆注入量大时，可选用下列措施处理：

a. 低压，浓浆，限流，限量，间歇灌浆。

b. 灌注速凝浆液。

c. 灌注混合浆液或膏状浆液。

（8）灌浆过程中如回浆变浓，可选用下列措施处理：

1）适当加大灌浆压力。

2）换用相同水灰比的新浆灌注，若效果不明显，继续灌注 30min 结束。

3）改用分段卡塞法灌注。

4）若回浆变浓现象普遍，应研究改用细水泥浆、水泥膨润土浆或化学浆液灌注。

回浆变浓，一般是岩石裂隙细微，如换用相同水灰比的新浆进行灌注，尚可再进一些浆液，如加水改稀，一般仍然是"进水不进浆"，没有效果。

（9）灌浆过程中，射浆管易被凝铸在钻孔中，也称铸管。这种情况常发生在孔口封闭灌浆法施工中，是该工法的一个主要缺点。可选用以下措施处理：

1）灌浆过程中应经常转动和上下活动灌浆管，回浆管宜有 15L/min 以上的回浆量，防止灌浆管在孔内被水泥浆凝住。

2）如灌浆已进入结束条件的持续阶段，可改用水灰比为 2 或 1 的较稀浆液灌注。

3）条件允许时，改为纯压式灌浆。

4）如射浆管已被凝住，应立即放开回浆阀门，强力冲洗钻孔，尽快提升钻杆。

（10）灌浆孔段遇特殊情况，无论采用何种措施处理，其复灌前要进行扫孔，复灌后要达到规定的结束条件。

以上措施中（5）、（6）、（7）各种措施可以单独采用，也可以综合采用。措施中均未提定量要求，施工时应根据工程实际情况掌握。

第六节　帷幕灌浆工程质量检查

知识链接

★帷幕的防渗标准和相对隔水层的透水率根据不同坝高采用下列控制标准：

1. 坝高在100m以上，透水率q为1~3Lu。
2. 坝高在50~100m之间，透水率q为3~5Lu。
3. 坝高在50m以下，透水率q为5Lu。
4. 抽水蓄能电站和水源短缺水库坝基帷幕防渗标准和相对隔水层的透水率q值控制标准取小值。

——《水利工程建设标准强制性条文》
（2016年版）

帷幕灌浆竣工后，可分坝段、分期、分批检查帷幕灌浆质量和帷幕防渗效果。主要依据以下几方面进行。

（1）帷幕灌浆工程必须做好施工过程（工序）的质量控制和检查，其检查的内容、方法、合格标准要根据工程的具体情况按行业标准有关条文的要求或设计要求确定。灌浆工程是隐蔽工程，施工效果难以进行直接地和完全地检查，对施工过程（工序）质量的控制和检查，尤为重要。

（2）帷幕灌浆工程的质量主要以检查孔压水试验成果为主，结合对施工记录、施工成果资料和检验测试资料的分析，进行综合评定。检查孔压水试验成果是评价帷幕灌浆工程质量的主要依据，但也应注重施工过程质量以及其他检查成果,综合进行评价分析。

(3) 帷幕灌浆检查孔一般部署在帷幕中心线上,按灌浆孔的单元划分进行布置。帷幕灌浆检查孔在分析施工资料的基础上,对断层、岩体破碎、裂隙发育、强岩溶等地质条件复杂的部位进行重点检查,末序孔注入量大的孔段附近、钻孔偏斜过大、灌浆过程不正常等经分析资料认为可能对帷幕质量有影响的部位进行重点检查。这些部位均为灌浆工程质量容易发生问题的部位,在这些地方布置检查孔,一是针对性强,二是可以利用检查孔进行补充灌浆。

(4) 帷幕灌浆检查孔的数量可为灌浆孔总数的 10% 左右,一个坝段或一个单元工程内,至少应布置一个检查孔。对于地质条件较好的工程可适当减少,对于灌浆困难的地段可以增加。

(5) 帷幕灌浆检查孔应当采取岩芯,绘制钻孔柱状图。岩芯要全部拍照,重要岩芯应长期保留。一个灌浆工程通常岩芯量很大,所有岩芯都保留既不易做到,也无必要。不如以有限的条件重点保存好有价值的岩芯。哪些岩芯需保存,哪些可废弃,由设计确定。

(6) 帷幕灌浆检查孔压水试验在该部位灌浆结束 14d 后进行,自上而下分段卡塞进行压水试验,压水试验采用单点法或五点法,按设计要求和规范压水要求执行。

(7) 搭接帷幕灌浆质量的检查可在搭接帷幕施工完成 7d 后,或搭接帷幕和主帷幕灌浆全部完成后一并进行,检查孔的数量可为搭接帷幕灌浆孔数的 3%~5%,防渗标准与主帷幕相同。

(8) 帷幕灌浆工程质量的评定标准为:经检查孔压水试验检查,坝体混凝土与基岩接触段的透水率的合格率为 100%,其余各段的合格率不小于 90%,不合格试段的透水率不超过设计规定的 150%,且不合格试段的分布不集中;其他施工或测试资料基本合理,灌浆质量可评为合格。

(9) 帷幕灌浆孔封孔质量应进行孔口封填外观检查和钻孔取芯抽样检查,封孔质量应满足设计要求。灌浆孔的封孔极为重要,封孔不实,等于增加了新的渗漏通道,以往有些工程曾发生封孔不密实的情况,给工程留下隐患。

孔口封填外观质量宜逐孔检查,孔口应封填密实不渗水和基本不渗水。钻孔取芯可进行抽样检查,抽检数量和合格的标准各工程可根据具体情况制定。清江水布垭水电站帷幕灌浆封孔检查数量为灌浆孔数的 2‰;金安桥水电站检查数量为 3‰,但只抽检上部 15m。一般来说,封孔取芯检查孔数量可按灌浆孔的 1‰掌握。抽检的钻孔芯样有的进行了力学试验,有的仅进行目测检查。定性地说,封孔检查孔深应符合要求,水泥浆液结石芯样应当连续、密实或较密实。如进行了室内试验,芯样干密度以大于 $1.8g/cm^3$ 为好。搭接帷幕孔可不进行钻孔取芯检查。

(10) 检查孔检查工作结束后,要按灌浆孔规定进行灌浆和封孔。检查孔完成检查任务后的灌浆有两种做法:一是检查一段,灌浆一段;二是全孔检查完后,自下而上分段灌浆,都是可行的。

除以上所述检查外,对于灌浆试验项目的检查则要根据试验目的和要求进行相应的检查。根据试验目的的不同,在灌浆试验项目中一般除进行钻孔取芯和透水率的检查外,还要进行钻孔声波检查、钻孔周围或双孔之间声波波速在灌前灌后的变化情况、钻孔录像检查孔壁裂隙的充填情况、钻孔弹性模量检查钻孔岩体在灌前灌后的变形模量变化情况等项目。通过采用定量的评价灌浆后各种性能参数的提高情况,判断通过灌浆能达到的准确效果,为设计者提供精确的数据支持。

第七节　岩溶帷幕灌浆

一、岩溶地区防渗帷幕灌浆的特点

岩溶地区由于其特殊的地质条件,故在该地区修建大坝,其防渗帷幕灌浆一般有如下的特点:

1. 灌注材料量较大

岩溶地区溶洞、溶蚀裂隙多,透水性很大,所以灌注材料的耗用量较非岩溶地区要大。岩溶严重地区,干料耗用量更多。如乌江渡大坝帷幕灌入水泥达 55600t,东风大坝灌入水泥 74519t,观音阁大坝则为 47000t。国外如伊拉克的都堪坝,帷幕灌浆灌入水泥 67928t,砂料 48722t,其他材料 211t。意大利的瓦尔·盖立纳坝,其坝体混凝土为 99100m³,而帷幕灌浆却用了 25000t 水泥,几乎与浇筑坝体所用的水泥量相等。国外其他一些岩溶地区大坝帷幕灌浆的单位注入量一般多在 400kg/m 以上,其灌注材料耗用量也是比较多的。

2. 防渗帷幕较深

岩溶地区的帷幕深度往往比一般岩石地区的帷幕要深,有的大坝的坝基帷幕深度甚至达到坝高的 2~3 倍。如瑞士的利莫布登拱坝、突尼斯的尼巴纳堆石坝,其帷幕深度分别为各自坝高的 2.5 倍和 2.4 倍。

3. 防渗帷幕轴线较长

由于岩溶地区的渗漏性较大,不仅坝基部分要设置防渗帷幕,有时为防止坝肩和水库周边的漏水,也需要设置防渗帷幕,这样帷幕便比一般岩石地区的帷幕要长。

4. 帷幕灌浆工程量大

由于岩溶地区防渗帷幕一般深度较大,帷幕线较长,有时帷幕灌浆孔排数又较多,所以帷幕灌浆工程量常常很大。乌江渡、东风、隔河岩等几座大坝帷幕灌浆工程量分别为 191554m、289609m 和 192915m。

5. 施工复杂

岩溶地区的地质情况多变,坝基或水库周边的防渗处理应根据所遇到的岩石情况,采用与之相适应的方法施工,才能经济而有效地达到防渗目的。一般来讲,在岩溶地区的溶洞灌浆,首先应查明溶洞内充填物类型、充填规模,而后采取相应的措施处理。

(1)对于大空洞岩溶,可使用混凝土泵泵入高流态混凝土,骨料最大粒径小于 20mm。待混凝土待凝 7d,然后重新扫开,再灌注水泥浆。

(2) 对于空洞较大的岩溶,可扩大灌浆孔孔径,向孔内投入粒径小于 40mm 的干净碎石,而后灌注水泥砂浆或水泥粉煤灰浆。待凝 3d 后,进行扫孔和做简易压水,根据压水资料,再确定是灌注水泥浆,还是灌注水泥砂浆或其他混合浆液。

(3) 对于空洞较小的岩溶,可灌注水泥砂浆或其他混合浆液,待凝 3d 后,扫开再灌注水泥浆。

(4) 对于全部充填或大部分充填的溶洞,宜采用高压进行灌浆。但若在开始灌浆不能起压或短时间内不能达到规定的压力时,应先采用低压、浓浆、限流、限量、间歇灌浆等措施,待注入率减小到一定程度后,再逐渐升压,依照技术要求直至达到结束标准止。根据东风水电站坝基帷幕灌浆实践经验,有时一个灌浆段可能需要灌注十几次,甚至更多一些。

(5) 采用"模袋灌浆"新技术。模袋由特殊的纺织工艺织成,使用的基本材料为尼龙、聚酯或聚丙烯等。织物强度高,向袋内灌注水灰比为 0.6、0.8 或 1 的水泥浆时,在灌浆压力作用下,水泥浆中的水分可以由袋内析出,而水泥不能外漏,这样可以降低水灰比,提高固结强度,缩短固结时间。水泥在模袋中固化凝结,在水下具有不分散性,当水流流速较大时,不会被冲失;并且模袋在压力下膨胀,适应不同形状,有利于堵塞各类形状的溶洞。

有时在施工过程中还会遇到大的或连通的溶洞、溶槽等漏水严重地段,常采取的处理措施是:将溶洞或溶槽内充填的松散、不稳定的杂物碎石土和残渣等清除干净,回填混凝土,而后再行灌浆补强,将漏水通道封闭密实。

6. 灌浆帷幕造价较高

在岩溶地区修建防渗帷幕,由于灌浆工程量大,耗用的灌浆材料多、施工复杂、施工历时也长,因此,帷幕的造价较高。国外灌浆工程的实践对不同地质条件下的防渗灌浆帷幕的造价做出了如下的分析:在地质条件不很复杂的一般地区,防渗帷幕的造价为大坝造价的 2%～5%;在地质条件比较复杂的地区,帷幕造价为大坝造价的 5%~15%;而在岩溶发育地区,帷幕造价可达大坝造价的 30%,甚至更多。如南斯拉夫的白路坝,由于岩溶造成的特殊地质条件,其帷幕的造价几乎超过了大坝的造价。国内灌浆工程对此未做详细地统计分析。

二、岩溶地区设置防渗帷幕应遵循的原则

岩溶地区基岩处理设计总的指导思想是:第一,保证大坝安全;第二,防止大量渗漏;第三,注意经济效果。三者一定要综合考虑,相辅相成,既要保证安全可靠,又要注意节约资金,同时还要求防渗措施灵活、现实和适度。

由于岩溶地区地质条件的复杂性,在这种地区要设置良好的防渗帷幕,须遵循下述的一些原则:

1. 加强调查及勘测工作

在岩溶地区修坝建库,应注意了解侵蚀基准面的位置,查明基岩中有无较深厚的相对不透水岩层,详细地绘制出地质剖面图和渗透剖面图,并将所探明的岩溶溶洞、孔穴、裂隙、断层以及破碎带等的大小、分布情况和各部位的渗透情况,尽可能地在各剖面图上表示出来。调查与勘测工作做的越细,防渗帷幕灌浆工作就会越主动,效果也将会更好。

2. 尽量利用有利的岩层或其他有利条件

岩溶地区坝基和库区防渗处理应尽量利用基岩中常有的较深厚的不透水岩层,如泥灰岩、泥质灰岩或其他渗透性小的岩层作为相对隔水层,并尽量寻找有利的库区地形加以利用,这样可以减少防渗帷幕的深度,减少或免除水库周边的防渗设施,降低处理费用,并且防渗效果也易于得到保证。例如,观音阁水库坝基防渗帷幕就是利用了基岩中"风山组底部 10m 厚度的页岩"作为相对不透水层,减少了帷幕深度;东风水电站库区周边防渗是利用了鱼洞和凉风洞两暗河系统间和鼻状地下分水岭地形,较大程度地削减了帷幕灌浆工程量。国外有如西班牙的卡马拉札坝、摩洛哥的宾·埃尔·威当坝就是利用了基础底部不深处的渗透性较小的岩层作为基础的相对不透水岩层这一有利条件,仅做了不深的灌浆

帷幕,就起到了良好的防渗效果;南斯拉夫的腊马水库由于水库边缘腹地的地质构造条件造成地下水均向库区流动,经判断不可能产生库区渗漏,因而仅做了坝基的帷幕灌浆。

3. 慎重地选定帷幕线路

根据取得的各项地质资料和调查资料,通过多次的工地勘察,考虑在坝址或水库周边的哪些地方设置防渗帷幕,采取哪种防渗措施最有利,以及如何避开岩溶发育的强透水带和大型溶洞等,慎重地选定帷幕路线。例如,东风水电站和隔河岩水电站均是分别在四条和五条的帷幕线路方案中通过综合比较而选定其中一条的,保证多、快、好、省而又安全的完成了帷幕灌浆任务。

4. 做好灌浆试验

在岩溶地区建坝,必须逐步摸清该地区地质条件的一般规律及特殊规律,以便掌握它,改造它。如果地质条件复杂,灌浆工程量又比较大时,应选定灌浆试验地段,制定灌浆试验方案,先在工地进行灌浆试验,分析研究试验所取得的资料,再进行帷幕设计。这样设计方案可以符合实际情况,也比较稳妥可靠。乌江渡大坝坝基地质条件复杂、岩溶发育、渗漏性大,又是我国首次在岩溶发育地区修建的高坝,国内无先例可循,故在帷幕灌浆正式施工前,进行了规模较大的灌浆试验,先后历时达 4 年之久。以后,相继兴建的隔河岩大坝、东风大坝以及五里冲无坝水库等均是帷幕灌浆正式施工前进行了规模不尽相同的灌浆试验。

5. 确定帷幕结构型式及有关参数

根据地质条件和坝工设计的要求,参考灌浆试验取得的成果,确定合理并有效的帷幕结构型式。

(1)关于帷幕孔的深度。岩溶地区建坝,坝基帷幕深度以深入相对不透水层内 3m 或 5m 以上为宜。有时由于相对不透层埋藏较深,所以帷幕深度也较大。岩溶发育严重地区,有时要求帷幕深度深至侵蚀基准面高程以下,这样就又加大了帷幕的深度;有时因出于某种考虑,也常常要求帷幕深度更大一些,甚至会达到设计水头的 2～3 倍。

（2）关于帷幕灌浆孔的排数。重要部位的防渗帷幕多采用两排或三排。从某种意义上讲，三排孔灌浆质量好，先灌边排，后灌中排，可以起到先围堵、后压密的作用，同时中排孔还可以使用比较大的灌浆压力，易于保证质量。实践经验证明三排孔帷幕耐久性也好。从工程量上考虑，三排孔孔距3m和两排孔孔距2m及一排孔孔距1m，其总的工程量相同，但灌浆效果和帷幕厚度有异。编著者认为在岩溶发育、透水性大的地段，重要部位的防渗帷幕以采用三排为妥。

6. 确定帷幕灌浆孔的方向

灌浆孔的方向应根据岩层裂隙及层理方向并结合主要裂隙系统考虑，对处理个别的大裂隙，灌浆孔的方向应单独考虑。一般情况下，为了施工方便和易于保证帷幕的连续性和完整性，帷幕灌浆孔多采用铅直孔。但在岩石裂隙复杂的情况下，为了提高帷幕灌浆防渗的可靠性，个别或局部地段有时也可布置成孔向交错的钻孔系统。

7. 选用合宜的灌注材料

在岩溶发育较弱的地区，帷幕灌浆一般仍多采用水泥浆，因其集中制浆、输送和调配浆液均较简便，并且帷幕的稳定性也好。但在岩溶发育，有大溶洞、大溶蚀裂隙的地段，则所用灌注材料的品种很多，需根据灌注实际情况和效果而定。为了节省水泥，经常灌注混合浆液，即在水泥浆液中加入砂、粉煤灰等掺合料。有时为了改善浆液的性能，还加入稳定剂如膨润土或速凝剂和水玻璃等。溶洞较大且充填物很少时，还可采用先向孔内投入小粒径的干净碎石，而后再灌注混合浆液的措施。

岩溶地区灌浆材料多种多样，浆液的组成和配比还没有一定的规律和比值，一般仍需通过室内浆材试验和工地灌浆试验所到得的资料和成果指导设计和施工，其所遵循的原则是：有效、经济、施工方便。

8. 慎重确定处理溶洞中充填物的方案

在遇到大溶洞、大断裂等不良地质的条件下，对其中充填物的种类、填充及胶结的程度，在库水头长期作用下能否产生机械管涌,是否需要清除这些填充物,如何清除或是否可以不予清除而仅做适当处理等一系列的问题,均应作详细的调查研究工作,并进行实地试验,最后做出选择。

9. 预留补强灌浆施工位置

由于岩溶地区的地质条件复杂多变,防渗帷幕的设计和施工的难度也较大。考虑到将来由于防渗帷幕做的不尽妥善,或经长期运行防渗效能逐渐衰减,在这种情况下,常需进行补充灌浆。所以在坝工设计时,应为以后的补充灌浆留有适当的工作位置。

10. 分期蓄水

水库蓄水后,随着水位逐渐升高也可能出现一些意外情况。为了保证安全,对于坝高在100m以上的大坝,宜采用分期蓄水的技术措施。其主要目的是,通过不同库水位高程逐步检验坝基和水库周边的渗漏情况及大坝是否稳定安全。如果发现问题,便于及时处理,掌握主动。

三、岩溶地区帷幕灌浆施工技术与特殊地段的处理

1. 灌浆方法

灌浆施工应依照逐渐加密法,分次序进行。灌浆方法以采用自上而下分段的循环式灌浆法为宜。当帷幕灌浆孔比较深时,可考虑采用自上而下与自下而上相结合的灌浆方法,但这要根据该地区具体的地质条件和灌浆施工情况而定,以能保证帷幕质量又有利于施工进度为原则。

2. 布设灌浆平洞

由于灌浆帷幕较深,工程量较大,又受施工进度和施工部位条件所限,为了便于钻孔和灌浆施工,保证灌浆质量,并有利于大坝总体施工的安排,常常在坝肩两岸开挖灌浆平洞和在坝体内预留灌浆廊道,在其内进行帷幕灌浆。但开挖平洞将产生卸荷裂隙,平洞周围有较大的拉应力区,应力条件复杂,对坝肩会产生一些影响,故设计平洞时,应予考虑。

灌浆廊道和平洞的长度、断面的大小,它们的层数及其上下间的距离,将根据地质条件、帷幕设计和施工情况、坝的高低等而定。同时还要考虑到在帷幕建成后,水库正常运行

期中,便于检查。帷幕如有缺陷需要进行补灌时,也能有施工位置。

分层灌浆时,应注意上下两层间帷幕相互衔接处的设计和施工工作,使之灌浆后能连为一体,防止渗流。

3. 灌浆段长

在岩石较完整、岩溶不甚发育、裂隙少的地段,段长仍以5~6m 为宜。在岩石发育、渗漏性大的地段,段长应适当缩短,宽大岩溶裂隙和大溶洞地段,应单独处理。

4. 灌浆压力

当帷幕钻孔较深时,以采用较高的压力为宜。在不导致岩石的破坏和岩面抬动的条件下,坝基灌浆常达到 4~6MPa 的压力。在裂隙或溶洞内的充填物被允许不予清除的情况下,更应使用大的压力灌浆,使浆液与充填物紧密结合,既起到防渗的作用,也提高抗冲刷的能力,防止因长期在水库水头的作用下产生管涌的危险。同时考虑到深帷幕的钻孔底部有产生过大偏斜的可能性,也有必要使用大压力灌浆,使浆液扩散范围大些,以保证帷幕的连续性和密实性。

5. 大溶洞、大溶缝的处理原则和方法

在岩溶发育的石灰岩基础上进行灌浆,常感到困难的有以下三个问题:

(1) 溶洞、溶缝中的充填物是否需要清除。作为防渗帷幕,溶洞中充填的黏土可以不必进行专门的冲洗,因为黏土本身并不透水,但应注意黏土的渗流稳定问题。如充填物不密实、不稳定,则一定要采取有效的措施,如通过高压灌浆将其压密压实,使其在设计水头作用下,能保持长期稳定。若系进行固结灌浆,则应尽量将黏土清除干净。

清除充填物一般多采用气、水高压冲洗的方法,为了增进冲洗效果,必要时还可在冲洗液中加入一些化学剂,用以促进泥质充填物加速溶解,使之易被气、水所冲出。南斯拉夫的经验是按三角形布孔为好,一孔进气,一孔进水,从另一孔中冲出泥水,三孔相互轮换,重复上述冲洗工作。

(2) 处理溶洞、溶缝中充填的黏土一般的处理原则是,对地表或埋藏较浅的溶洞,尽量采用开挖、回填的方法处理。在基坑开挖时,挖深至溶洞,而后将溶洞中的充填物挖除干净,回填混凝土。若溶洞埋藏较深,可以采用灌浆方法;必要时也可开挖竖井,或钻大口径钻孔直达溶洞,人员下入洞中,清除出充填物,回填混凝土,而后根据需要再进行密实性灌浆。

(3)灌注、填实溶洞和溶缝通常采用的灌注原则是:先封闭,再密实。其施工方法是:

1)溶洞中充填物不多、有很大的空间时,可以先投入卵砾石,填满后灌注水泥砂浆,经过一定时间后,再在此部位二次钻孔灌注水泥浆,使溶洞进一步被充填密实。

2)以低压灌注较浓的混合浆液,如水泥黏土浆或水泥砂浆等。待单位吸浆量显著减少时,再提高压力,改灌常规浓度的浆液。

3)在吸浆量很大、不起压力时,可采用间歇灌浆即停停灌灌的方法处理,直至通道堵塞为止。最后再将此段重新钻开,用水泥浆进行补灌,增强帷幕的密实性。

4)在由多排灌浆孔所构成帷幕的情况下,两个边排孔可以考虑采用限量法灌浆,压力也可稍低些,但中间排孔的灌浆需要达到正常的结束标准才可结束灌浆。

第六章

基岩固结灌浆

基岩固结灌浆是用浆液灌入岩体的裂隙或破碎带,以提高岩体的整体性和抗变形能力为主要目的的灌浆工程。在水利水电工程施工中,基岩固结灌浆技术应用广泛,如在混凝土重力坝或拱坝的坝基、混凝土面板堆石坝趾板基岩以及土石坝防渗体坐落的基岩等处通常都要进行固结灌浆。实践证明,破碎、多裂隙的岩石经过固结灌浆后,其弹性模量和抗压强度均有明显提高,可以增强岩石的均质性,减少不均匀沉陷。岩石透水性也大为降低,对改进地基岩石性能效果显著。

第一节　基岩固结灌浆的特点

一、固结灌浆一般特点

1. 布置特点

基岩固结灌浆的目的之一是用来提高基岩中软弱岩体的密实度,增加变形模量,从而减少变形和不均匀沉陷;目的之二是弥补因爆破松动或应力松弛所造成的岩体损伤。固结灌浆的施工范围均较大,在灌浆孔的布置形式上,有如下特点:

(1)固结灌浆孔一般为面状布孔,常采用方格型或梅花型等布置形式,并按分序加密的原则分为二序或三序施工,见图 6-1。

(2)固结灌浆主要用于加固建基面浅表层的岩体,因而通常孔深较浅(不大于 15m),灌浆压力较低。

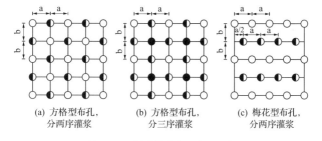

(a) 方格型布孔，　　　(b) 方格型布孔，　　　(c) 梅花型布孔，
　　分两序灌浆　　　　　分三序灌浆　　　　　分两序灌浆

图 6-1　固结灌浆孔常用布置形式

○—Ⅰ序孔；　◐—Ⅱ序孔；　●—Ⅲ序孔

2. 施工特点

（1）固结灌浆施工的特点是"围、挤、压"，就是先将灌浆区圈围住，再在中间插孔灌浆挤密最后逐序压实。这样易于保证灌浆质量。所以，固结灌浆的施工次序应遵循先周边、后中间，且逐渐加密的原则。先钻、灌第Ⅰ次序孔，而后开始第Ⅱ次序孔的施工，依次类推，这样还可以根据各次序孔的施工情况，及时地检查灌浆效果。

（2）固结灌浆施工，常与其他工序如开挖、立模、混凝土浇筑等发生干扰，遇到这类问题时，应当本着"各方兼顾，均保质量"的原则，做好多工种、多工序的统筹安排，这是保证固结灌浆质量关键。

二、有盖重固结灌浆

为增强灌浆效果，固结灌浆通常在建基面上浇筑一定厚度的混凝土（盖重混凝土）后施工，称为有盖重固结灌浆。对于混凝土坝，盖重混凝土厚度不小于 1.5m，且应达到 50％设计强度后，方可进行钻孔灌浆施工。对于土石坝防渗体基础混凝土盖板或喷混凝土护面、堆石坝混凝土趾板下的基岩等特殊部位进行固结灌浆时，应待其盖板或护面结构混凝土达到设计强度后进行。进行有盖重灌浆时，应安设抬动监测装置，控制抬动变形值在允许范围内。抬动监测装置可参见帷幕灌浆部分相关内容。

三、无盖重固结灌浆

施工中若难以在浇筑盖重混凝土后再进行固结灌浆,则需要在无盖重条件下灌浆。无盖重灌浆可分两种情况:浇筑找平混凝土后灌浆和在裸露基岩上灌浆。找平混凝土以填平低洼坑槽为主,浇筑厚度一般为 20～50cm,新鲜完整岩体也可部分外露。待找平混凝土强度达到 70% 的设计强度后,固结灌浆的钻灌作业可以开始。

在无盖重条件下固结灌浆时,应通过现场灌浆试验论证,采取有效措施确保建基面表部岩体的灌浆质量。为提高灌浆效果,可在表层混凝土的保护下,先进行表层(如 3m)岩体的固结灌浆,在岩石里形成"盖板",而后进行以下岩体的灌浆。

四、引管灌浆

引管灌浆是在灌浆孔内预埋进、回浆管路,并将管路引导至其他作业面进行灌浆施工的方法。在有盖重条件下进行固结灌浆施工时,要采用有效措施防止对混凝土内冷却水管、接缝接触灌浆系统、钢筋及监测仪器等设施的损坏,常采用引管灌浆的方法,待盖重混凝土浇筑后择时进行灌浆。在坝基岸坡段进行混凝土浇筑时,常与岸坡固结灌浆发生交叉施工,易造成岸坡段混凝土浇筑滞后和各坝段高差超标的情况,采用引管灌浆方法可很好的解决这一难题并有利于合理安排工期。

五、深孔高压固结灌浆

在坝基面或较深(15m 以上)的岩体中,常有一些软弱岩带需要进行固结灌浆,称为深孔固结灌浆,也称深层固结灌浆。目前深孔固结灌浆使用灌浆压力都较高(如 2～6MPa),其灌浆工艺工法可参照"第五章 基岩帷幕灌浆"方法实施。在有些地质复杂地段,在高压水泥灌浆完成后还要进行化学灌浆。使用高压固结灌浆的施工方法基本可依照"第五章 基岩帷幕灌浆"的工艺进行,但二者也有区别,帷幕灌浆对裂隙冲洗要求不严或不要求,高压固结灌浆有的要求严格。

第二节　钻孔与冲洗压水

一、钻孔

固结灌浆孔的孔径一般不宜小于 56mm（当采用风动凿岩机时，孔径不宜小于 38mm），物探测试孔、检查孔、抬动监测孔孔径不宜小于 76mm，根据地质条件可以选用任何适宜的钻机进行钻进，包括风动或液动凿岩机、潜孔锤和回转钻机等。工程上可以根据固结灌浆孔的深度、工期要求和设备供应情况选用。一般说来，孔深不大于 5m 的浅孔可采用凿岩机钻进，5～15m 的中深孔可用风动潜孔锤或岩芯钻机钻进，15m 以上的深孔一般选用岩芯钻机钻进。

固结灌浆钻孔的孔位偏差通常不大于 10cm，孔向、孔深应满足设计要求。钻孔方向以垂直孔居多，有的工程根据实际工况条件也有规定的孔斜要求，钻孔过程中应采取有效措施进行控制。

在盖重混凝土上进行固结灌浆时，为了避免钻孔时损坏混凝土内的结构钢筋、冷却水管、止水片、监测仪器和锚杆等，除在设计时妥善布置固结灌浆孔位外，重要部位可采取预埋导管等措施。预埋管可用 PVC 塑料管。

二、裂隙冲洗和压水试验

1. 裂隙冲洗

基岩固结灌浆中，钻孔冲洗十分重要，特别是在地质条件较差、岩石破碎、含有泥质充填物的地带,更应重视这一工作。冲洗方法有单孔冲洗和串通孔冲洗两种。《水工建筑物水泥灌浆施工技术规范》(SL 62—2014)要求固结灌浆孔段在灌浆前应采用压力水进行裂隙冲洗,冲洗压力为灌浆压力的 80% 并不大于 1MPa,冲洗时间为 20min 或至回水清净为止。串通孔冲洗方法与时间应按设计要求执行。

当钻孔较深或遇复杂不良地质地段时,常需要特殊强力冲洗(如高压水冲洗、脉动冲洗、风水联合冲洗或高压喷射冲洗等),冲洗方法应通过现场试验确定。

2. 压水试验

固结灌浆工程,可在各序孔中选取不少于 5% 的灌浆孔(段)进行灌前简易压水试验。简易压水方法可参见(SL 62—2014)中附录 B 相关内容。简易压水试验可结合裂隙冲洗进行。

第三节 灌 浆 方 法

根据不同的地质条件和工程要求,固结灌浆可选用全孔一次灌浆法、自上而下或自下而上分段灌浆法,也可采用孔口封闭灌浆法或综合灌浆法,灌浆选取纯压式和循环式均可。灌浆塞宜安装在盖重混凝土与基岩接触部位,当采取循环式灌浆时,射浆管出口与孔底距离不应大于 50cm。灌浆孔宜单孔进行灌注,对相互串浆的灌浆孔,可并联灌注,并联孔数不多于 3 个;软弱地质结构面和结构敏感部位,不宜进行多孔并联灌浆。灌浆过程中遇特殊情况的处理,与基岩帷幕灌浆相同,或参照 SL 62—2014 第 5.7 节的规定执行。对于深孔(15m 以上)固结灌浆和高压固结灌浆,可参见"第五章 基岩帷幕灌浆"相关方法实施。

一、灌浆段长

SL 62—2014 中指出,灌浆段不大于 6m 时,可采用全孔一次灌浆法,大于 6m 时,宜分段灌注。各灌浆段长可采用5~6m,特殊情况下可适当缩短或加长,但不应大于 10m。

二、灌浆压力

固结灌浆的压力应根据地质条件、工程要求和施工条件通过现场试验确定。在不使结构物及岩体产生有害变形的前提下尽量采用较高压力。有盖重灌浆时,参考采用 0.4～0.7MPa,无盖重灌浆时参考采用 0.2～0.4MPa。对缓倾角结构面发育的基岩,可适当降低灌浆压力。当采用分段灌浆时,宜先进行接触段灌浆,灌浆压力不宜大于 0.3MPa;以下各段灌浆时,灌浆塞宜安设在受灌段顶以上 50cm 处,灌浆压力可适当增大。灌浆施工时,灌浆压力应分级升高,且应特别注意结构物和岩体抬动,应严格监测抬动变形,及时调整灌浆压力,使抬动值在允许范围内。

长江三峡工程(坝基岩石为花岗岩)在找平混凝土上进行固结灌浆第一段灌浆压力一般为Ⅰ序孔 0.3MPa,Ⅱ序孔 0.5MPa。以下各段压力按 0.025～0.05MPa/m 递增(破碎岩体系数取低值)。盖重混凝土厚度为 3m 时,Ⅰ序孔灌浆压力 0.3MPa,Ⅱ序孔 0.5MPa,盖重混凝土厚度每增加 1m,压力相应增加 0.025MPa。

三、灌浆浆液与变换

灌浆材料和浆液应遵循 SL 62—2014 第 3.1 条款相关规定执行。固结灌浆的浆液多采用多级水灰比浆液,经过试验论证也可以采用单一比级的稳定性浆液。SL 62—2014 指出,采用多级水灰比浆液灌注时,水灰比(质量比)可采用 3、2、1、0.5 四级,开灌浆液水灰比选 3;《水工建筑物水泥灌浆施工技术规范》(DL/T 5148—2012)中指出,固结灌浆浆液水灰比可采用 2、1、0.8、0.5 四个比级,开灌浆液水灰比可选 2。实践证明,这两套配合比都是可用的、成功的,可根据具体情况选用。浆液变换原则为:

(1) 当灌浆压力保持不变,注入率持续减少时,或注入率不变压力持续升高时,不应改变水灰比。

(2) 当某级浆液注入量已达 300L 以上时,或灌浆时间已达 30min 时,而灌浆压力和注入率均无改变或改变不显著时,应改浓一级水灰比。

（3）当注入率大于 30L/min 时,可根据具体情况越级变浓。

四、结束条件与封孔

（1）结束条件

固结灌浆各灌浆段的结束条件应根据地质条件和工程要求确定。一般情况下,当灌浆段在最大设计压力下,注入率不大于 1L/min 后,继续灌注 30min,可结束灌浆。

（2）封孔

灌浆孔封孔一般采用导管注浆法或全孔灌浆法,对于孔口涌水的灌浆孔应采用后者。

1）导管注浆法封孔。全孔灌浆完毕后,将导管（灌浆铁管或胶管）下入到钻孔底部,用灌浆泵向导管内泵入水灰比为 0.5 的新鲜普通水泥浆,将孔内余浆或积水顶出孔外。在泵入浆液过程中,将导管徐徐上升,并注意务必使导管底出口始终保持在浓浆面以下。工程有专门要求时,也可注入砂浆。这种封孔方法适用于承受水头小的浅孔和灌浆后孔口没有涌水的钻孔。

2）全孔灌浆法封孔。全孔灌浆完毕后,先用导管注浆法将孔内余浆置换成为水灰比 0.5 的新鲜普通水泥浆,而后将灌浆塞阻塞在孔口,进行纯压式灌浆封孔。灌浆压力使用该孔最大灌浆压力,持续时间不小于 1h。当采用自下而上分段灌浆法时,全孔灌浆结束后,下部大部分孔段已成为固态或半凝固状的稠浆,这时只需置换上部稀浆后进行封孔灌浆即可。如封孔灌浆中出现较大注入率,则应全孔灌注至注入率不大于 1L/min,持续时间不小于 1h。

采用上述方法封孔,待孔内水泥浆液凝固后,及时清除孔口段浮浆和积水,当孔口上部空余段大于 3m 时,采用导管注浆法继续封孔;小于 3m 时,可使用干硬性水泥砂浆人工回填并捣实。

第四节　灌浆质量检查

岩体经过固结灌浆后,其防渗性能、弹性波波速和弹性模量均会有所提高。岩体固结灌浆质量检查经常需要进行灌浆前后的测试结果对比,通过对比灌浆后岩体性能比灌浆前的改善程度,反映灌浆效果。SL 62—2014 和 DL/T 5148—2012 第 6.4 条款均指出,固结灌浆工程的质量检查宜采用检测岩体弹性波波速的方法,也可采用钻孔压水试验的方法。很多工程中也采用了测试岩体弹性模量(变形模量)的方法。

一、岩体弹性波波速检测

岩体灌后弹性波波速测试可在灌浆结束 14d 后进行。检查孔的数量和布置,岩体波速提高的程度,应根据岩石性质和工程要求按设计规定执行。

弹性波测试常使用声波法和地震波法,采用岩石声波仪或地震仪测定岩石弹性波的传播速度,再根据弹性波波速计算出岩石的动弹性模量,必要时再通过关系式转换为静弹性模量或变形模量。在采用声波仪或地震仪进行单孔或跨孔声波测试时,应注意灌浆前后测试方法应一致,跨孔测试的钻孔应平行,准确测量并计算出孔间距离,常用弹性波检测方法见表 6-1。在一些重要的和地质条件复杂地段的固结灌浆,常用弹性波(或电磁波)CT 层析成像法测试。该方法具有测量面积大,分辨率高,成果直观,空间位置准确的特点,可得到两个钻孔间的岩体波速等值线分布情况,是分析低速区域,评价灌浆质量的有效方法。

进行弹性波测试的技术要求可遵照《水利水电工程物探规程》(SL 326—2005)或《水利水电工程物探规程》(DL 5010—2005)要求执行。

表 6-1　　　　固结灌浆现场弹性波检测常用方法表

分类	检测图示	计算公式	说明
单孔一发双收声波检测		$V_P = L/(t_2 - t_1)$	F、S1 和 S2 分别为发射、接收 1 和接收 2 换能器。式中： V_P——纵波波速，m/s； L——两个接收换能器中心间距，m； t_1、t_2——S1、S2 两接收点收到的声波沿岩壁的折射波首波到达时间，s。 （t_1、t_2 分别为声波沿路径 FABS1、FABCS2 传播的时间）
跨孔声波检测		$V_P = L/(t_p - t_0)$	F、S 分别为发射、接收换能器。式中： V_P——纵波波速，m/s； L——换能器之间岩体实测部分距离，m； t_p——纵波的传播时间，s； t_0——仪器设备系统非实测部分延时，s

二、钻孔压水试验

固结灌浆检查孔钻孔压水试验检测时间可在灌浆结束 3d 或 7d 后进行。检查孔的数量不宜少于灌浆总数的 5%。压水试验应采用单点法，可参照 SL 62—2014 中附录 B 执行。其合格标准为：单元工程内检查孔各段的合格率应达 85% 以上，不合格孔段的透水率值不超过设计规定值的 150%，且不集中。

三、岩体弹性模量检测

固结灌浆岩体弹模检测宜在灌浆结束 28d 后进行，通过岩体变形试验和强度试验进行测试，常用试验方法有钻孔径向变形测试,个别大型灌浆试验也有进行岩体承压板法试验和岩体直剪试验。

钻孔径向变形试验目前使用较多的是钻孔膨胀计法。它是对下入钻孔中的钻孔膨胀计的膨胀胶囊加压,使钻孔孔壁受压变形,然后依据变形和压力的关系求得该处岩体的弹性模量或变形模量。常用的钻孔膨胀计有钻孔压力计、钻孔弹模计、孔内弹力计和孔弹仪等。

岩体变形和强度试验的技术要求,可遵照《水利水电工程岩石试验规程》(SL 264—2001)、《水电水利工程岩石试验规程》(DL/T 5368—2007)和《工程岩体试验方法标准》(GB/T 50266—2013)执行。

四、钻孔取芯、开挖竖井或平洞检查

对于重要部位的高压固结灌浆,在灌浆试验阶段常利用检查孔所采取的岩芯,观察水泥结石充填及胶结情况,对岩芯做必要的物理力学性能试验。或开挖井洞或钻设大口径钻孔,进行实地直观检查,同时在井、洞内还可做原位岩石力学性能试验。各种试验方法的技术要求,可遵照相关现行规范执行。

第七章

隧　洞　灌　浆

　　隧洞灌浆主要是指用于水工隧洞、竖井、斜井和其他地下洞室的围岩或混凝土（钢衬）支护结构加固、防渗的灌浆工程，较多使用的有回填灌浆、围岩固结灌浆和钢衬接触灌浆。此外还有在隧洞掘进过程中遇地下水或破碎地层时，用于阻水和临时支护的超前注浆；用于加强结构、改善受力状态的预应力灌浆等。在隧洞中还可能进行其他用途的灌浆，如帷幕灌浆、深层岩体固结灌浆等。

　　本章主要讲述隧洞回填灌浆、围岩固结灌浆和钢衬接触灌浆。对于超前注浆、预应力灌浆可根据具体工程需要和设计要求，通过试验确定具体施工和质量检查方法。隧洞内的帷幕灌浆和深层岩体固结灌浆可参见"基岩帷幕灌浆"和"基岩固结灌浆"相关章节。

知识链接

　　★施工现场的井、洞、坑、沟、口等危险处应设置明显警示标志，并应采取加盖板或设置围栏等防护措施。

　　　　　——《水利工程建设标准强制性条文》
（2016年版）

第一节　隧洞灌浆一般要求

一、施工顺序

　　当隧洞中同一部位有多种灌浆时，一般遵循先低压，后高压的原则。具体灌浆顺序如下：

（1）在混凝土衬砌段的灌浆，应先进行回填灌浆，后进行围岩固结灌浆。回填灌浆应在衬砌混凝土达到 70%设计强度后进行，固结灌浆宜在该部位回填灌浆结束 7d 后进行。

（2）当隧洞中布置有帷幕灌浆时，应按照先回填灌浆，再固结灌浆，后帷幕灌浆的顺序施工。当该部位的防渗帷幕是由上下两层搭接而成时，宜先进行水平衔接帷幕的灌浆，后进行垂直帷幕的灌浆。

（3）对于钢板衬砌的隧洞，各类灌浆顺序应按设计规定进行。衬砌接触灌浆宜在衬砌混凝土浇筑结束 60d 后进行。

二、施工布置

隧洞内施工场地狭窄，作业多平行或交叉，因此搞好施工布置是实现安全生产，保证灌浆质量和加快工程进度的重要条件。

（1）风、水管及电缆布置。隧洞灌浆的供风、供水管及电缆干线应通过支架架设在隧洞的侧壁上，不得随意平铺在地板上。隧洞照明应使用安全电压，电线宜架设在隧洞顶拱上。

（2）通信联系。隧洞中施工时，通信联系很不方便，应铺设通信线路，建立施工现场电话网，且最好能与后方办公系统相连接，满足施工通信需要。

（3）保持良好通风。一般说来，水泥灌浆施工本身产生的废气很少，如隧洞能保持开挖和混凝土衬砌施工时的通风状况即可满足要求。但是，如需在隧洞中设置水泥制浆站，或进行化学灌浆时，则应采取专门的通风措施，防止施工区的空气污染。

（4）污水、泥浆和岩屑的排除。隧洞灌浆施工中，会产生大量的污水、泥浆和岩粉岩屑，必采取有效的排水清污措施。要及时清除岩屑岩渣和废浆沉淀，尽量实现渣水分离。污水排放可利用地形实现自流，或通过排水沟流至结构物已有的集水井（或通过开挖、筑堰形成的临时集水池）中，然后使用污水泵抽出洞外。

（5）制输浆系统。隧洞灌浆的水泥浆制浆站应尽量布置在洞外,可布置在靠近洞口、交通方便的地方。如果隧洞很长或两个支洞间的距离很大时,可在其间设立浆液中转站,再输送到灌浆机组。

(6)根据需要,布设连通孔。根据工程实际情况,可利用地形高差,在地面和隧洞之间,或高程不同的多层隧洞之间,选择适宜的地点钻设连通孔。通过这些连通孔可铺设输水、输浆管路和输电、通信线缆,或用来通风、排水。钻设连通孔时,要注意控制孔斜,保证钻孔出口在预定的范围内。钻孔孔径可根据具体用途确定,通常在 $\Phi66\sim\Phi130$mm 范围内,当用于通风时,宜为 $\Phi300$mm 以上。

(7)施工台架(台车)。进行隧洞灌浆特别是顶拱部位的灌浆时,需根据实际工况搭设钻灌施工平台,也可制造或购买专用设备,满足钻灌施工需要和基本保持洞内交通。根据具体情况,钻灌平台可选择固定式和移动式两种。固定式一般采用搭设临时脚手架;移动式是一种钻灌台车。当隧洞轴线较长时,宜采用移动式钻灌台车。移动台车可采用轮胎式及轨道式两种形式,移动方式可以为牵引和自行。

例如广西天生桥二级水电站直径为 $\Phi8.7\sim\Phi9.8$m 的引水隧洞灌浆施工时,引进了日本的 ZC6784 型全液压单臂架四轮龙门式灌浆台车,这种台车上安装有液压凿岩机、凿岩机导杆、升降工作台、行走系统、液压系统、风水电系统以及制浆、灌浆、起重设备,可以前后行走、转向,功能齐全,效率很高。但由于该隧洞很长,灌浆工程量大,工期紧,此种设备价格昂贵,无法大量引进,因此承担施工的中国水电基础局有限公司设计制作了一种电动钻灌台车(见图 7-1),台车自重 10t,有效荷载 6t,为电动自行式,车轮轮距 3130mm,轴距4320mm,可双向行走,可转向。台车上装有:YYG120 型液压凿岩机 1 台、高速搅拌机 2 台、高压灌浆泵 2 台、单臂吊车1 台,台车设备总动力 105kW,台车长宽高尺寸为 5420mm×6000mm×3790mm。设计制作的灌浆台车可在隧洞中钻 0°～360°径向辐射孔,孔径不大于 $\Phi130$mm,孔深不大于 10m,在天生桥工程中完成了大量的钻灌工程量。

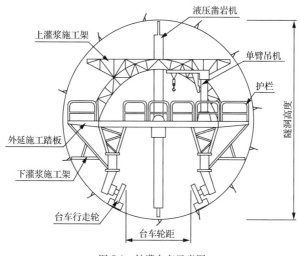

图 7-1 钻灌台车示意图

三、变形监测

总的说来,隧洞内各种灌浆都应当在安全压力下实施,安全压力的确定可遵循有关规范或参考已有的工程实例。一般在操作过程中注意控制好灌浆压力的使用和注入率的变化,即可防止混凝土衬砌或岩体的抬动破坏,而不需安设仪器进行专门的隧洞变形监测。当进行较高压力灌浆或有专门要求时,则需进行隧洞变形监测。变形监测比较简易的方法是测量洞径或衬砌面位置的变化,可安装定位百分表或变位计进行观测,也可采用其他监测方法。

第二节　回　填　灌　浆

回填灌浆是用浆液填充混凝土结构物施工留下的空穴、孔洞,或地下空腔,以增强结构物或地基的密实性的灌浆工程,也称为充填灌浆。隧洞回填灌浆主要是指在进行隧洞混凝土衬砌或回填施工时,在衬砌与岩体之间或回填混凝土的周边,因混凝土未能浇实会留有空隙部位,对这些空隙进行灌浆充填,使其与周围结构结合为整体,共同抵御外力和防止渗漏。此外,在工程建设中,常会遇到一些体积较大的洞穴,如溶洞、矿产采空区等,需要对其进行回填灌浆,本节将其定义为"其他洞穴回填灌浆"。

本节主要叙述隧洞回填灌浆。对于其他洞穴回填灌浆,应根据具体工程需要和设计要求,通过试验确定其施工工艺和质量检查方法。

一、隧洞回填灌浆

1. 灌浆孔设置与钻孔

(1) 灌浆孔的布设

隧洞回填灌浆孔应布置在隧洞顶拱中心线和顶拱中心角 90°～120°范围内。灌浆孔排距一般为 3～6m,每排孔数常为 1～3 个孔(隧洞直径大于 5m 时,可酌情增加),其他部位灌浆孔仅在发生大坍塌或发现大空洞等情况时才有必要布设。

回填灌浆施工顺序应按分序加密的原则进行。灌浆孔一般分为两个次序,同一排上的各孔为同一序孔。例如奇数排为I序,偶数排为II序,为易于保证灌浆效果,前序孔应包括顶孔。若按方格型布孔,每排灌浆孔均有顶孔;若按梅花型布孔,前序孔应含顶孔。隧洞回填灌浆孔位布置可参见图 7-2。

(2) 钻孔要求

灌浆孔在素混凝土衬砌中宜采用直接钻设的方法,可在混凝土衬砌完成后采用凿岩机或其他钻机直接钻进。

回填灌浆孔的孔位和孔向偏差应符合设计要求。灌浆孔孔径不宜小于 38mm,当回填灌浆孔兼作后期施工的固结灌浆时,则孔径应当满足固结灌浆钻孔的要求。灌浆孔的孔深应钻透空腔,在没有明显脱空的部位应深入围岩 10cm,并应测记混凝土厚度和混凝土与围岩之间的空腔尺寸。

(3) 预埋导向管

对于钢筋混凝土衬砌的隧洞,为了方便钻孔和避免在钻孔时打断钢筋,宜在混凝土衬砌中预埋导向管(钢管或塑料管),之后从预埋导向管中进行钻孔或灌浆。

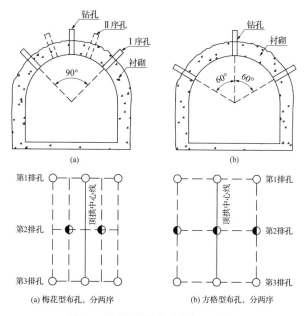

图 7-2　隧洞回填灌浆孔位布置示意图

○—Ⅰ序孔；◐—Ⅱ序孔

对于隧洞内混凝土堵头段回填灌浆，以及遇有围岩塌陷、溶洞、超挖较大等部位的回填灌浆，应在浇筑该部位的混凝土时预埋灌浆管路和排气管路，通过管路进行灌浆，埋管数量不应少于 2 个，位置在现场确定。

值得注意的是预埋管的位置应当准确记录或留有标记，以便于拆除模板后容易寻找；通过埋管灌浆前应使用凿岩机或钻机钻孔或扫孔至设计孔深，以保证灌浆通畅。

2. 灌浆前的准备工作

（1）对在灌浆前发现的大空腔，应尽量在浇筑衬砌混凝土时填满。无法填满混凝土时，根据实际情况可用毛石、碎石或卵砾石充满。

（2）对于较长隧洞顶拱的回填灌浆，一次灌浆很难填满一条隧洞的全部空腔，施工时候应分区段进行灌浆，每个区段长度不大于 3 个衬砌段(约 40m)。区段分隔的办法是当衬砌混凝土浇筑完成后,在其两端用砌石或混凝土将端部缺口封堵严实。此项工作应在隧洞各区段衬砌混凝土施工过程中完成。

(3) 全面检查隧洞衬砌混凝土的施工缝和缺陷等。发现衬砌表面有漏水的孔道、裂缝、止水不严的结构缝或其他缺陷,应先行处理。可采用麻丝、木楔、速凝水泥或砂浆等妥善堵漏。

(4) 储备充足的灌浆材料。根据钻孔发现的脱空情况或其他勘测资料,估计所灌注的隧洞区段内被灌注空间的总体积,储备足够的灌浆材料,以便一次性连续灌注至结束,避免灌浆过程因材料缺失中断,从而造成灌浆孔堵塞,给灌浆造成诸多不利。

3. 灌浆方法

(1) 灌浆顺序

隧洞回填灌浆采用纯压式灌浆法,宜分为两个次序进行,后序孔应包括顶孔。灌浆施工应自孔位较低的一端开始,向孔位较高的一端推进。同一区段内的同一次序孔可全部或部分钻出后再进行灌浆,也可单孔分序钻进和灌浆。

施工开始时,先钻出第一次序孔,然后自低端孔向高处孔顺次进行灌浆。当低处孔灌浆时,高处孔会用于排气和排水,最后排出浆液,当排出浆液达到或接近注入浆液的浓度时,则封闭(堵塞)低处出浆孔(或采取先封闭高处出浆孔,在原低处孔继续灌注,直至压力升高、注入率减小后,再封闭该低处孔),改从连通的高处孔继续灌注,依此类推,直至最后一孔灌浆结束。第一次序孔灌浆完成后,按同样的程序进行第二次序孔的钻孔灌浆。

如某一孔(或一排孔)灌浆时,高处孔已不再排出浆液,则该孔应灌注达到结束条件。然后再进行下一孔的灌浆。

(2) 灌浆压力

回填灌浆压力应根据混凝土衬砌和配筋情况等确定。在素混凝土衬砌中可采用 0.2～0.3MPa;钢筋混凝土衬砌中可采用 0.3～0.5MPa。具体灌浆压力应通过灌浆试验由设计确定。

4. 灌浆浆液

一般情况下,回填灌浆的浆液均采用纯水泥浆。水泥的强度等级可为 32.5 级或以上。SL 62—2014 中指出,浆液水灰比可采用 1、0.5 两级,一序孔可直接灌注 0.5 级浆液。DL/T 5148—2012 中指出,浆液水灰比应为 0.6 或 0.5。

空隙大的部位应灌注水泥基混合浆液或回填高流态混凝土,使用水泥砂浆时掺砂量不宜大于水泥重量的 200%。当使用水泥砂浆时,应当注意防止浆液析水分离,如砂浆中掺入适量膨润土(占水泥重量 5% 以下)可改善浆液的流动性和稳定性。全强风化或松散软弱岩体中隧洞的回填灌浆,宜采用水泥黏土浆液或其他混合浆液灌浆。

回填灌浆采用的各种浆液材料,根据情况应当进行室内配比和性能试验,浆液结石的弹性模量应当大于隧洞围岩的弹性模量,确保满足相关规范和设计对结构受力的要求。

5. 特殊情况处理

(1)灌浆中断的处理。隧洞回填灌浆孔多为孔口向下的倒孔,灌浆过程中一旦发生中断,正在灌浆的孔和许多已排出过浆的孔都可能会被堵塞。发生中断后应及时恢复灌浆,中断时间应在 30min 以内。如中断时间过长,或恢复灌浆后注入率明显减少,甚至不吸浆,则必须对灌浆孔和已排浆的串浆孔进行扫孔,扫孔深度要达到基岩或透入空腔,而后进行复灌。

(2)漏浆处理。根据具体情况采用嵌缝、表面封堵、加浓浆液、降低压力、间隔灌浆等方法处理。

(3)混凝土衬砌变形或裂缝的处理。当灌浆过程中注入率突然增大,或意外地长时间大吸浆,有可能是混凝土衬砌发生了变形或裂缝,应立即停止灌注,查清发生问题的部位和原因,以及可能造成损害的程度,确定继续灌浆的措施。复灌前必须充分待凝,复灌时应低压、慢速(小注入率),并加强观测。

6. 灌浆结束条件与封孔

（1）灌浆结束条件

SL 62—2014 中规定，隧洞回填灌浆结束条件为：在规定的压力下，灌浆孔停止吸浆，延续灌注 10min 即可结束。

（2）灌浆孔封孔

对于隧洞顶部倒向孔或其他结束灌浆后孔口返浆的灌浆孔，结束灌浆时应先关闭孔口闸阀进行闭浆，再拆除管路，防止灌入孔内浆液倒流出来。

灌浆过程中，有的灌浆孔可能已经被串浆封堵密实，这种情况可不再进行专门封孔。对于回填灌浆完成后没有其他用途的灌浆孔应及时封孔，可使用干硬性水泥砂浆封填密实，孔口抹平。对于回填灌浆后需要加深再进行固结灌浆的灌浆孔，则在固结灌浆完成后进行封孔，封孔方法可参见本章"第三节　围岩固结灌浆"封孔方法。

二、其他洞穴回填灌浆

对于其他洞穴的回填灌浆，因地质情况和灌浆目的可能各不相同，则没有统一的施工方法，应根据具体情况采取相应措施。对于其他洞穴回填灌浆，只提出注意事项，并以溶洞回填灌浆为例进行介绍，以供参考。

1. 注意事项

（1）钻孔

根据工程具体的地质情况，钻孔机具及工艺方法可以灵活掌控，能符合造孔设计要求，满足灌浆作业即可。对复杂特殊地层的钻孔，必要时应通过试验来确定机具和工艺。

（2）灌浆材料及参数控制

用于回填灌浆的浆液材料及配比，应能满足工程设计要求。因灌浆压力及灌浆结束条件等参数对灌注材料凝固后的性能会产生影响，所以为保证灌浆质量，应进行室内和现场灌浆试验，以确定灌浆材料、工艺和控制参数。

2. 溶洞回填灌浆介绍

对于空腔较大没有充填或半充填的溶洞，回填灌浆的目的是使用廉价材料将其空腔灌注充满。许多工程采用如下方法：

（1）充分利用勘探孔、先导孔和灌浆孔的资料对岩溶类型和成因、发育规律、分布情况及溶洞的规模尺寸了解清楚，以便采取合理措施。

（2）对已探明的溶洞，可利用钻孔向其中灌注流态混凝土或其他流态材料，也可以先填入级配骨料，再灌入水泥砂浆或水泥浆等，直至不能灌入为止（此灌注过程常为无压灌注或依靠浆液自重进行）。当采取灌入混凝土或填入级配骨料时，钻孔孔径不宜小于 150mm，骨料最大粒径不得大于 40mm，混凝土坍落度宜为 $18\sim22$cm（或自流平自密实的混凝土）。湖南江垭水库发现厅堂式大溶洞，通过在地面钻大口径孔灌注混凝土的方法进行了处理。

（3）溶洞进行无压灌注的混凝土、水泥砂浆或水泥浆常出现泌水收缩的现象，为进一步提高回填密实性，可待已初次回填材料泌水后，进行第二次灌注。第二次灌注可单独开孔，也可对原灌注孔扫孔，灌注材料可为水泥砂浆或水泥基浆液，达到一定压力后可改灌普通水泥浆，直至达到规定的结束条件。

（4）对于有动水条件下的回填灌浆。可根据水流速度大小，选用不同的浆液，如浓水泥浆、膏状浆液、级配料加水泥黏土浆液、水下不分散型浆液或速凝浆液等。动水条件下灌浆还可以考虑使用膜袋灌浆，即向空腔钻孔，通过钻孔向空腔中下设大小适宜的特制膜袋，并向膜袋中注入速凝型浆液的方法。

第三节　围岩固结灌浆

一、围岩固结灌浆

1. 灌浆孔的布置和分序

隧洞围岩固结灌浆孔的布置主要依据围岩状态，结合隧洞的大小、内外水压力等情况综合考虑确定。钻孔方向一般按径向或垂直于衬砌表面布置。每一环（排）灌浆孔不宜少于 6 个,在横剖面上保持均匀对称。灌浆孔的排距,对裂隙型岩石可为 2~4m。钻孔入岩深度可为 1 倍洞径。在断层、破碎带等局部地段,孔排距应密一些,孔深也应适当加大。图 7-3 为某工程引水隧洞针对不同条件围岩的几种固结灌浆典型布置示意图。

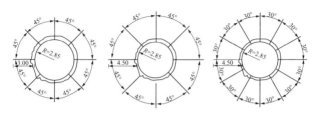

图 7-3　某工程引水隧洞围岩固结灌浆典型布置示意图

隧洞围岩固结灌浆一般采用纯压式灌浆法,按环间分序,环内加密的原则进行。环间可分为两序或三序。如第 1、3、5…环为Ⅰ序孔,第 2、4、6…环为Ⅱ序孔。同一环内各孔可分为两序施工,也有的工程遵循由低到高依次进行的顺序。SL 62—2014 指出,Ⅳ级、Ⅴ级围岩环间宜分为两序或三序,Ⅱ级、Ⅲ级围岩环间可不分序,竖井或斜井固结灌浆环间可不分序。

2. 施工方法

(1) 钻孔

围岩固结灌浆孔的孔径不宜小于 38mm,通常采用钻机直接钻透混凝土衬砌,再钻入围岩。钻孔机械可用风动凿岩机、液动凿岩机、潜孔锤钻机以及其他类型的钻机。孔位、孔向和孔深应符合设计要求。

当灌浆孔穿过钢筋混凝土衬砌时,可在混凝土中预埋灌浆管(钢管或塑料管)。预埋管内径比钻孔直径应大 20mm以上,预埋管安设应位置准确、固定牢靠,且应留有标记以便拆模后易于找到。

(2) 钻孔、裂隙冲洗和压水试验

固结灌浆孔钻进完成后,应使用大风量压缩空气或大流量水流进行钻孔冲洗,冲净孔内岩粉和杂质。

灌浆孔在灌浆前应用压力水进行裂隙冲洗,冲洗时间不大于 15min 或至回水清净为止。冲洗压力为灌浆压力的 80%,并不大于 1MPa。

有些隧洞围岩地质条件差,岩层遇水后会软化,或带来其他不利影响,此种情况不宜进行冲洗和压水试验,甚至不宜灌注较稀浆液。地质条件复杂或有特殊要求时,是否需要冲洗以及如何冲洗,宜通过现场试验确定。

围岩固结灌浆可在各序孔中选取约 5% 的灌浆孔进行灌前简易压水试验,简易压水试验可结合裂隙冲洗进行。

(3)灌浆方法与压力

围岩固结灌浆通常采用纯压式灌浆法。当灌浆孔基岩段长度小于 6m 时,可全孔一次灌浆,基岩段较深或不良地质地段的灌浆孔可分段灌浆。

灌浆宜采用单孔灌浆的方法,从隧洞底部开始由两侧对称向上进行。在地层均匀、注入量较小地段,同一环内同序孔可并联灌浆,并联灌浆的孔数不宜多于 3 个,孔位宜保持对称分布。并联灌浆是指用一台灌浆泵采用并联方式同时对 2 个或多个灌浆段进行灌浆(图 7-4)。

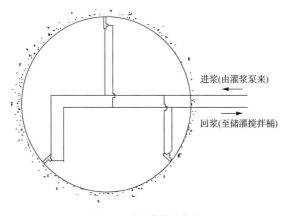

图 7-4 并联灌浆示意图

固结灌浆压力的大小取决于隧洞围岩的性质、埋藏条件、完整程度以及衬砌形式,在有压隧洞中与作用水头有关。一般隧洞灌浆压力可为 0.3～2.0MPa;高水头压力隧洞灌浆压力应根据工程要求和围岩地质条件经灌浆试验确定。

（4）灌浆控制及结束条件

隧洞围岩固结灌浆的灌浆材料、浆液水灰比、浆液变换、特殊情况处理和结束条件可按照"第六章　基岩固结灌浆"相关内容执行。

（5）封孔

围岩固结灌浆孔灌浆结束后,应排除钻孔内的积水和污物,一般采用"全孔灌浆法"或"导管注浆法"封孔,孔口空余部分用干硬性水泥砂浆填实抹平。对于有涌水的钻孔和孔口向下的倒向孔必须采取全孔灌浆法封孔,隧洞下半圆孔口不渗水的灌浆孔可使用导管注浆法封孔。封孔方法及工艺与基岩固结灌浆相同,可参见"第六章　基岩固结灌浆"相关内容。根据实际情况或经现场试验验证后,封孔工作可参考采取以下措施:

1）全孔灌浆法串联封孔。围岩固结灌浆孔采用全孔灌浆法封孔时,为提高效率,可将同环孔内的同序孔或全部灌浆孔进行串联封孔(图 7-5),孔数一般为 6～10 个。此法适用于所有围岩固结灌浆孔和检查孔的封孔。有的孔一次封不好,可以扫孔后再次封孔,可采取屏浆和闭浆等措施。

2）砂浆枪封孔。清除灌浆孔内积水和污物,使用砂浆枪将预拌好的灰砂混合物(水：水泥：砂＝0.3：1：1)喷射入孔内,直至孔口。此法适用于孔深不大于 5m 的、孔口不渗水的灌浆孔。

3）人工投入水泥砂浆或水泥球封孔。清除灌浆孔内积水和污物,人工向孔内投入用稠水泥砂浆或水泥搓制的球体,并用木棍或钢筋分层捣实,直至孔口。此法适用于孔深不大于 3m、钻孔方向向下或倾斜角度不大、孔口不渗水的灌浆孔。

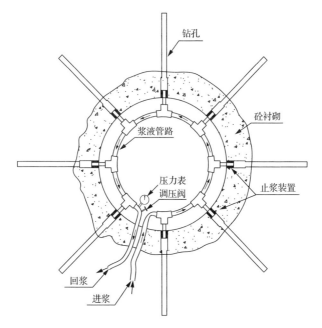

图 7-5 全孔灌浆法串联封孔示意图

4）封孔用水泥应与灌浆水泥相同，并可加入外加剂（如减水剂、膨胀剂）以改善浆液、砂浆的施工性能，提高浆液结石的抗渗防裂能力。外加剂的掺用方法和掺量应通过试验确定。

二、隧洞高压固结灌浆

近年来由于一批高水头和长距离引水电站，特别是抽水蓄能电站的兴建，隧洞高压固结灌浆已在不少工程中应用。但由于各工况不同，施工要求及方法差别较大，因此高压固结灌浆方法工艺及参数应经过试验确定。本书仅提出一般要求，同时介绍工程实例以供参考。

1. 一般要求

进行隧洞高压固结灌浆既要满足一般固结灌浆的要求，又要具有以下特殊要求。

（1）隧洞高压固结灌浆设计和施工前应当进行现场灌浆试验，以确定适宜的工艺参数和灌浆后可能达到的技术指标。

（2）隧洞高压固结灌浆应当分段进行，即使孔深不大（如≤5m），也应当分成2段灌浆。通常是靠近衬砌的孔口段以较低的压力先灌，之后各段灌浆压力逐段递增，以较高的压力灌注孔底段（或全孔）。

（3）隧洞高压固结灌浆一般钻孔浅（通常不大于10m）、孔数多，不便安设孔口管进行孔口封闭，需要使用灌浆塞阻塞隔离孔段，要使用能承受高压的高压灌浆塞。灌浆塞选用胶囊式或机械式均可。同时灌浆泵和管路系统也应能满足在高压力下工作的要求，灌浆泵应当配备稳压器，减小灌浆压力的波动。

2. 隧洞围岩高压固结灌浆工程实例

我国已有一些水工隧洞采用了高压固结灌浆，表7-1列出几个工程的简况供参考。

表7-1　　　水工隧洞围岩高压固结灌浆施工简况表

工程名称	围岩岩性	灌浆部位	灌浆孔深	孔段和压力	结束条件	灌浆塞型式
天生桥二级水电站	岩溶发育的石灰岩	引水隧洞不良地质段（Φ8.7～9.8m）	8m	0～3m，2～2.5MPa；3～8m，4～6MPa	达到设计压力持续2h，注入率小于0.5L/min后，继续灌注1.5h	机械式高压灌浆塞
广州抽水蓄能电站	黑云母花岗岩	岔管段	5m	奇数环Ⅰ序2.5MPa，Ⅱ序4.5MPa；偶数环0.6～2.5m，4.5MPa；2.5～5m，6.5MPa	灌浆压力达4.5MPa，注入率小于0.4L/min后，继续灌注20min	

工程名称	围岩岩性	灌浆部位	灌浆孔深	孔段和压力	结束条件	灌浆塞型式
广州抽水蓄能电站	黑云母花岗岩	下平段(Φ8m)	5m	0.6~2.5m，3.0MPa；2.5~5m，6.5MPa	灌浆压力达 6.5MPa，注入率小于 2.5L/min 后，继续灌注 5min	法国充气式灌浆塞
天荒坪抽水蓄能电站	流纹质角砾熔凝灰岩和流纹质熔凝灰岩	上斜井(Φ7m)	4m	4MPa	注入率小于 2.5L/min 后，压力提高至 9MPa 继续灌注 20min	机械式高压灌浆塞
		下斜井(Φ7m)	4~6m	入岩 3m 以内 3MPa，3m 以下 5~9MPa		
		下弯段、下平段	6m			
		岔管段	8m			

第四节　钢衬接触灌浆

钢衬接触灌浆也称钢衬回填灌浆。隧洞进行钢衬施工时，钢衬背后需浇筑混凝土，当混凝土体积收缩或变形后，在钢衬与混凝土之间易出现空隙，钢衬接触灌浆是对钢衬和与其接触的混凝土之间的空隙进行灌浆。钢衬接触灌浆的工作内容主要有：脱空区检查及孔位布设、钻孔及灌浆管安装、洗孔、灌浆施工等。

一、脱空区检查及孔位布设

因灌浆部位为钢衬脱空区，所以首先要确定脱空区位置和范围。现场可通过木锤敲击检查（或其他方法）确定脱空区范围，并在钢衬上画出标记。

根据脱空区面积大小，确定灌浆孔布孔位置和数量。SL 62—2014 指出，面积大于 $0.5m^2$ 的脱空区宜进行灌浆，每一个独立的脱空区布孔不应少于 2 个，最低处和最高处都应布孔。脱空区底部的孔为灌浆孔，顶部孔为排气孔。布设灌浆孔时，一般按照每一灌浆孔负担 1~2m^2 脱空面积为宜，具体布孔的排距和间距应结合灌浆试验确定。钢衬接触灌浆示意图见图 7-6。

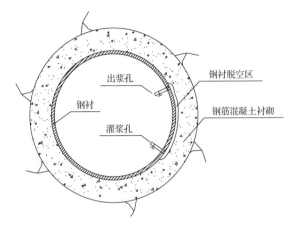

图 7-6　钢衬接触灌浆示意图

二、钻孔及灌浆管安装

1. 钻孔

在钢衬上钻孔宜采用磁座电钻,孔径不宜小于 12mm。每孔宜测记钢衬与混凝土之间的间隙尺寸。钢衬接触灌浆孔也可在钢板上预留,孔内宜有丝扣,在预留孔钢衬外侧宜补焊加强钢板。钢衬接触灌浆采取预留方式时,可在钢衬的加劲环上应设置连通孔,孔径不宜小于 16mm,以便于浆液流通。此外,钢衬灌浆也可采用预埋专用灌浆管或灌浆盒的无钻孔方式进行,其技术和质量要求按设计规定执行。

2. 灌浆管安装

钢衬上各灌浆孔和排气孔钻孔结束后,进行孔内套丝,灌浆孔采用 20cm 左右的灌浆短管(可为镀锌钢管)一端与钢衬间丝扣连接,另一端安装阀门,接灌浆胶管,排气孔则无须接灌浆胶管。灌浆短管与钢衬间可采用丝扣连接,也可焊接。

三、洗孔

灌浆前一般使用洁净的压缩空气进行洗孔,并检查缝隙串通情况。采用带有阀门的灌浆短管与钻孔连接,形成孔口阻塞器,当一个脱空区的全部钻孔阻塞器安装完成后,可从最低孔通风,吹出孔内污物和积水,同时敲击震动钢衬,观察并记录各孔的洗孔情况。风压应小于灌浆压力。

有些工程,先采用压力水洗孔,灌浆前再用压缩空气吹出缝内积水,保持缝面风干状态。无论采取何种材料和方式洗孔,应保证灌浆浆液入孔后的性能和质量,洗孔压力应保证钢衬和混凝土安全,必要时应进行变形监测。洗孔工艺应通过试验确定。

四、灌浆施工

1. 灌浆顺序

钢衬接触灌浆按照"自下而上"的原则进行,即先灌较低脱空区,后灌高处脱空区。各脱空部位灌浆按先下部后上部的顺序进行。

2. 灌浆方法

采用孔口循环、孔内纯压灌浆法。安装灌浆管路后,使用灌浆泵灌浆,灌浆应自低处孔开始,待各高处孔分别排出浓浆后,依次将其孔口阀门关闭(同时可测量和记录各孔排出的浆量和浓度),并继续灌注该孔,直到达到结束标准。灌浆过程中用木锤等工具对钢衬进行敲击震动以利于浆液充填密实。

3. 灌浆浆液

SL 62—2014 指出,灌浆浆液水灰比可采用 0.8、0.5 两个比级,浆液中宜加入减水剂。浆液配比应通过试验确定。当孔内吸浆量较大时采用最浓浆液灌注,缝隙越大,浆液应越浓。

4. 灌浆压力

灌浆压力应以控制钢衬变形不超过设计规定值为准,可根据钢衬的形状、厚度、脱空面积的大小以及脱空程度等情况确定,不宜大于 0.1MPa,或通过试验确定。灌浆压力以孔口压力表数值为准,当脱空区高度很大时,灌浆压力应考虑浆液自重的影响。

5. 变形监测

为防止钢衬失稳或钢衬鼓包等现象的发生,灌浆过程中应进行变形监测。变形监测装置宜设在灌浆孔旁,灌浆过程中严密监测变形情况和压力使用情况,控制变形在允许范围内。

6. 结束条件及封孔

SL 62—2014 规定,在设计规定压力下灌浆孔停止吸浆,延续灌注 5min,即可结束灌浆(宜采用带压闭浆处理)。

灌浆结束后应用丝堵加焊补法封孔,孔口用砂轮磨平,并可补喷金属保护涂层。若灌浆管路可重复使用,可在灌浆质量检查合格后,再拆除灌浆管路进行封孔处理。若灌浆质量不符合设计要求,可在原灌浆孔补灌处理。

7. 特殊情况处理

钢衬接触灌浆若因故中断,应及早恢复灌浆,若中断时间较长,应进行冲孔复灌。若灌浆过程中变形监测超过允许范围,应采取降压、限流或泄压、停灌等措施处理。如一次灌浆未能满足设计要求,可采取复灌、改用细水泥或化学灌浆等措施处理。

第五节　灌浆质量检查

一、隧洞回填灌浆质量检查

SL 62—2014 中,对隧洞回填灌浆有详细规定主要内容有以下 3 项。

1. 检查方法及检查孔布置

回填灌浆工程质量的检查,可采用检查孔注浆试验或取芯检查的方法。如采用注浆试验(包括连通试验)应在该部位灌浆结束 7d 以后;如进行钻孔取芯检查应在该部位灌浆结束 28d 以后。

回填灌浆检查孔应布置在顶拱中心线上、脱空较大和灌浆情况异常的部位,孔深应穿透衬砌深入围岩10cm。压力隧洞每 10～15m 洞段长(基本上为一个衬砌段)宜布置一个或一对检查孔,无压隧洞的检查孔可适当减少,或通过分析灌浆资料解决。

2. 质量合格标准

回填灌浆工程质量检查应满足下列合格标准,根据工程条件可选用其中一种或两种检查方法。对于不要求将空腔填满的部位,浆液充填厚度应满足设计要求。

(1)单孔注浆试验。即向检查孔内注入水灰比为2的水泥浆,压力与灌浆压力相同,初始10min内的注入浆量不大于10L为合格。

(2)双孔连通试验。在指定部位布置2个间距为2m的检查孔,向其中一孔注入水灰比为2的水泥浆,压力与灌浆压力相同,若另一孔出浆流量小于1L/min为合格。

(3)检查孔及芯样检查。探测钻孔及观察岩芯,浆液结石充填饱满密实,强度满足设计要求为合格。

3. 隧洞封堵段质量检查

隧洞封堵段采用钻孔方式进行回填灌浆时,可采取检查孔注浆试验或取芯检查方法;隧洞封堵段采用预埋管路方式进行回填灌浆时,可通过分析灌浆施工成果资料进行评定,必要时可根据工程条件布置凿槽检查。凿槽检查时,直观接缝内填充有水泥结石或缝面呈闭合状态,灌浆质量可评为合格。

对质量检查不合格的灌浆区应进行补充灌浆,最终质量等级应根据补充灌浆效果另行评定。检查工作结束后,检查孔和检查槽应封填密实。检查孔可按照回填灌浆封孔方法进行封孔,孔口空余部分用干硬砂浆填实抹平。

除上述检查,对于其他洞穴的回填灌浆,如溶洞、矿产采空区或隧洞本身的回填灌浆,因灌浆目的和设计标准可能各不相同,目前尚没有确定的规范或标准。对这些特殊类型的回填灌浆,其质量检查方法和合格标准,应按设计要求执行。可以弹性波CT扫描和注浆检查为主,并结合钻孔取芯和灌浆资料成果分析为辅,综合判断灌浆效果的方式进行。

二、隧洞围岩固结灌浆质量检查

SL 62—2014 中指出,围岩固结灌浆工程质量检查以测定灌后岩体弹性波波速为主,以压水试验透水率为辅。弹性波测试应在该部位灌浆结束 14d 后进行,宜采用声波法或地震波法,其检查孔的布置,测试设备的选用和合格标准,应按设计规定执行。压水试验为单点法,检查时间宜在该部位灌浆结束 3d 后进行,检查孔数量不宜少于灌浆孔数的 5%,按 SL 62—2014 中附录 B 执行。压水试验合格标准为 85% 以上试段透水率不大于设计规定,其余试段透水率不超过设计规定值的 150%,且分布不集中。还可以参考"第六章 基岩固结灌浆"质量检查相关方法进行。

三、钢衬接触灌浆质量检查

钢衬接触灌浆工程质量检查应在灌浆结束 7d 后进行,采用敲击法或者其他方法,钢板脱空范围和程度应满足设计要求。

第八章

接缝、接触灌浆

第一节　混凝土坝接缝灌浆

一、始灌条件及施工次序

1. 始灌条件

接缝灌浆应在库水位低于灌区底部高程的条件下进行。蓄水前应完成蓄水初期最低库水位以下各灌区的接缝灌浆及其验收工作。

接缝灌浆各灌区应符合下列条件,方可进行灌浆:

(1) 灌区两侧坝块混凝土的温度应达到设计规定值。

(2) 灌区两侧坝块混凝土的龄期宜大于 4 个月,在采取了有效冷却措施情况下,也不宜少于 3 个月。

(3) 除顶层外,灌区上部混凝土的厚度不宜少于 6m,其温度也应达到设计规定值。

(4) 接缝的张开度不宜小于 0.5mm。

(5) 灌区周边封闭完好,管路和缝面通畅。

同一高程的灌区(纵缝或横缝),需在一个灌区灌浆结束 3d 后,其相邻的灌区方可灌浆。若相邻灌区已具备灌浆条件,可采取同时灌浆方式,也可采取逐区连续灌浆方式。当采取连续灌浆方式时,前一灌区灌浆结束 8h 以内,必须开始后一灌区的灌浆,否则仍应间隔 3d。

同一坝缝的下层灌区灌浆结束 7d 后,上层灌区方可开始灌浆。若上、下层灌区均已具备灌浆条件,可采用连续灌浆方式,但上层灌区应在下层灌区灌浆结束 4h 以内进行,否则仍应间隔 7d。

2. 施工次序

接缝灌浆应按高程自下而上分层进行施工。在同一高程上,重力坝宜先灌纵缝,再灌横缝;拱坝宜先灌横缝,再灌纵缝。横缝灌浆宜从大坝中部向两岸推进;纵缝灌浆宜从下游向上游推进或先灌上游第一道缝后,再从下游向上游推进。

知识链接

★拱坝应力分析除研究运行期外,还应验算施工期的坝体应力和抗倾覆稳定性。

★在坝体横缝灌浆以前,按单独坝段分别进行验算时,坝体最大拉应力不得大于0.5MPa,并要求在坝体自重单独作用下,合力作用点落在坝体厚度中间的2/3范围内。

★坝体横缝灌浆前遭遇施工洪水时,坝体抗倾覆稳定安全系数不得小于1.2。

——《水利工程建设标准强制性条文》
(2016年版)

二、灌浆系统的布置、安装及维护

1. 灌浆系统的布置

接缝灌浆系统应分灌区进行布置。每个灌区的高度以 $9 \sim 12m$ 为宜,面积以 $200 \sim 300m^2$ 为宜。

灌浆系统的布置应遵守以下原则:

(1)浆液能自下而上均匀地灌注到整个灌区缝面。

(2)灌浆管路和出浆设施与缝面连通顺畅。

(3)灌浆管路顺直、弯头少。

(4)同一灌区的进浆管、回浆管和排气管管口宜集中布置。

每个灌区的灌浆系统一般由进浆管、回浆管、升浆和出浆设施、排气设施以及止浆片组成。升浆和出浆设施可采用拔塑料管方式、预埋管和出浆盒方式,也可采用出浆槽方式。排气设施可采用埋设排气槽和排气管方式,也可采用拔塑料管方式。需注意的事项有以下几点：

（1）升浆和出浆设施采用拔塑料管方式时，升浆管的间距宜为 1.5m，升浆管顶部宜终止在排气槽以下 0.5～1.0m 处。

（2）升浆和出浆设施采用预埋管和出浆盒方式时，出浆盒应呈梅花形布置，每盒担负的灌浆面积宜不大于 6m²。纵缝出浆盒应布置在先浇筑块键槽的倒面上。

（3）升浆和出浆设施采用出浆槽方式时，进、回浆管应与灌区底部的出浆槽连接；若出浆槽较长，宜设置备用进、回浆管路。

（4）垂直上引的进、回浆管路在底部连接时，宜采用沉污管形式。

接缝灌浆采用重复灌浆系统时，应满足以下要求：

（1）重复灌浆系统安装前，必须对拟采用的出浆设施的材质、构造及安装方法进行设计，并进行模拟重复灌浆试验。

（2）每次灌浆前，坝块混凝土的温度、缝面张开度应达到设计规定值；灌浆系统均应进行通水检查、缝面进行充水浸泡。

（3）每次灌浆后，灌浆管路系统能被低于灌浆压力的清水冲洗干净，而不使水渗入接缝内。

（4）当坝块混凝土温度再次降低、缝面重新张开时，灌浆系统的出浆设施能恢复出浆功能。

2. 灌浆系统的加工与安装

灌浆管路和部件的加工应按设计图纸进行。加工完成后应逐件清点检查，合格后方可运送至现场安装。

灌浆管路不得穿过缝面，否则必须采取可靠的过缝措施。

采用拔塑料管方式时，应遵守下列规定：

（1）应使用软质塑料管，其封头端宜采用热压模具加工成圆锥形，其充气接头端应采用压紧连接方式，并经充气 24h 检查无漏气现象时方可使用。

（2）灌浆管路应全部埋设在后浇筑块中。在同一个灌区内,浇筑块的先后浇筑顺序不得改变。管路转弯处应使用弯管机加工或采用弯管接头连接。进浆管与升浆管或水平支管的连接应使用三通,不得焊接。管上开孔宜使用电钻,钻后应清除管内渣屑。

（3）先浇筑块缝面上预设的竖向半圆模具,应在上下浇筑层间保持连续并在同一条直线上。

（4）后浇筑块浇筑前安设的塑料软管应顺直地稳固在先浇筑块的半圆槽内,塑料软管充气后应与进浆管三通或升浆孔洞连接紧密。

（5）塑料软管的拔管时机应根据塑料管的材质、混凝土状态以及气温条件,通过现场试验确定。一般情况下宜待后浇筑块的混凝土终凝后择机放气拔出。

采用预埋管和出浆盒方式时,应遵守下列规定:

（1）灌浆管路、出浆盒、排气槽等应在先浇筑块的模板立好后进行安装,混凝土浇筑前完成。出浆盒、排气槽的周边应与模板紧贴,安装牢固。

（2）出浆盒盖板、排气槽盖板应在后浇筑块浇筑前安设。盒盖与盒、槽盖与槽应完全吻合,加以固定,周边封闭严实。

采用出浆槽方式时,应遵守下列规定:

（1）先浇筑块浇筑前应安装好进、回浆管、底部的出浆槽、顶部的排气槽及排气管。出浆槽和排气槽应与模板紧贴,安装牢固。

（2）出浆槽和排气槽的盖板应在后浇筑块浇筑前安设。槽盖与槽应完全吻合,加以固定,周边封闭严实。

灌浆管路连接完毕后应进行固定,防止在浇筑过程中管路位移、变形或损毁。

各灌区的止浆片应在先浇筑块浇筑前安设。后浇筑块浇筑前应检查先期埋设的止浆片,发现错位、缺损必须进行修补;必须确保基础灌区底层水平止浆片的埋设质量。

分层安装的灌浆系统应及时做好每层的施工记录。整个灌区形成后,必须绘制该灌区的灌浆系统竣工图。

灌浆管路系统应根据需要选择不同的管径。外露的管口段,其长度不宜小于 15 cm,距底板的高度应适当,并应分别标出管路名称。

3. 灌浆系统的检查和维护

每层混凝土浇筑前均应对灌浆系统进行检查,发现问题及时处理。灌区形成后,应对整个灌区的灌浆管路进行通水检查,并做记录。

灌浆系统的外露管(孔)口应封盖保护,管路标识不得损毁。

在清洗混凝土仓面时,应防止污水流入接缝内。在后浇筑块浇筑前,应冲毛和清洗先浇筑块缝面。

在混凝土浇筑过程中,应设专人对灌浆系统进行维护,防止管路系统受损。止浆片两侧的混凝土应振捣密实,严禁大骨料集中。一旦发现管路、出浆盒和止浆片断裂、损坏、错位等情况,应立即采取补救措施。

三、灌区的测试与检查

(1)测试灌区缝面两侧和上部坝块的混凝土温度,可采用预埋温度计量测,也可采用充水闷管测温法或其他测温法。

(2)灌区缝面的张开度可采用预埋的测缝计量测,表层的缝面张开度可使用孔探仪或厚度规量测。

(3)对灌区的灌浆系统进行通水检查,通水压力一般为设计灌浆压力的 80%。检查内容及应具备的基本条件为:

a. 查明灌浆管路的通畅情况。灌区至少应有一套灌浆管路畅通,其流量宜大于 30L/min。

b. 查明缝面通畅情况。采用"单开通水"检查法,测得的两个排气管的"单开流量"均宜大于 25L/min。

c. 查明灌区密闭情况。缝面的漏水量宜小于 15L/min。

(4)灌浆前,必须先进行预灌性压水检查,压水压力宜等于设计灌浆压力。

(5)当发现两个灌区相互串通时,应待互串区均具备灌浆条件后同时进行灌浆。若有三个或以上灌区相互串通时,必须查明情况,研究制定可靠施工方案。

四、灌浆施工

(1)根据坝块结构特点或设计要求,在相应的缝面上安装变形监测装置,在压水检查和灌浆过程中及时监测坝体位移及缝面的增开度。

(2)灌浆前应对灌区缝面充水浸泡24h,待放净或通入洁净的压缩空气排除缝内积水后,方可开始灌浆。

(3)灌浆过程中必须控制灌浆压力和缝面增开度。灌浆压力应满足设计要求,若压力达不到设计值而缝面增开度达到了设计规定值,则应以缝面增开度为准限制灌浆压力。

(4)灌浆压力系指与排气槽同一高程处的排气管管口的浆液压力,如排气管管口引至廊道或坝后平台,其管口控制压力应根据排气槽高程换算确定。

(5)浆液水灰比可采用2、1、0.6(或0.5)三级。开始宜灌注水灰比为2的浆液,待排气管出浆后,可改换水灰比为1的浆液。当排气管排出的浆液水灰比接近1时,可换成水灰比0.6(或0.5)的浆液灌注。当缝面张开度较大、管路畅通,两个排气管单开流量均大于30L/min时,即可灌注水灰比为1或0.6的浆液。

(6)开灌时排气管应全部开启放浆,其他管口也应间断开启放浆,尽快使浓浆充填缝面。当排气管排出最浓级浆液时,再调节排气管的排浆量控制灌浆压力,直至灌浆达到结束条件。所有管口每次放浆时均应量测浆液密度和放浆量,并及时做好记录。

(7)当排气管排浆达到或接近最浓比级浆液,且管口压力或缝面增开度达到设计规定值,注入率不大于0.4L/min时,持续20min,灌浆即可结束。

(8)当排气管出浆不畅或已被堵塞时,应在缝面增开度限值范围内提高进浆管的压力,恢复排气管排浆,按规定条件结束灌浆。若无效,则应从排气管口进行倒灌,使用最浓一级浆液从一个排气管口进浆,另一个排气管口回浆,在规定压力下缝面停止进浆,持续10min即可结束。

（9）灌浆结束时,应先关闭各管口阀门再停机,闭浆时间不宜少于 8h。

（10）同一高程的灌区相互串通采用同时灌浆方式时,应一区一泵进行灌浆。灌浆过程中应保持各灌区的灌浆压力基本一致,协调各灌区浆液的变换。

（11）同一坝缝的上、下层灌区相互串通采用同时灌浆方式时,应先灌下层灌区,待上层灌区有浆液串出时,开始用另一泵进行上层灌浆。灌浆过程中以控制上层灌浆压力为主,调节下层灌浆压力。下层灌浆应待上层开始灌注最浓比级浆液后再结束。

（12）在未灌浆的邻缝灌区,应通水平压。

五、特殊情况处理

1. 灌前发现灌浆管路堵塞、止浆片或混凝土缺陷漏水

（1）采用压力水冲洗或风水联合冲洗等方法对堵塞管路进行正、反向反复浸泡冲洗。

（2）当排气管与缝面不通时,可针对排气槽部位补钻排气孔。

（3）当灌浆管路全部堵塞无法疏通时,应全面补孔。

（4）当止浆片缺陷漏水时,应采取嵌缝、掏洞堵漏等措施。

（5）当混凝土缺陷(裂缝、骨料架空)漏水时,应先处理混凝土缺陷再灌浆。

2. 灌浆过程中发现灌区浆液外漏或灌区之间串浆

（1）当浆液外漏时,应先从外部进行堵漏。若无效再采取灌浆措施,如加浓浆液、降低压力等,但不得采用间歇灌浆方法。

（2）当灌区之间串浆时,若串浆灌区已具备灌浆条件,可同时灌浆,并应按"一区一泵"要求进行灌注;若串浆灌区不具备灌浆条件,且开灌时间不长,可先用清水冲洗灌区和串区,直至排气管排出清水止,待串区具备灌浆条件后再进行同时灌浆。

（3）若串浆轻微,可在串区通入低压水循环,直至灌区灌

浆结束。

3. 灌浆过程中进浆管堵塞或灌浆因故中断

（1）当进浆管（或备用进浆管）堵塞时，应先打开所有管口放浆，然后暂改用回浆管进浆，在控制缝面增开度限值内提高进浆压力，疏通进浆管。若无效，可以回浆管控制进浆压力，直至灌浆结束。

（2）当灌浆因故中断时，应立即用清水冲洗管路和灌区，直至管路系统通畅为止。恢复灌浆前，应再进行一次压水检查，若发现管路不通畅或排气管"单开流量"明显减少，应采取补救措施。

4. 当灌区的缝面张开度小于 0.5mm

（1）使用细度为通过 71μm 方孔筛筛余量小于 2% 的水泥浆液或细水泥浆液。

（2）水泥浆液中加入减水剂。

（3）在缝面增开度限值内提高灌浆压力。

（4）采用化学灌浆。

第二节　岸坡接触灌浆

一、布置原则

（1）当岸坡或齿槽的坡度陡于 50°，且坡面高差大于 3m 时，应布置接触灌浆。处于灌浆帷幕范围的岸坡部位可不设接触灌浆。

（2）岸坡接触灌浆必须等待坝块混凝土的温度达到设计规定值后方可进行。

二、灌浆方法

岸坡接触灌浆可采用钻孔埋管灌浆法，也可采用预埋管灌浆法或直接钻孔灌浆法。

1. 钻孔埋管灌浆法

钻孔埋管灌浆法适用于在分层浇筑的混凝土面上钻孔和埋管，相应部位的岸坡岩体固结灌浆已经完成的情况。

接触灌浆孔位应靠近岩石面，上下层错开，孔向斜穿混凝土深入岩石 0.2～0.5m。每孔控制灌浆面积宜为 6m²。

接触灌浆系统由进、回浆主管,灌浆支管,钻孔及排气设施组成。灌浆支管插入钻孔应牢固,四周应封闭,并应与灌浆主管连接。灌浆主管就近引入廊道或坝后平台。灌区顶部可单独设一排钻孔埋管作为排气设施。

当岸坡高度超过 12m 时,应分灌区埋设灌浆系统,灌区之间应设止浆片。

灌浆系统的维护、通水检查、测温等应参照本章第一节有关规定进行。

灌浆施工应根据岸坡灌区规模、坝块混凝土压重厚度等条件拟定施工技术参数。通常,进浆管压力不超过 0.5MPa 或 0.6MPa,排气管控制压力不超过 0.2MPa 或 0.3MPa,浆液水灰比采用 3、2、1、0.6 四个比级。

灌浆时,除顶层留作排气外,可将各层的进、回浆主管分别并联后进行灌注。

灌浆结束条件:当排气管排浆达到或接近最浓比级浆液,且管口压力达到或接近设计值时,缝面注入率不大于 0.4L/min,持续 20 min,灌浆即可结束。

当进浆或排浆不畅时,可在顺灌结束后即刻进行倒灌。

2. 预埋管灌浆法

预埋管灌浆法适用于岩体在无盖重条件下进行固结灌浆或不要求进行固结灌浆,且岸坡岩体比较完整、开挖面比较平顺的部位。

根据岸坡建基面情况分成若干封闭灌区,每个灌区面积不宜大于 200m²,四周应设止浆片。各个灌区设有进浆管、回浆管、灌浆支管、出浆盒(孔)和排气设施。

出浆盒埋设,应先在岩石面上按 2～3m 孔、排距呈梅花形布设定位孔,孔深入岩 0.2～0.5m。出浆盒应稳固地埋设在定位孔上,盒盖四周用砂浆封固。每层灌浆支管与出浆盒相接后,两端与进、回浆主管联通。进、回浆主管应就近引向廊道或坝后平台。

止浆片埋设,应先在岩石面上掏槽、插筋,浇筑微膨胀混凝土隔墩,并在隔墩上埋入止浆片。

排气设施的埋设,应在灌区顶部混凝土隔墩上预埋三角形排气槽,从槽两端引出排气管,形成排气系统。

灌浆系统的维护、灌前准备工作及灌浆施工,可参照本节钻孔埋管灌浆法的规定执行。

3. 直接钻孔灌浆法

直接钻孔灌浆法适用于岸坡规模较小、坡度较缓、坝体设置了适合钻孔灌浆施工的廊道或平台的情况。

钻孔的布设及深度可按本节钻孔埋管灌浆法的规定执行。

钻孔灌浆宜从灌区边缘开始,之后再自下而上分层分序施工。

若岸坡岩体固结灌浆孔兼作接触灌浆时,灌浆应在坝块混凝土温度达到接触灌浆设计要求后进行,接触段和以下岩石段分别灌注,先灌接触段,后灌岩石段。

第三节　灌浆质量检查

一、接缝灌浆质量检查

接缝灌浆工程质量应以分析灌浆施工记录成果资料为主,结合钻孔取芯和凿槽检查等测试资料,综合进行评定。

钻孔取芯和缝面凿槽检查应选择有代表性的灌区进行,检查时间在灌浆结束 28d 以后,检查数量不宜超过灌区总数的 10%,重点宜放在根据灌浆资料分析情况异常的灌区。

根据灌浆施工资料和钻孔凿槽检查成果分析,若满足下列条件之一,灌区灌浆质量可评定为合格:

(1) 施工资料表明,坝块混凝土温度达到设计规定,两个排气管排浆密度已达到 1.5g/cm³ 以上,且压力达到设计值的 50% 以上,其他情况基本符合要求。

(2) 钻孔取芯检查:斜穿缝面检查孔,在缝面处取出较完整的、有一定黏结强度的水泥结石;骑缝检查孔芯样缝面上水泥结石填充面积达 70% 以上。

（3）凿槽检查,直观接缝内填充有水泥结石或缝面呈闭合状态。

接缝灌浆灌区的合格率应在 85％以上,不合格的灌区分布应不集中,且每一坝段内纵缝灌区的合格率不低于 80％,每一条横缝内灌区的合格率不低于 80％,接缝灌浆工程质量可评为合格。

对质量检查不合格的灌区,应进行补充灌浆。最终的质量等级应根据补充灌浆效果另行评定。

二、岸坡接触灌浆质量检查

当采用钻孔埋管灌浆法和预埋管灌浆法进行岸坡接触灌浆时,可参照本节第一条款的规定进行灌浆工程质量的检查和评定。

当采用直接钻孔灌浆法进行岸坡接触灌浆时,可参照第六章第四节的规定进行灌浆工程质量的检查和评定。

第九章

覆盖层灌浆

　　覆盖层是指覆盖在基岩之上的各种成因的松散堆积、沉积物,其空隙及透水性大。本章节覆盖层主要指适宜于灌浆处理的砂卵砾石层、砂土层和人工填筑的碎石土体等。覆盖层灌浆即利用机械压力或浆液自重,将具胶凝性的浆液压入覆盖层中的孔隙或空洞内,以改善地基物理性能的工程措施。

　　为促进和规范覆盖层灌浆技术的应用,保证其工程质量,国家颁布实施了相关技术规范,如《水电水利工程覆盖层灌浆技术规范》(DL/T 5267—2012)和 SL 62—2014 中的相关内容。根据灌浆目的不同,又可将覆盖层灌浆大体分为帷幕灌浆和固结灌浆,前者以减小地基渗漏量或降低渗透压力为主,后者以增强地基密实性和承载能力为主。本章内容是根据多年施工经验简述其技术要点,未尽事宜可参考相应规范执行。

第一节　地层可灌性及一般要求

一、地层的可灌性

　　覆盖层地基的可灌性可按经验指标判别,并通过现场试验确定。覆盖层结构复杂,确定其是否可灌,选择何种浆液材料适宜,最好采用多种判别方法进行综合分析。若地基存在不同分层的情况,就要酌情选用不同的灌注材料。地层可灌性主要判别指标是地层的可灌比。

　　1. 地层可灌比(M)

　　地层可灌比(M)是地层可灌性的重要指标之一,其表达见式(9-1):

$$M = D_{15}/d_{85} \qquad (9-1)$$

式中：D_{15} —— 覆盖层粒径指标，小于该粒径的土体重占覆
盖层总重的 15%，mm；

d_{85} —— 浆液材料粒径指标，小于该粒径的材料重占
材料总重的 85%，mm。常见灌浆材料的 d_{85}
参考值见表 9-1。

一般情况下，$M > 10$ 时可灌注水泥黏土浆；$M > 15$ 时可
灌注水泥浆。经验证明，当灌浆材料满足上述条件时，一般
可使覆盖层的渗透系数降低至 $10^{-4} \sim 10^{-5}$ cm/s 的水平。地
层可灌比是地层可灌性的常用判别指标。

表 9-1　　　　常见灌浆材料的 d_{85} 参考值

灌浆材料	42.5 水泥	32.5 水泥	磨细水泥	膨润土	黏土	水泥黏土浆	粉煤灰
d_{85}/mm	0.06	0.075	0.025	0.0015	0.02～0.026	0.05～0.06	0.047

2. 地层中粒径小于 0.1mm 的颗粒含量

水泥颗粒的最大粒径接近 0.1mm，一些工程实践表明，
地层中小于 0.1mm 的颗粒含量小于 5% 时，一般均可接受水
泥黏土浆液的有效灌注。

3. 地层的颗粒级配

国内曾根据一些工程的经验整理出若干特征曲线作为
地基对不同灌浆材料可灌性的界限进行判断，见图 9-1。

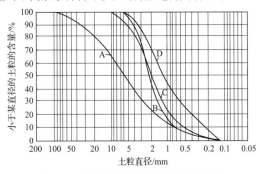

图 9-1　判别冲积层可灌性的颗粒级配曲线

当被灌地层的颗粒曲线位于 A 线左侧时,该地层容易接受水泥灌浆;当地层埋藏较浅(如 5～10m),其颗粒曲线位于 B 线和 A 线之间时,也可以接受水泥黏土灌浆;当地层颗粒曲线位于 C 线和 B 线之间时,该地层容易接受一般的水泥黏土灌浆;当地层颗粒曲线位于 D 线和 C 线之间时,需使用膨润土和磨细水泥灌注。

对所有的砂层和砂砾石层,化学灌浆都是可灌的。从工程造价考虑,化学灌浆费用高,水泥浆、水泥黏土(膨润土)混合浆费用低,且无毒性,对环境影响较小,是优先选用的灌浆材料。

4. 地层渗透系数

渗透系数(K)的大小可以间接的反映地层孔隙的大小,因此根据渗透系数的大小,可推测地层的可灌性从而选择不同的灌浆材料。根据资料统计,几种不同土质的渗透系数参考范围见表 9-2,几种不同灌浆材料可适用地层的渗透系数见表 9-3。

表 9-2　　　几种不同土质的渗透系数参考范围

土的分类	渗透系数 K 的范围	
	cm/s	m/d
砂卵石	10^{-1}	80～120
砂砾石	$6 \times 10^{-2} \sim 10^{-1}$	50～80
粗砂	$3 \times 10^{-2} \sim 6 \times 10^{-2}$	25～80
中砂	$10^{-2} \sim 3 \times 10^{-2}$	15～25
细砂	10^{-2}	8～15
粉细砂	$6 \times 10^{-3} \sim 10^{-2}$	5～8
粉砂	$10^{-5} \sim 6 \times 10^{-3}$	1～5

表 9-3　　　几种不同灌浆材料可适用地层的渗透系数

灌浆材料	可灌地层的渗透系数 K/(m/d)
水泥浆液(掺入细砂)、膏状浆液等	≥800
纯水泥浆	>150
水泥浆(掺有减水剂)	100～200

灌浆材料	可灌地层的渗透系数 $K/(m/d)$
水泥浆（掺有活性料）	80～100
黏土水泥浆	≤80
黏土浆	>40
磨细水泥膨润土浆	25～40
膨润土浆	10～25
化学浆液	<10

经验表明，地层的渗透系数越大，灌浆效果越好，灌浆后渗透系数降低越多。反之，地层的渗透系数越小，灌浆后渗透系数降低也少。国内外若干覆盖层（砂砾石层）地基灌浆工程情况见表9-4。

总之，覆盖层地基结构复杂，确定其是否可灌，选择何种浆液适宜，最好采用上述多种判别方法进行综合分析、综合选用或通过试验确定。

二、覆盖层灌浆的一般要求

1. 做好灌浆试验。

灌浆试验对于覆盖层灌浆十分重要，应仔细调查分析地质情况，对覆盖层的结构、空间分布范围，各土层的颗粒级配、密度、渗透系数、允许渗透比降等，以及地下水的分布规律、流速、水质等情况充分了解。根据分析结果和类似工程经验选择灌浆方法和浆液材料，拟定灌浆参数（可参看《水电水利工程覆盖层灌浆技术规范》（DL/T 5267—2012）相关内容）。灌浆工程施工前应选择有代表性的地点进行必要的现场试验，根据试验成果最后确定施工方案及灌浆参数。

2. 设置盖重和制定表层处理措施。

覆盖层一般比较松散，灌浆时常发生串冒浆现象，压力不易提升。因此预先在覆盖层表面建造一层盖重是十分必要的。盖重可选择混凝土盖板（或黏性土铺盖），混凝土盖板厚度不宜小于0.5m，宽度超出灌浆两侧边线3m为宜。为提

表 9-4

国内外若干覆盖层（砂砾石层）地基灌浆工程情况表

工程名称	国别	建成年份	坝高或水头/m	帷幕面积/m²	帷幕最大深度/m	帷幕孔布置 排数	帷幕孔布置 排距/m	帷幕孔布置 孔距/m	灌浆孔总长/m	最大灌浆压力/MPa	单位注入量 t/m	单位注入量 t/m²	平均透系数/(cm/s) 灌浆前	平均透系数/(cm/s) 灌浆后
西尔文斯坦	德国	1959	46	5200	120	7	3	2~3	8000	$(0.3\sim0.6)H$	1.3	2.5	5×10^{-1}	$(1\sim3)\times10^{-4}$
谢尔庞桑	法国	1960	120	42000	115	19	2~2.5	2.5~4	16200	$0.6H<6\sim8$	1.5	6.7	3×10^{-1} 9×10^{-2}	2×10^{-5}
米松·太沙基	加拿大	1960	60	6200	150	5	3	3~4.5	8000	$(0.3\sim0.6)H$	2.1	3.1	2×10^{-1}	4×10^{-4}
马特马兄	瑞士	1967	115	21000	110	10	3	3.5	49000	$2\sim2.5$	1.4	3.2	$10^{-2}\sim10^{-4}$	6×10^{-5}
阿斯旺高坝	埃及	1971	111	54700	250	15	2.5~5	2.5	335000	$3\sim6$	1.4	6.1	$10^{-1}\sim10^{-3}$	3×10^{-4}
船明	日本	1977	15	14200	60	4	2.5	2.5	17350	$(0.8\sim1.0)H$	1.37	1.67	$10^{-1}\sim10^{-3}$	10^{-4}
只见	日本	1988	19.8	铺盖灌浆深5m		2	2.5	2.5	1735	2.5	湿磨水泥 260kg/m		1.7×10^{-2} 2.3×10^{-3}	2.3×10^{-5}
密云水库	中国	1960	66	27400	44	3	3.5	4					$(4\sim10)\times10^{-1}$	$6\times10^{-5}\sim$ 7×10^{-4}

工程名称	国别	建成年份	坝高或水头/m	帷幕面积/m²	帷幕最大深度/m	帷幕孔布置			灌浆孔总长/m	最大灌浆压力/MPa	单位注入量		平均渗透系数/(cm/s)	
						排数	排距/m	孔距/m			t/m	t/m²	灌浆前	灌浆后
岳城水库*	中国	1961	51.5		23	2 3	4.5 1.7~3.3	6	17790	1.8	左岸 637kg/m 右岸 2340kg/m		$7 \times 10^{-3} \sim 5 \times 10^{-2}$	$10^{-4} \sim 10^{-3}$
小南海地震堆积坝*	中国	2002	100		80	3	1.5~2	1.5~ 3.5	48124	0.2~1.4	0.457		$(5 \sim 22) \times 10^{-2}$ $(0.8 \sim 7.6) \times 10^{-2}$	1Lu~11.2Lu
冶勒灌浆试验*	中国	2002	125.5		96	3	0.75~ 1.25	2	473	3.5	0.192		20Lu~100Lu	1Lu~4.6Lu
下坂地灌浆试验*	中国	2003	78		158	3	3.0	3.0	1665	2.5	0.641		$10^{-2} \sim 10^{-1}$	$1.7 \times 10^{-6} \sim 1.8 \times 10^{-4}$

注：* 采用孔口封闭法（循环钻灌法）施工，其余均采用套阀管法施工。表中数据含单位时，以该单位为准。

高近地表覆盖层的灌浆质量,表层处理可采用开挖置换或进行加密浅层灌浆孔、自上而下进行灌浆、增加浆液中水泥含量、适当待凝等措施。

3. 进行浆液配比设计和浆液试验。

覆盖层灌浆一般注入量很大,对浆液的要求也更为严格和多样化,浆液的质量对灌浆工程的质量和造价的影响很大。因此,预先要认真进行浆液的成分和配比设计。覆盖层灌浆浆液可采用水泥黏土(或膨润土)浆、水泥浆、黏土浆。水泥和黏土灌浆不能满足工程要求时,可采用化学灌浆材料。因各种黏性土性能差别很大,浆液配比应能满足灌后地基性能并符合设计要求,因此浆液的配比应通过试验确定。

4. 确定合理的灌浆施工次序。

覆盖层灌浆的施工次序应遵照分排分序逐渐加密的原则进行。由多排孔组成的帷幕灌浆,先灌注下游排,再灌注上游排,后灌注中间排孔;同一排孔中分 2~3 个次序灌注,先施工Ⅰ序孔(先导孔或测试孔可在Ⅰ序孔中选取),再施工Ⅱ序孔,最后施工Ⅲ序孔;相邻两个不同次序孔的灌浆原则上应待先序孔灌完后,后序孔方可开始施工,但当采用自上而下灌浆法时,后序孔可在滞后先序孔不小于 10m 的条件下施工。覆盖层固结灌浆,宜先灌注周边孔,后灌注中间孔,各灌浆孔按排间分序、排内加密的原则进行,灌浆孔布孔型式和施工顺序应通过灌浆试验确定。

对需要采用振冲、强夯、振动加密、置换和灌浆等多项措施综合处理的覆盖层地基,应先进行其他措施的施工,再进行灌浆。

第二节　灌　浆　方　法

覆盖层灌浆的方法很多,常用的有套阀管法(也称预埋花管法)、孔口封闭法(也称循环钻灌法)、沉管灌浆法(可分为打管灌浆法、套管灌浆法等)。

一、套阀管法

套阀管法，也称预埋花管法、袖阀花管法。它是法国人发明的，称为索列丹斯（Soletanche）法。这种方法是首先钻出灌浆孔，向孔内下设特制的带有孔眼的灌浆管（花管），灌浆管与孔壁之间填入特制的"填料"，以此封闭灌浆管与孔壁间的空间，然后在灌浆管里安装双灌浆塞，按照灌浆管上孔眼的位置分段进行开环和灌注。

1. 套阀管法的特点

套阀管法的优点：①灌浆孔一次连续钻完，灌浆和钻孔工序分开进行，工效高；②灌浆在花管中进行，无塌孔之虑，灌浆段隔离也比较容易；③可以任意采用自下而上或自上而下灌浆方式，也可以先灌全孔中的任何一段，或对某一段进行多次复灌，灌浆质量有保证；④可以使用较大压力灌浆，灌浆过程中发生串冒浆的可能性小；⑤根据地层情况和工程需要，可以进行渗透性质的灌浆，也可以进行挤密灌浆或劈裂灌浆；⑥对各种覆盖层的适应性好，可对不同地层选用不同的浆液；⑦可适应深厚覆盖层灌浆。

套阀管法缺点：①需要购置和加工套阀管（材质可为钢管或塑料管），且难以回收，加大工程造价；②套阀管施工工序较多，制作和下设、填料、灌浆等技术均比较复杂。

2. 套阀管法的施工程序及技术要点

套阀管法的主要施工程序有：钻孔 —→ 清孔 —→ 下填料 —→ 下花管 —→ 起套管（如采用套管护壁钻孔时）—→ 待凝 —→ 冲孔 —→ 卡塞 —→ 开环 —→ 灌浆。套阀管法施工程序见图 9-2。

套阀管法工序中应注意以下技术要点：

（1）钻孔。可以使用各种适宜的机械和方法钻进灌浆孔，如冲击回转跟管钻进或泥浆护壁回转钻进。若地层破碎且适合使用跟管钻进方法造孔，为提高工效可优先考虑跟管钻进法。当采用冲击回转钻机跟管钻进灌浆孔时，钻机、潜孔锤、钎头及套管等的性能应满足地层及钻孔孔径、深度等的要求。由于要在所造孔中下设套阀管，因此钻孔终孔孔径

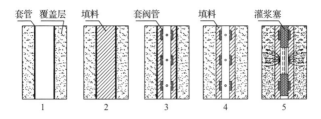

图 9-2 套阀管法施工程序示意图
1—钻孔并下套管；2—注入填料；3—下设花管；4—拔出套管；
5—下入双灌浆塞灌浆

不宜太小，通常为 $\Phi 91\sim150mm$。

为确保钻孔顺利进行，孔口宜埋设保护管。钻孔过程中应详细记录地层情况，先导孔要绘制钻孔柱状图。这些资料是日后决定灌浆浆液、压力的依据。钻孔孔位与设计孔位偏差不应大于 10cm，钻孔过程中应尽量防止孔斜，各个深度的钻孔偏距不得超过孔深的 2.5% 或符合相关规范和设计要求。采用护壁泥浆钻进时，最好使用膨润土泥浆，泥浆的技术性能应进行专项试验和定期检验。钻孔结束后应立即清孔，除尽残留岩芯、岩屑。清孔可采用马氏漏斗黏度为 31～36s 的稀泥浆，孔底沉淀厚度不宜大于 20cm。清孔完成后为避免因孔内泥浆变质或沉淀而影响套阀管安装质量，应立即注入填料，下设套阀管，否则应重新清孔。

（2）灌注填料。填料又称"夹圈料"，一般是一种低强度的水泥黏土浆。它在套阀管与钻孔孔壁的环状间隙中起胶结和封闭作用，保证浆液在灌浆时能横向流出，而不会沿孔壁上冒。填料须具备的性能有：析水率低、稳定性好、结石收缩性小、力学强度适宜，能兼顾易于被压裂开环和防止向上冒浆的需要；在凝固过程中不会与孔壁或花管脱开；一般早期强度增长快，后期强度增长慢。

填料一般由水泥、黏土和水组成（也可以为其他材料），并可加入适当水玻璃等外加剂调节其性能。具体的配合比应当根据工程施工需求和使用材料性能通过试验确定。北京密云水库坝基帷幕灌浆使用的填料中水泥、砂质壤土(塑性指数 14~17)与水比例为 1∶1.2∶3.2、1∶2.6∶4、1∶2.6∶5,相应待凝期分别为 5d、7d、14d。长江堤防若干防渗帷幕灌浆工程填料采用的配比是水泥∶粉质黏土∶水为 1∶(1.5~1.7)∶2,5~7d 强度为 0.3~0.5MPa。填料中的黏土成分含有一些粉粒较好,对黏粒含量过高的黏土,可加入一定比例的粉细砂或粉煤灰。

灌浆孔清孔完成后,可立即灌注填料。填料应通过导管从孔底连续注入,不得中途停顿。压注填料的时间不宜超过 1h。当孔口返出填料的密度与压注前填料密度差不超过 0.02g/cm^3 并确定灌满后,方可结束填料灌注。

(3) 套阀管的加工。套阀管的制作加工应提前完成,在满足管内可顺利下设灌浆塞的前提下,管子直径宜尽量小。套阀管的管材尺寸规格应整齐标准,便于加工和连接。对套阀管材质有疑问时可以通过试验验证。套阀管管底封闭要严密牢固。套阀管管体可由钢管或聚乙烯(PE)管等制成(见图 9-3),内壁应光滑,内径不宜小于 $\Phi56$mm,底部应封闭,在

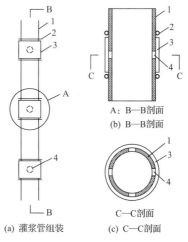

图 9-3 灌浆花管组装与结构示意图
1—套阀管;2—防滑环;3—橡皮箍圈;4—射浆孔

最大灌浆压力下不应产生破坏。灌浆孔深度较大时,套阀管应分节,为方便施工两节之间宜采用螺纹连接。套阀管应沿轴向每隔 30～50cm 设一环出浆孔,每环 2～5 个孔,孔径可为 Φ8～15mm,出浆孔外面用弹性良好的橡皮箍圈套紧。橡皮箍圈的厚度一般为 1.5～2.2mm,宽度一般为 100～150mm。一些工程上曾用自行车内胎作橡皮箍圈,效果较好。为了防止在下套阀管时橡皮箍圈移动或翻卷,可在其下端用细铁丝或胶带扎紧,称之为防滑环。每个橡皮套如同一个单向阀门,下设套阀管时清孔浆液或填料不会进入管内,灌浆时在压力作用下浆液可以由管内向外流出,灌浆结束或中止后,浆液难以返流。

灌浆孔深度较大时,每根套阀管都需要用多根管连接起来。钢管可采用机械链接或焊接工艺。塑料管可采用插压法连接(见图 9-4)。先将每个接头与下面一节套阀管连接好,管子的端头和接触面要涂抹黏结剂。可参考采用四氢呋喃等黏结剂,四氢呋喃涂抹 5min 后就可以提供较高的黏结力。下管时,后一节管插入前一节管已经安好的接头内,插好后再用注射器向接头缝隙中注满四氢呋喃,这种连接方法迅速、方便、可靠。

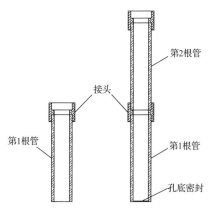

图 9-4　塑料管插压法连接示意图

（4）套阀管的下设。下设套阀管是套阀管法灌浆的一道关键工序，预先应当做好充分准备，力求一次成功，避免出现故障又起拔重来，造成损失。套阀管下设前应当逐节进行检查，在地面进行全孔预安装，逐节编号，各环出浆孔位置应与图纸一致。下管时应详细校核并记录各段花管长度和搭接尺寸，下设位置与设计位置的偏差等。套阀管下端离孔底距离不得大于 20cm。孔口高出地面 10～20cm。

向钻孔内下设套阀管时，填料对花管的浮力很大，需要采取增重措施（如在管内填入粉细砂），使其平衡自由下降。下管时边下边填砂，动作要迅速，但不得强力下压或扭转。为了使套阀管周围填料厚度均匀，套阀管需位于钻孔中心的位置，为此可在套阀管上每隔一定距离（如 5～10m）安设定位装置。套阀管下设时间不宜太长，以不影响填料整体性能和胶结质量为准。下设完成待填料凝固后，在套阀管内下入细管，将充填的细砂冲洗出来，保持管内干净。套阀管在不进行灌浆工作时，应进行管口保护，可加上塞子或盖子，防止落入异物。

（5）待凝。套阀管下设完毕以后，需待凝一段时间后，在进行灌浆施工。视填料配合比及地下水活动情况的不同，一般待凝 3d 以上。

（6）开环。灌浆前应先进行开环。通过双联式灌浆塞向套阀管内固定段位进行液压作用，压开套阀管孔眼外的橡胶箍圈及压裂填料，形成灌注通路，给浆液进入覆盖层创造条件，这一工序叫"开环"。开环压力以进浆管路上的压力表读数和传感器测值为准，一般开环压力为 1～6MPa，在加压过程中压力突降或吸浆率突增时，表示已经开环。开环可采用水固比 8∶1～4∶1 的稀黏土水泥浆或清水，开环后持续灌注 5～10min，然后换用灌浆浆液进行灌浆。用清水开环后，可对地层的渗透性进行灌浆前测试。

（7）灌浆。套阀管开环后就可以开始灌浆。灌浆可自上而下或自下而上进行，也可先灌注指定部位，均采用纯压式灌浆方式。一般情况下，采取自下而上逐段灌注方式的较多。

二、孔口封闭法

孔口封闭法是我国创立的一种灌浆方法,也称循环钻灌法。这种方法是在覆盖层中自上而下逐段进行钻孔和灌浆,且各段灌浆都在孔口封闭并有回浆管路实现浆液循环。该灌浆方法的工艺流程和技术要点可参见第五章基岩帷幕灌浆中"孔口封闭灌浆法"内容施行。

1. 孔口封闭法的特点

孔口封闭法的优点:适宜灌注水泥黏土浆或水泥浆;在钻孔过程中,可利用循环浆对地层进行灌注;因每段灌浆都在孔口封闭,各灌浆段可得到多次复灌,所以灌浆质量普遍较好;与套阀管法相比,可节省大量管材;工序相对比较简单,操作容易。

孔口封闭法的缺点:由于钻灌工序交替进行,所以工效相对较低;各段灌浆均在孔口封闭,因而灌浆时地表经常冒浆严重,即使进行深部灌浆时,也很难使用过高的灌浆压力;当覆盖层由多种地层组成,需要灌注不同类型浆液时,难以顺利施工。

2. 孔口封闭法注意事项

(1)建造灌浆盖板

为使灌浆达到一定的压力,防止和减少冒浆,需要在覆盖层表面构筑一个盖重层,多为混凝土盖板,也可以是黏土铺盖。例如埃及阿斯旺高坝砂砾石帷幕灌浆建造了厚达 22～40m 黏土铺盖,密云水库和岳城水库的黏土铺盖厚达 8m。采用混凝土盖板的厚度应根据地层结构和灌浆压力进行选择,宜以地面允许抬动不得超过覆盖层灌浆深度的 1%～2%(或按抬动要求控制),宽度可超出边排孔 3m,混凝土强度等级不宜小于 C15。图 9-5 为孔口封闭法灌浆示意图。

(2)孔口管段钻孔与灌浆

混凝土盖板开孔时钻孔直径比孔口管直径大 1 级即可,深度以穿透盖板并深入覆盖层 1.0～1.5m 为宜。然后在盖板内安装灌浆塞进行灌浆,直至达到结束条件。盖板钻孔段也可以使用预埋管,注意预埋管的安置应符合孔斜要求。

若覆盖层表面为黏土铺盖,则可下设底部带有孔眼的孔口管,通过孔口管下部的花管段进行首段灌浆。为防止孔口管外壁漏浆,可在地表围绕孔口管挖一浅坑,坑底部孔口管四周缠绕麻绳作为防浆环,坑内浇筑砂浆或混凝土。

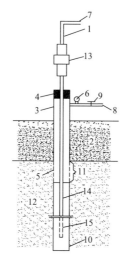

图 9-5　孔口封闭法灌浆示意图

1—灌浆管(钻杆);2—混凝土盖板;3—孔口管;4—封闭器;5—孔口管下部的花管;6—压力表;7—进浆管;8—回浆管;9—阀门;10—孔壁;11—盖板灌浆段;12—覆盖层;13—钻机立轴;14—孔内灌浆管;15—射浆花管

(3) 自上而下逐段钻孔与灌浆

钻孔使用清水或最稀一级水泥黏土浆(如水泥∶黏土∶水＝1∶1∶12)作为冲洗和护壁的循环泥浆,遇到孔壁坍塌掉块的孔段,可酌情换为浓一级或二级的浆液护壁,严重时可使用纯水泥浆,或停钻先行灌注。待孔壁稳定后恢复正常钻进。对钻进时灌入到地层中的浆液应进行计量统计,计入孔段注入量中。

每一段钻孔和灌浆的长度视地层的渗透情况和钻孔孔壁的稳定性而定。孔口管以下 5m 或 10m 范围内,段长宜为 1～2m;以下各段段长宜为 2～5m。当地层稳定性差时,段长取较小值。施工过程中可根据需要进行钻孔冲洗,应使用清水或稀循环泥浆冲洗钻孔 10min,冲净孔底钻渣,然后进行灌浆,直至达到结束条件。灌浆时应当注意经常活动灌浆管和保持孔口有一定的回浆量,避免灌浆管被浆液凝住,造成事故。一段灌浆完成以后,接着可进行下一段钻孔作业,而不必待凝,直至终孔。

三、沉管灌浆法

沉管灌浆法是将灌浆管(一般为钢管)沉入地层进行灌浆的方法。沉管灌浆适用于松散覆盖层孔深 15m 以内、压力较低的灌浆。根据工程要求和地层结构可采用打管灌浆法、套管灌浆法或其他方式(本节不做介绍)进行沉管和灌浆。

1. 打管灌浆法

打管灌浆法是一种最简单的钻孔灌浆方法。它是将钢管(灌浆管)打入到覆盖层中,利用该钢管进行灌浆。此方法适用于覆盖层埋藏较浅、结构疏松、块石粒径较小的地质条件,以及临时性工程或对防渗性能要求不高的帷幕灌浆工程。堤防或小型土坝的加固灌浆也常采用这种方法。当地层中含有较大粒径的漂石时,钢管难以打入,需要采用其他钻孔方法补打灌浆孔的措施。

打管灌浆的施工程序是:打管——→冲洗——→灌浆——→提管——→灌浆——→直至孔口。施工程序见图 9-6。

打管灌浆所用的灌浆管是一根厚壁无缝钢管,直径一般为 $\Phi50\sim75$mm,其上部有管帽可承受锤击,并可与输送浆液的管路相联;其下部接带有出浆孔眼的花管,其末端带锥尖。花管段长 $1\sim2$m,出浆孔呈梅花形排列,环距 $20\sim30$cm,每环 $2\sim3$ 孔,孔径 $10\sim15$mm。

打管灌浆法工序中的技术要点是:

(1) 打管。使用机械或人工锤击将灌浆管击打贯入覆盖层中,至设计深度。为减少灌浆时浆液沿外管壁上冒,打管时可在管子周围堆放一些细砂,使其跟管下沉,加大管壁与地层接触的紧密性。

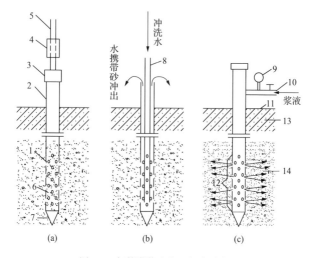

图 9-6　打管灌浆法施工程序示意图

1—花管;2—导管;3—打管帽;4—吊锤;5—导杆;6—管内涌砂;7—锥形体;
8—冲洗进水管;9—压力表;10—进浆管;11—地面(作业面);12—灌浆段;
13—盖重层;14—受灌覆盖层

(2) 冲洗。在打管的过程中,砂土等细料不可避免地会涌入灌浆管内,因此灌浆前应在灌浆管内下入细管,通水冲洗干净。

(3) 灌浆。在灌浆管上部连接进浆管路和阀门装置,自下而上分段进行纯压式灌浆。先灌最下面一段,至达到结束条件(通常是灌完一定浆量)。这种灌浆方法,灌浆压力很小,有时是依靠浆液自重进行自流式灌浆。

(4) 提管。某一段灌浆结束以后,将灌浆管上提一个段长的高度(与花管长度一致,通常是 1~2m),然后重复以上冲洗和灌浆的工序,直至孔口或设计确定的高程。

图 9-7 为两种灌浆花管的结构示意图,图(a)所示花管打入地层时直接锤击锥头,可打入较深的砂砾层;图(b)所示灌浆管带有活动锥尖,打管时桩尖密闭,上提时锥尖落下敞开管口出浆。

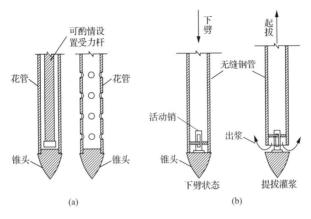

图 9-7　两种灌浆花管结构图

2. 套管灌浆法

套管灌浆法是利用钻孔时的护壁套管进行辅助灌浆的方法。灌浆方式也属于自下而上纯压式灌浆。它的施工程序是：套管护壁钻孔——下入灌浆管——起拔套管——安装灌浆塞——灌浆——再起拔套管及灌浆管——安装灌浆塞——灌浆——重复上述工序，灌注至孔口。套管灌浆法工序见图 9-8。

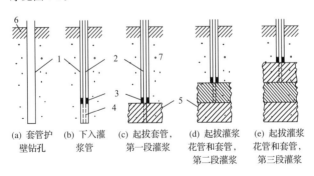

图 9-8　套管灌浆法工序示意图

1—护壁套管；2—灌浆管；3—橡胶塞；4—花管；5—浆液扩散范围；

6—盖重层；7—受灌地层

套管灌浆法各工序技术要点：

（1）套管护壁钻孔。套管护壁钻进灌浆孔至设计深度，包括先打管后钻进和先钻进后打管的方法，以及使用扩孔钻头套管护壁钻孔和液压跟管钻进的方法，直至终孔。套管直径宜为 89～146mm，套管护壁深度应不小于设计孔深。

（2）下设灌浆管自下而上分段灌浆。在套管内下设下端带有花管段的灌浆管至孔底，起拔套管至第一灌浆段段顶，安装灌浆塞对第一段进行灌浆。第一段灌浆结束后，分别上提套管和灌浆管至下一灌浆段段顶，安装灌浆塞，进行冲洗和灌浆。重复此工序，直至孔口段灌浆结束。

（3）灌浆段长。由于套管起拔后容易塌孔，所以起拔高度不宜过大，即每个灌浆段长不能过大，视地层的稳定情况，一般为 1～2m。

（4）工艺特点及注意事项。套管灌浆法钻孔时有套管护壁，消除了塌孔之虑。采用先进的全液压工程钻机和扩孔钻头跟管钻进技术，使覆盖层钻孔效率大大提高，孔深可达 60m 左右。需要注意的是在灌浆过程中，浆液容易沿着套管外壁向上流动，甚至地表冒浆；如果灌注水泥浆时间过长，则可能会凝结固住套管，造成起拔困难。

第三节　灌浆材料与机具

一、灌浆材料与浆液

1. 灌浆材料及浆液的选择

覆盖层灌浆的材料应根据地层组成、渗透性、地下水流速、灌浆材料来源和灌浆目的要求等，通过室内浆材试验和现场灌浆试验确定，可使用的浆液类型有：水泥黏土（膨润土）浆；水泥基浆液，包括纯水泥浆、粉煤灰水泥浆、水泥砂浆、水玻璃水泥浆等；黏土浆、膨润土浆；化学浆液，如水玻璃类、丙烯酸盐类等；其他浆液，如沥青、膏状浆液等。覆盖层灌浆所用原材料及浆液性能应符合《水电水利工程覆盖层灌浆技术规范》(DL/T 5267—2012)第4.1条款要求或其他现行规范和相关技术要求。

一般说来,对于空隙尺寸大、地下水流速较大的地层,可采用水泥砂浆、水玻璃水泥浆液、膏状浆液(速凝膏浆)等材料;对于一般松散的覆盖层,常用水泥黏土浆、纯水泥浆等材料;对于由细砂、粉细砂层,可采用黏土浆、膨润土浆、化学浆液等材料。有时候一个工程的地基由多种地层组成,这就要针对不同地层选用不同的浆液。

对于常用的水泥黏土浆液,其主要优点是稳定性好,注入能力强,防渗效果好,在许多情况下可就地取材,因而价格也较便宜。水泥黏土浆中黏土和水泥的比例应根据工程要求和地质条件而定,一般情况下,水泥黏土浆宜采用水泥:黏土=1:1～1:4(重量比),水:干料(水固比)=3:1～1:1。当对浆液结石有强度要求时,水泥的掺量可采用较大值。进行多排孔帷幕灌浆时,边排孔和帷幕浅部宜采用水泥含量较高的浆液,临时工程可减少水泥含量,甚至使用黏土浆。

为直观了解覆盖层灌浆浆液配比,列举一些工程覆盖层灌浆采用的浆液,见表9-5、表9-6,实际灌浆施工中应以现场试验确定浆液材料用量及制造工艺。

2. 浆液制备

(1) 称量。制浆材料应按规定的浆液配比计量,计量误差应小于5%。水泥等固相材料宜采用质量称量法计量。

(2) 拌制。水泥浆液和水泥黏土(或膨润土)浆液宜采用高速搅拌机进行拌制。水泥浆液的搅拌时间不宜少于30s。拌制水泥黏土(或膨润土)浆液时宜先加水、再加水泥拌成水泥浆,后加黏土浆液共拌。加黏土浆液后的拌制时间不宜少于2min。浆液宜采用集中制浆站拌制,可集中拌制最浓一级的浆液,输送到各灌浆地点调配使用。与黏土不发生化学反应的外加剂宜在泥浆配制过程中加入。膏状浆液、其他混合浆液的搅拌时间应通过试验确定。

表9-5　埃及阿斯旺水坝覆盖层帷幕灌浆采用的浆液

灌浆部位	边排灌浆孔					中间灌浆孔			
浆液类型	膨润土—硅酸盐浆		水泥黏土浆			硅酸盐浆	膨润土—硅酸盐浆	黏土—硅酸盐浆	
灌浆部位有效粒径 D_{10}/mm	0.07~0.14	0.14~0.21	0.21~0.3	0.3~0.55	0.55~0.85	0.07~0.21	0.21~0.55	0.21~0.55	0.55~0.85
浆液配比/(kg/m³) 水泥	—	—	93	125	125	—	—	—	—
黏土	—	—	360	415	495	—	—	570	615
膨润土	160	190	—	—	—	—	81	—	—
硅酸盐	1.6	1.9	—	—	—	435	256	41	44
铝酸钠	—	—	—	—	—	14	9.1	—	—
六偏磷酸钠	—	—	4.8	2.1	2.5	—	—	2.9	3.1
水	960	915	840	810	780	685	785	760	745

表 9-6   北京密云水库白河主坝覆盖层帷幕灌浆采用的浆液

| 浆液种类 | 使用部位 | 使用条件 /(L/min) | 浆液配合比 | | | 黏度/s | 密度/(g/cm³) |
			干料：水	水泥：黏土：水			
黏土浆	开环	—	1：4	0：1：4		17~19	1.12~1.16
水泥浆	灌盖板	—	1：0.6	1：0：0.6		—	1.7~1.74
		—	1：0.8	1：0：0.8		—	1.57~1.61
		—	1：1	1：0：1		—	1.48~1.52
水泥黏土浆	边排孔	>100	1：1	1：1.86：2.86		32~37	1.48~1.50
		50~100	1：1.5	1：1.86：4.29		24~28	1.33~1.37
		<50	1：3	1：1.86：8.58		18~20	1.19~1.23
	中排孔	>100	1：1	1：4：5		46.5	1.45
		50~100	1：1.5	1：4：7.5		38.6	1.34
		<50	1：2.5	1：4：12.5		17	1.22

（3）注意事项。

1）膨润土、黏土加入制浆前应进行浸泡、润胀，充分分散黏土颗粒。

2）各类浆液使用前一般要过筛或除砂。浆液自制备至用完的时间，水泥浆不宜大于 4h，水泥黏土浆不宜大于 6h。

3）应对浆液密度等性能进行定期检查或抽查，保持浆液性能符合工程要求。

4）寒冷季节施工应做好机房和灌浆管路的防寒保暖工作，炎热季节施工应采取防晒和降温措施。浆液温度宜保持在 5℃～40℃。

二、灌浆设备与机具

覆盖层灌浆所需设备机具与岩石基础灌浆的基本一致，只是针对覆盖层这种特殊松散地层，在钻灌工艺和浆液性能上有所区别。覆盖层成孔设备没有明确规定，能满足施工技术需求即可。对于孔口封闭法灌浆，一般仍采用地质钻机钻孔；对于套阀管法或沉管灌浆法，近年来多采用全液压工程钻机跟管钻进技术进行护壁钻孔，很大程度提高了工效。对于灌浆参数的控制技术，如孔深、孔斜、压力、流量、浆液密度等与岩石基础灌浆相同，灌浆作业时需注意以下事项：

（1）灌浆泵性能与所灌注的浆液的类型、浓度应相适应。额定工作压力应大于最大灌浆压力的 1.5 倍，压力波动范围宜小于灌浆压力的 20%，排浆量应能满足灌浆最大注入率的要求。为减小灌浆泵输出压力的波动，宜配置空气蓄能器。

（2）灌浆管路应能承受 1.5 倍的最大灌浆压力，进浆管路不宜大于 30m，灌注膏状浆液时管路直径宜大，长度宜短。管路上的阀门应为高压耐磨灌浆阀门。

（3）灌浆塞应与所采用的灌浆方法、灌浆压力、灌浆孔或套阀管直径相适应。可选用挤压膨胀式橡胶灌浆塞或液（气）压式胶囊灌浆塞。灌浆塞性能应良好，在最大灌浆压力下能可靠地封闭灌浆孔段，并且易于安装和卸除。

（4）灌浆泵出浆口和灌浆孔孔口处均应安设压力表。压力表量程宜为最大灌浆压力的 1.5～2.5 倍。压力表与管路之间应设隔浆装置,且不影响压力表的灵敏度。

(5) 覆盖层灌浆宜使用灌浆自动记录仪,特殊浆液难以通过记录仪采集参数的可以手工记录。灌浆记录仪应能自动测量记录灌浆压力和注入率等,其性能符合相关规范要求。

(6) 钻孔灌浆的计量器具,如测斜仪、压力表(压力计)、流量计、密度计(比重计)、灌浆记录仪等,应定期进行校验或检定,保证计量准确。

第四节　灌浆参数确定与控制

覆盖层灌浆参数是根据实际地层情况通过经验公式估算、工程类比和通过现场灌浆试验等方法得到的。在实际生产过程中,地层的多变性又可能导致灌浆参数随之调整,所以对灌浆参数的控制过程往往也是一种动态管理过程,其目的是提高灌浆效果。

一、灌浆段长

覆盖层灌浆与岩石地基灌浆不同,灌浆段长宜短。灌浆段长往往受成孔难度影响,成孔难度越大,灌浆段长越宜短。因覆盖层地基孔隙率和透水性较大,灌注浆液量也随之增大,适当缩短灌浆段长有利于提高灌浆效果。

(1) 套阀管法灌浆。灌浆段长一般为 0.3～0.5m,与套阀管上的花眼环距一致。

(2) 孔口封闭法灌浆。钻灌长度视地层渗透情况和孔壁稳定性而定,孔口管灌浆段长较短,宜为 0.5～1m。孔口管以下 5m 或 10m 范围内,段长宜为 1～2m;以下各段段长宜为 2～5m,地层稳定性差时,段长取较小值。

(3) 沉管灌浆法。灌浆段长一般为 1～2m,与每次提管高度相一致。

二、灌浆压力

灌浆压力与孔深、注入率及灌浆孔所在的部位、次序等因素有关。当灌浆压力超过地层的压重和强度时,可能导致地基抬动及上部结构破坏。因此，一般以不使地层结构破坏或仅发生局部少量破坏作为确定覆盖层允许灌浆压力的基本原则。灌浆与附近结构体相接或临近时，灌浆压力应按结构体的允许变形控制，必要时应进行变形监测。以下列举密云水库白河主坝和葛洲坝土石围堰砂砾地基灌浆使用的压力情况，见表9-7和表9-8。

表9-7　密云水库白河主坝砂砾地基帷幕灌浆压力表

深度/m	12～15	15～17	17～20	20～25	＞25
允许压力/MPa	0.5	1.0	1.5	2.0	＞2.5

表9-8　葛洲坝土石围堰砂砾地基灌浆压力表（孔口封闭法）

灌浆段深度/m		1～10	11	12	13	14	15	16	17	18	19	≥20
灌浆压力/MPa	Ⅰ序孔	0.3	0.4	0.5	0.6	0.7	0.8	0.9	1.0	1.1	1.2	1.3
	Ⅱ序孔	0.4	0.5	0.6	0.7	0.8	0.9	1.0	1.1	1.2	1.3	1.4
	Ⅲ序孔	0.5	0.6	0.7	0.8	0.9	1.0	1.1	1.2	1.3	1.4	1.5

（1）套阀管法灌浆。开环和灌浆压力以灌浆孔孔口处进浆管路上的压力表读数或传感器测值为准。此灌浆法，所适用的孔深范围较大，可在套阀管任意孔眼位置进行灌注，所以灌浆压力范围也较大。一般情况下，开环压力可达1～6MPa，灌浆压力可达2～4MPa。灌浆过程中灌浆压力应由小到大逐级增加，防止突然升高。灌浆过程发现冒浆、返浆及地面抬动等现象时，应立即降低灌浆压力或停止灌浆，并进行处理。

（2）孔口封闭法灌浆。灌浆压力以孔口回浆管上的压力表读数和传感器测值为准。此灌浆法，每次灌注均为孔口封闭，当压力过高时，容易发生浅层地基串冒浆或抬动现象。灌浆压力以不影响临近结构物允许变形为准，灌浆压力应分级提升。

（3）沉管灌浆法。灌浆压力以灌浆孔孔口处进浆管路上的压力表读数或传感器测值为准。此灌浆法适用于松散覆盖层孔深15m以内的灌浆，所以灌浆压力较低，常为0.1～

1.0MPa。灌浆压力以不影响临近结构物允许变形为准,或采用浆液自流方式灌注。

三、浆液变换与结束封孔

灌浆浆液的配比和比级应通过室内和现场试验确定。一般情况下,套阀管法与孔口封闭法灌浆过程中,常固定水泥与黏土比例(灰土比),调节水与固体材料比例(水固比),由稀至浓分为3级或4级,以稀浆开灌;沉管灌浆法,宜使用单一比级的稠浆灌注。灌注过程中关于浆液变换原则、灌浆结束条件及封孔应按相关规范或技术要求执行。我国电力行业标准《水电水利工程覆盖层灌浆技术规范》(DL/T 5267—2012)中有如下规定:

1. 套阀管法灌浆

(1)灌浆浆液逐级变换原则与孔口封闭法相同。

(2)达到下列条件之一,可结束灌浆:

1)在最大灌浆压力下,注入率不大于2L/min,并已持续灌注20min。

2)单位注入量达到设计规定最大值。设计单位注入量应根据地质条件和工程情况通过计算或现场试验确定。一般边排孔单位注入量不大于3t/m或5t/m。中间排孔应采用第1)款条件。

(3)封孔原则:

一个单元工程的各灌浆孔灌浆结束,并通过单元工程质量检查合格后,应尽早进行封孔。封孔采用导管注浆法,封孔浆液为最浓一级水泥黏土浆。

2. 孔口封闭法灌浆

(1)灌浆浆液按以下原则逐级变换:

1)当灌浆压力保持不变,注入率持续减少时,或注入率不变而压力持续升高时,不应改变浆液比级。

2)当某级浆液灌入量达到1000~1500L或灌注时间已达30min,而灌浆压力和注入率均无改变或改变不显著时,应改浓一级。

3)当注入率大于30L/min时,可变浓一级。

（2）达到下列条件，可结束灌浆：

在规定的灌浆压力下，注入率不大于 2L/min 后继续灌注 30min，可结束灌浆。

（3）封孔原则：

各灌浆孔灌浆结束后，以最稠一级的浆液采用全孔灌浆法进行封孔。

3. 沉管灌浆法

（1）沉管灌浆宜使用单一比级的稠浆灌注。

（2）达到下列条件之一，可结束灌浆：

1）注入量或单位注入量达到规定值。注入量规定值应根据地质情况和工程要求确定。

2）在规定的灌浆压力下，注入率不大于 2L/min，延续灌注 10min。

（3）沉管灌浆法，为自下而上提管分段灌浆，灌浆结束后，通常全孔已经充满凝固或半凝固状态的浓稠浆体，在这种情况下可直接在孔口段进行封孔灌浆。

四、灌浆过程中特殊情况处理

（1）当钻孔偏斜使得相邻灌浆孔之间的距离过大时，应采取补救措施，必要时需补钻灌浆孔进行灌浆。

（2）灌浆因故中止，应尽快恢复灌浆。恢复灌浆后如注入率与中止前相近，可继续使用中止时的浆液灌注；如注入率减少很多或不吸浆，可采用最大灌浆压力进行压水冲洗，再进行复灌。

（3）灌浆段注入量大而难以结束时，可采用低压、浓浆、限流、限量、间歇灌浆，灌注速凝浆液，灌注混合浆液或膏状浆液等措施处理。

（4）灌浆过程中发现冒浆、漏浆等现象时，应视具体情况采用表面封堵、低压、浓浆、限流、限量、间歇、待凝等方法进行处理。灌浆过程中发现地面抬动时，应立即降低压力或停止灌浆，进行处理。

（5）孔口封闭法钻孔过程中遇塌孔、空洞、漏浆或掉块难以钻进时，可先进行灌浆处理，然后再钻进。

（6）孔口封闭法灌浆过程中发生串浆时，如串浆孔具备灌浆条件，应一泵一孔同时进行灌浆。否则，应塞住串浆孔，待灌浆孔灌浆结束后，再对串浆孔进行扫孔、冲洗和灌注。

（7）套阀管法灌浆中，开环困难，可根据情况采用下列方法处理：

1）检查灌浆塞位置是否正确，并加以调整。

2）使用较高压力，进行高压开环。

3）高压开环无效时，可上移或下移一环进行开环，两环合并灌注。

4）连续两环高压开环无效时，可采用定向爆破或水压切管器将该部位套阀管炸裂或切开，而后进行灌注。

（8）套阀管法灌浆中，沿孔壁冒浆或地面发生冒浆，可根据情况采用下列方法处理：

1）堵塞冒浆处、降低灌浆压力、浓浆灌注或间歇灌浆。

2）在浆液中加入掺合料或外加剂。

（9）灌浆时套阀管内返浆，应查明漏浆位置，分别采用以下措施进行处理：

1）采用自上而下灌浆法；

2）重新安设灌浆塞或加长灌浆塞；

3）在套管内使用无塞上提法灌浆。

第五节　灌浆质量检查

在覆盖层灌浆施工过程中，应做好各道工序的质量控制和检查，以过程质量保证工程质量。对灌浆前后覆盖层地基性能进行检测，通过灌前测试孔和灌后检查孔检测结果的比对分析和是否达到设计技术要求，综合评定灌浆质量效果。覆盖层灌浆效果检查应遵循以下原则：

（1）覆盖层帷幕灌浆工程的质量标准和合格条件应根据工程要求、地层特点等因素由设计确定。一般情况下，覆盖层帷幕灌浆工程的质量应以检查孔注水试验成果为主，结合对施工记录、成果资料和其他检验测试资料的分析，进行综合评定。注水试验可按 SL 62—2014 附录 C 的规定进行。

（2）帷幕灌浆检查孔注水试验宜在该部位灌浆结束 14d 后进行。检查孔的数量可为灌浆孔总数的 3%～5%，一个单元工程宜布置 1 个检查孔。检查孔应在分析施工资料的基础上在下述部位布置：帷幕中线上；大块石、细砂层、地层变化区域等地质条件复杂的部位；末序孔注入量大的孔段附近；钻孔偏斜过大、灌浆过程不正常等经分析资料认为可能对帷幕质量有影响的部位。

（3）覆盖层帷幕灌浆检查孔应采用清水循环钻进，采取岩芯，绘制钻孔柱状图。当检查孔钻进困难时，可以采取缩短段长、套管跟进、在注水试验后进行灌浆护壁等措施。当需要采用泥浆护壁钻进时，应对泥浆性能作出规定并分析论证其对注水试验成果的影响程度。

（4）覆盖层固结灌浆工程质量检查可采用坑探、动力触探或静力触探、弹性波测试等方法，必要时可进行荷载试验，宜在灌浆结束 28d 以后进行；根据工程需要，也可采用钻孔注水试验等方法检查，在灌浆结束 7d 以后进行；各种检查方法的质量标准应根据地层条件和工程要求由设计确定。各试验检测方法应符合现行相关规范的要求。

（5）覆盖层固结灌浆检查孔应布置在灌浆地质条件较差、灌浆过程异常和浆液扩散的结合部位，检查孔数量可为灌浆孔数的 2%～5%，检测点的合格率应不小于 85%，检测平均值不小于设计值，且不合格检测点的分布应不集中，灌浆质量可评为合格。

（6）各类检查孔检查工作结束后，应按技术要求进行封孔。当检查孔封孔灌浆注入量较大时，应分析原因，必要时应采取补灌措施。

第十章

化 学 灌 浆

第一节 化学灌浆的特点

化学灌浆是对复杂地基进行处理的重要手段之一，它可以解决水泥等颗粒状材料灌浆不能解决的工程问题，或补充颗粒状材料灌浆的不足。化学灌浆具有以下特点：

（1）浆液为真溶液，其初始黏度较低，具有较好的可灌性。

（2）浆液的胶凝或固化时间，可根据需要较准确地进行控制。

（3）浆液的凝胶体或固结体稳定性和耐久性好，不受稀酸、稀碱或某些微生物的侵蚀。

（4）化学灌浆材料，一般具有不同程度的毒性，作业时需做好安全防护工作。但经化学反应胶凝后，一般不再具有毒性。

（5）化学灌浆施工工艺要求严格。

（6）废料需进行无害化处理，以减少环境污染。

第二节 化学灌浆设备

化学灌浆设备主要包括制浆、储浆设备，灌浆泵，管路及孔口、孔内装置等。

一、制浆、储浆设备

化学浆液制浆与储浆设备主要包括搅浆桶、储浆桶及计量器具等。制浆与储浆设备一般应满足以下要求：

（1）化学浆液对金属有腐蚀作用，浆桶一般用钢化玻璃、塑料或不锈钢等材料制成。

（2）储浆桶应配备桶盖，以利浆液密闭储存，避免浆液挥发。

（3）配浆所使用的计量器具均需经过计量校验合格后方可使用。

（4）制浆应尽量实现自动化与密闭化。

二、灌浆泵

化学灌浆泵一般应满足下列要求：

（1）能耐化学腐蚀。

（2）应有足够的排浆量并在要求压力下安全工作。

（3）灌浆过程中，排浆量可在较大幅度内无级调节，压力平稳，控制灵活。

（4）双液灌浆用的灌浆泵，能在不停泵的情况下调节两液的比例。

（5）体积小，重量轻，便于搬动。

目前国内还没有完全符合上述要求的定型化灌泵。在水电工程中使用较多的化灌泵型号和技术特性见表 10-1、图 10-1、图 10-2。

比较轻便的进口化灌设备有意大利 TAIVER S. R. L 公司生产的 GoIding4200 型电动灌浆泵，它的最大工作压力为 22MPa，流量 4L/min，质量为 19kg；美国生产的 LiIyCD15 双液灌浆机，为压缩空气驱动，它的最大工作压力可达 4.3MPa，可通过替换不同直径的活塞而灌注不同配比的双组分浆液，设备全自动工作且清洗简单。

表 10-1　　水电工程中使用的化灌泵型号和技术特性

型号	流量 /(L/min)	最大压力 /MPa	外型尺寸	电机功率 /kW	质量 /kg	厂家
2JZ 型 计量泵	0～1.7	16	1200mm× 750mm×580mm	2.2	700	天工工程 机械厂
CY-HGB 型	0～0.8	5			<45	长江 科学院

图 10-1　2JZ 型计量泵　　　　图 10-2　CY-HGB 型化灌泵

三、管路及孔口、孔内装置

（1）灌浆管路。灌浆管耐压能力应大于最大灌浆压力的 1.5 倍，并应能耐受化学浆液溶胀，一般采用钢丝纺织胶管，具体要求应根据施工要求而定。

（2）压力表。基岩和砂层化学灌浆时，除在灌浆泵安设压力表外，灌浆孔孔口也应安设压力表，工作压力宜在压力表最大标值的 1/4～3/4。压力表与管路之间应设有隔浆装置。

（3）孔口、孔内装置。化学灌浆所用的孔口、孔内装置与水泥灌浆基本相同，一种为孔段阻塞器，一种为孔口封闭器。

（4）孔段阻塞器分为纯压式和循环式两种，使用循环式阻塞器的作用是在开始压入浆液时，孔内积水可从回浆管排出；对于环氧树脂等灌浆材料，因浆液固化时间较长，易给扫孔工作造成一定困难，若在结束灌浆时由回浆管灌入浓水泥浆，将浆液由进浆管顶出，对提高钻灌工效有利。

（5）孔口封闭器由在孔口管及上部密封装置组成。孔口管一般采用 $\Phi 73\text{mm}$ 或 $\Phi 89\text{mm}$ 的无缝钢管，管口上端为套管母丝，埋入岩石深度一般为 1.0～2.0m。当孔口管埋设牢固后，下入灌浆管，在管口安装密封装置。

四、化学灌浆记录仪

化学灌浆一般采用手工测量及记录灌浆压力、注入率及浆液温度等参数，目前灌浆参数也可采用灌浆记录仪自动测量、实时显示、自动记录和打印。

第三节 化学灌浆材料种类

一、水玻璃类

水玻璃俗称泡花碱,灌浆用的水玻璃是硅酸钠的水溶液,是一种无色透明或带浅灰色黏稠液体。

水玻璃溶液性质的主要参数是模数(M)和波美度($°Bé$)。二氧化硅和氧化钠的摩尔比称作模数。

$$M = \frac{SiO_2 \ 摩尔数}{Na_2O \ 摩尔数} \tag{10-1}$$

市场上销售的水玻璃,其模数在 1.5～3.5 之间,灌浆用水玻璃溶液的模数宜在 2.4～3.0 之间选择。

波美度($°Bé$)是表示水玻璃密度的指标,为非法定计量单位,波美度与法定计量单位的关系为

$$d = \frac{145}{145 - °Bé} \tag{10-2}$$

或

$$°Bé = 145 - \frac{145}{d} \tag{10-3}$$

式中:d ——水玻璃密度,kg/L。

水玻璃出厂浓度一般为 50～56°Bé,而灌浆使用范围为 30～45°Bé,稀释所需的加水量按下式计算:

$$V_水 = \frac{d_原 - d_配}{d_配 - d_水} V_原 \tag{10-4}$$

式中:$V_水$ ——稀释用水量,L;

$d_原$ ——水玻璃溶液稀释前的密度,kg/L;

$d_配$ ——水玻璃溶液稀释后的密度,kg/L;

$d_水$ ——水的密度,kg/L;

$V_原$ ——被稀释水玻璃溶液的原体积,L。

已知原溶液密度、欲配溶液密度和欲配溶液体积,按下式计算需要的原溶液体积和水的体积:

$$V_\text{原} = V_\text{配} \cdot \frac{d_\text{配} - d_\text{水}}{d_\text{原} - d_\text{水}} \tag{10-5}$$

式中：$V_\text{配}$——稀释后水玻璃溶液的体积，L。

水玻璃类灌浆材料根据其配制方法与浆液性能不同，分为碱性水玻璃浆液与非碱性水玻璃浆液两种。

碱性水玻璃浆液的凝胶体，在被灌地层内有溶液淋蚀现象，易对环境造成一定程度的碱污染，其耐久性差，目前国内此类浆液已经很少应用。

非碱性水玻璃浆液可以在中性或弱酸性条件下凝胶，凝胶体不会产生碱溶出，避免了碱污染，且耐久性比碱性水玻璃浆液好。该浆材具有黏度低、可灌性好、无毒、无污染、价格低廉等优点。

非碱性水玻璃浆液的主要性能指标见表 10-2。

表 10-2　　非碱性水玻璃浆液的主要性能指标

浆液初始黏度 /（mPa·s）	胶凝时间	固砂体抗压强度 /MPa	凝胶体渗透系数 /（cm/s）
1.5～2.5	瞬时～几十分钟	0.3～0.5	10^{-8}～10^{-10}

二、聚氨酯类

聚氨酯是聚氨基甲酸酯的简称，它由多异氰酸酯和多羟基化合物反应而成。聚氨酯化灌材料是一种防渗堵漏能力较强，固结强度较高的防渗固结材料，其特点是浆液不遇水的时候是稳定的，遇水才能进行化学反应，最终生成不溶于水的体型结构的凝胶体。聚氨酯类化学灌浆材料可分为水溶性和非水溶性（亦称油溶性）两大类，它们的区别在于前者能与水混溶，而后者只溶于有机溶剂。

1. 油溶性聚氨酯灌浆材料

油溶性聚氨酯预聚体的型号及性能指标见表 10-3。

表 10-3　　油溶性聚氨酯预聚体的型号及性能指标

初始黏度/（mPa·s）	凝结时间	抗压强度/MPa	渗透系数/（cm/s）
几～几百	几十秒～几小时	10～20	10^{-7}

油溶性聚氨酯浆液凝胶体耐化学和生物侵蚀能力高,对地下水的污染很小,是一种很好的化学灌浆材料。该浆液宜采用单液灌浆,设备简单,操作方便。主要用于基岩防渗帷幕和有特殊要求地段的固结灌浆以及细砂层的防渗和固结。

2. 水溶性聚氨酯灌浆材料

水溶性聚氨酯除具有油溶性聚氨酯浆液的一般特性外,还具有良好的亲水性,水对该浆液既是分散剂又是固化剂,浆液遇水后先分散乳化,进而凝胶固结形成不溶于水的水合凝胶体。由于分子链中亲水基团的存在,使其具有界面活性作用,从而比油溶性聚氨酯对地层有更好的渗透性。浆液为单组分,施工简便,可在潮湿或涌水情况下进行灌浆,对水质适应性强,在海水和 pH 为 3～13 的水中均能固化。其中 LW 型浆材能根据不同强度要求形成不同含水量的弹性体,其弹性体有遇水膨胀的特性,可用于地基帷幕防渗处理和其他部位变形缝的防渗堵漏。HW 型浆材在潮湿条件下有较高的黏结强度,亦可用于基岩和细砂层的防渗堵漏加固等。

水溶性聚氨酯浆液的品种及主要性能指标见表 10-4。

表 10-4　　水溶性聚氨酯浆液的品种及主要性能

浆液品种	黏度/(mPa·s)	密度/(g/cm³)	凝胶时间/min	黏结强度(潮湿表面)/MPa	拉伸强度/MPa	抗压强度/MPa	遇水膨胀率(28d)	扯断伸长率
HW	≤100	1.10	≤30	≥2.0	—	≥20	—	—
LW	≤400	1.05	≤1	—	≥1.8	—	≥100%	≥80%

三、环氧树脂类

环氧树脂是指分子结构中含有环氧基的树脂状高分子化合物。它具有强度高,黏结力强,收缩性小,化学稳定性好,能在常温固化等特点。作为环氧树脂灌浆材料,除了主剂环氧树脂和固化剂两个基本组分外,还应根据工程不同要求和施工条件,酌情加入不同品种及掺量的稀释剂和其他改性外加剂等。

几种典型的环氧树脂浆材配方及物理力学性能见表 10-5。

表 10-5   几种典型的环氧树脂浆材配方及物理力学性能

配方代号	性能		
	初始黏度/(mPa·s)	抗压强度/MPa	抗拉强度/MPa
ZH-798	48～1.3	80～50	9.9～3
SK-E	20～6	75～30	8～4
JX	17～6	65～45	8.8～6.7
CW4	20～14	80～33	＞3.5
CK-6	11.7	45.6	1.9～1.8

环氧树脂浆液曾在龙羊峡水电站、天生桥二级水电站、李家峡水电站、三峡水利枢纽、小浪底水利枢纽和向家坝水电站等工程应用。

四、丙烯酸盐类

丙烯酸盐浆液是由一定浓度的单体、交联剂、引发剂、阻聚剂等组成的水溶液。以丙烯酸钙和丙烯酸镁混合溶液为主剂的丙烯酸盐溶液,它具有黏度低,可灌性好,在形成凝胶之前黏度基本保持不变,胶凝时间可在数秒至数小时内控制,凝胶体抗渗性能好,抗挤出能力强等优点,属无毒或微毒性化学灌浆材料。该浆材可广泛应用于大坝地基的防渗处理。

丙烯酸盐溶液的性能见表 10-6。

表 10-6   丙烯酸盐溶液的基本性能

外观	丙烯酸盐含量	密度/(g/cm³)	初始黏度/(mPa·s)	pH 值
深绿色透明溶液	35%～40%	1.185～1.205	12～16	6～6.5

第四节　化学灌浆材料选择及浆液性能测试

一、灌浆材料选择

化学灌浆材料的品种很多,按材料品种分类,目前国内主要使用的有水玻璃类、聚氨酯类、环氧树脂类、丙烯酸盐类等。这些材料都有其一定的独特性能,使用的针对性强,在进行化学灌浆前,要收集工程地质资料、设计资料、现场灌浆试验资料和灌浆材料的试验资料,并视具体工程要求,确定采用何种化灌材料。

1. 水玻璃灌浆材料

(1) 水玻璃灌浆材料可用于防渗堵漏处理。

(2) 灌浆用水玻璃原液模数宜为 2.4～3.0,密度宜为 30～45°Bé。

2. 聚氨酯灌浆材料

(1) 水溶性聚氨酯灌浆材料宜用于防渗堵漏工程;油溶性聚氨酯灌浆材料可用于防渗堵漏工程,也可用于补强加固工程。

(2) 有变形要求的结构缝处理宜采用弹性较大的聚氨酯灌浆材料。

(3) 聚氨酯灌浆材料在存放和配制过程中不得与水接触,包装开启后宜一次使用完毕。

3. 环氧树脂灌浆材料

(1) 环氧树脂灌浆材料宜用于混凝土结构和地基的补强、加固和防渗工程。

(2) 环氧灌浆材料应进行现场配合比的试验。

4. 丙烯酸盐灌浆材料

(1) 丙烯酸盐灌浆材料宜用于基础和混凝土裂缝防渗工程,土层、砂砾石的固结灌浆工程,不得用于有补强要求的工程。

(2) 丙烯酸盐灌浆材料宜采用双液法进行灌注,凝胶时间大于 30min 的,可用单液法灌注。

二、浆液性能测试

1. 浆液密度

定义:化学浆液的相对密度是指浆液的重量与 4℃时的同体积淡水重量之比,常用符号"γ"表示。相对密度量纲为一。

试验仪器:PZ-A-5 液体比重天平,见图 10-3。

试验方法:本天平是有一标准测锤体积(5cm³)浸没于液体中获得浮力而使横梁失去平衡,然后在横梁的 V 型槽里放置各处定量骑码(砝码),使横梁恢复平衡,就能迅速正确测得该液体的比重。

图 10-3　PZ-A-5 液体比重天平

2. 浆液初始黏度

(1)定义。在室温 20℃条件下,加固化剂 5min 后用仪器测试的塑性黏度值。

(2)试验仪器。ZNN—D6 型旋转黏度计(见图 10-4),其他型号的同类仪器有 ZNN—D1、ZNN—D2 型等。

(3)试验方法。按 GB/T 2794—2013 标准,测定浆液 A、B 组分混合后的初始黏度,计算结果精确到 1mPa·s。

3. 浆液凝结时间

(1)定义。从浆液混合搅拌起,到开始失去塑性的时间称为初凝时间。从混合搅拌起,至完全失去塑性的时间称为终凝时间。单位为 h 或 min。

(2)仪器设备。凝结时间测定仪。

(3)试验方法。

1)在凝结时间测定仪上装好测针。调整仪器,使测针接触底座玻璃板上的玻璃板时,指针对准标尺零点。

2)把圆模放在玻璃板上,将搅拌均匀的浆体注满圆模

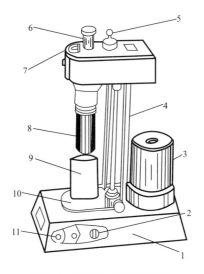

图 10-4　ZNN-D6 型旋转黏度计

1—底座；2—开关；3—电机；4—支架；5—变速手柄；6—测量部分；
7—读数窗；8—外筒；9—泥浆杯；10—托盘；11—指示灯

（必要时需加套模），待浆体沉降后，刮平表面，放入标准养护箱内养护。

3）根据不同浆体的凝结快慢，确定测定间隔时间，一般开始每隔 1~3h 测定一次。当快接近初凝时，每 5min 测试一次。临近终凝时，每 15min 测试一次。

4）测定前，将充满浆体的圆模，移到凝结时间测定仪底座上，移动金属测杆，使测针与浆体表面接触，然后松开测杆的紧固螺丝，使其自由下落，记录标尺的刻度。

5）从浆液混合搅拌至测针沉入试样中，距玻璃板 0.5~1.0mm 时的时间，为初凝时间。

6）从浆液混合搅拌至测针沉入试样不大于 1.0mm 时的时间，为终凝时间。

4. 可操作时间

（1）定义。针对环氧树脂灌浆材料，从浆液两组分混合起,用旋转黏度计测定其黏度并开始计时,当黏度达到 200mPa·s 时,从混合到此时所经历的时间间隔为可操作时间。

(2)试验方法。按《胶黏剂黏度的测定单圆筒旋转黏度计法》(GB/T 2794—2013)标准,按一定时间间隔测定浆液黏度,找出黏度达到 200mPa·s 时的对应时点,计算结果精确到 5min。

5. 凝胶时间

(1)定义。针对水溶性聚氨酯灌浆材料,从材料与一定比例的水混合后,在规定温度下,由液态变为凝胶体的时间。

针对丙烯酸盐灌浆材料,从各组分全部混合开始至形成不可流动的凝胶体所需的时间。

(2)试验方法。针对水溶性聚氨酯灌浆材料,在标准试验条件下,试样与 5 倍的水相混合,并迅速搅拌均匀(约 10s)后静止,得到白色乳浊液;之后用玻璃棒不断探测黏度的变化,当玻璃棒离开液面出现拉丝现象时,视该试样已凝胶化;测定试样与水从混合开始至用玻璃棒离开液面出现凝胶体拉丝的时间即为水溶性聚氨酯灌浆材料的凝胶时间。

针对丙烯酸盐灌浆材料,从丙烯酸盐灌浆材料各组分按配比全部混合按下秒表开始计时,同时用玻棒搅拌浆液使之均匀。当浆液经反应失去流动性时再次按下秒表,秒表读数即为丙烯酸盐灌浆材料的凝胶时间。

6. 凝固时间

(1)定义。针对油溶性聚氨酯灌浆材料,与一定比例的催化剂、水混合后,在规定温度下,由液态变为固体的时间。

(2)试验方法。在标准试验条件下,按生产厂推荐的比例加入催化剂并搅拌均匀(约 60s);按生产厂推荐的比例加入水,并用玻璃棒迅速搅拌均匀(约 10s),如生产厂没有规定,则只需加入试样质量 5% 的水即可;观察到发泡体停止上升时视作试样完全凝固;测定试样从加水开始至停止发泡的时间即为凝固时间。

第五节　化学灌浆控制技术及施工工艺

一、灌浆控制技术

化学灌浆一般采用以压力为主或以吸浆率为主的控制方法,亦有上述两种方法结合使用的。

（1）以压力为主的控制方法,在灌浆开始后尽快达到设计压力,对吸浆率不加限制。采用这种方法的优点是能使细微裂隙得到充分地灌注,有利于提高灌浆质量。缺点是有可能造成浆液扩散过远,浪费浆液,或引起岩层抬动。但一般化学灌浆之前都已进行水泥灌浆,大的裂隙已被水泥结石充填,宜采用此种方法进行灌浆。

（2）以吸浆率为主的控制方法。在灌浆过程中按规定的吸浆率大小进行控制,当吸浆率大于规定值就降低压力,当吸浆率小于规定值就升压,直至结束。该方法的优点是可减少浆液的流失,不易引起岩层抬动,其缺点是可能影响细微裂隙的灌浆效果。

（3）以压力控制为主结合控制吸浆率的方法。即在灌浆开始一段时间内,既控制灌浆压力达到设计压力,又为避免浆液扩散过远,限制注浆率不超过一定范围。

（4）浆液胶凝时间的控制。环境温度是影响浆液胶凝时间的主要因素之一,一般来说钻孔内地下水温与室温是不同的,因此,为保证灌浆的质量,浆液胶凝时间的测定,须在与地下水温度相接近的条件下进行。

二、施工工艺

1. 钻灌方式

化学灌浆的钻灌方式与水泥灌浆基本相同,一般分为以下两种:

（1）自上而下分段钻灌。这种方法是钻一段灌一段,直至设计孔深,多用于裂隙发育、渗透性强及破碎的岩层。

（2）一次成孔自下而上分段灌浆。一般应用于岩石比较完整、裂隙不甚发育、渗透性不很强的地层。

2. 灌浆方法

化学灌浆一般采用纯压式灌浆,通常使用单液法和双液法两种方法:

(1)单液灌浆法。单液法系将浆液配方中的各种组分,按规定比例称量好后放在一个浆桶内进行混合搅拌,成为一种液体,然后由一台泵向灌浆孔内灌注。单液灌浆法的优点是设备简单、操作方便,但只适用于胶凝时间较长的浆液。

(2)双液灌浆法。双液法就是将浆液分为甲液和乙液两部分,其中甲液主要包含主剂和其他一些与主剂混合后能保持稳定(即不会发生化学反应)的组分材料;而乙液则包含固化剂或催化剂和稀释剂等。两液分开单独存放时,它们都是稳定的,只有在灌浆时,当它们相互混合在一起后,才会开始发生化学反应。此法适用短胶凝时间的浆液。

第六节　基岩帷幕化学灌浆

一、施工顺序

基岩帷幕化学灌浆的施工顺序,对于多排孔,一般是先施工下游排,后施工上游排,再施工中间排。同一排的灌浆孔,应按序逐渐加密的原则进行施工。孔序的划分,一般应根据地层情况与设计要求确定,原则是尽量避免孔间串浆。

灌浆段长的划分,混凝土与基岩接触段不宜大于 2m,一般岩层宜采用 5m,对于断层破碎带或软弱泥化夹层部位,应适当缩短,以 2～3m 为宜,其原则是根据岩层的裂隙发育程度及破碎情况而定。

二、钻孔冲洗与压水试验

(1)钻孔。钻孔要求基本与水泥灌浆相同,但最好采用金钢石或硬质合金小口径钻孔。

(2)灌浆段阻塞与管路安装。灌浆段阻塞是灌浆施工中的一项重要施工环节,阻塞完成后进行灌浆管路及仪器、仪表的安装工作。

(3)冲孔。灌浆孔在灌浆前应进行冲洗,以提高灌浆效果。一般采用压水冲洗,冲洗压力可为灌浆压力的 80% ,并不大于 1MPa。对于断层破碎带等特殊孔段可酌情采用风水联合冲洗或高喷冲洗,应按设计要求进行,或通过现场试验确定。

(4) 压水试验。灌浆前的压水试验应在钻孔冲洗后进行。其孔数应根据工程实际情况确定。对于灌注环氧树脂浆液的孔段一般不进行压水试验,也可用丙酮代替水作"压水试验",压水试验段长应与灌浆段长相一致。先导孔压水试验一般使用单点法。单点法试验方法可参见《水工建筑物化学灌浆施工规范》(DL/T 5406—2010)附录 B。其他灌浆孔各段灌前宜进行简易压水试验,简易压水压力为最大灌浆压力的 80% ,并不大于 1MPa,压水时间 20min,每 5min 测读一次压入流量,取最后的流量值作为计算流量,试验结果以透水率 q(Lu)表示。

三、浆液配制

为了准确地按要求配制灌浆所需的浆液,配浆工作需注意以下几点:

(1) 配浆人员应掌握所需浆液配方,了解配方中各组分的性能及在配方中所起的作用。

(2) 必须按顺序加料配浆。为保证浆液各组分充分混合均匀,必须进行充分搅拌。

(3) 采用双液灌浆时,在灌浆前甲液和乙液应分开存放,不得相混。

(4) 浆液的配制应根据需要多少就配制多少的原则,避免配好的浆液长时间不用造成浪费。

四、灌浆结束条件

化学灌浆的结束标准应按设计要求执行,若无明确要求时,帷幕化学灌浆结束条件为:灌浆段在最大设计压力下,注入率不大于 0.02L/(min·m)后,继续灌注 30min 或达到胶凝时间。各灌浆段灌浆结束后,应进行闭浆,待浆液胶凝后再钻灌下一段。

此外,也有用定量灌注来进行控制的。即根据地质情况和压水试验资料,计算所需浆量,当此浆量全部灌入孔段后,即可结束灌浆。但由于岩层的地质情况较复杂,很难准确估算所需浆量,只有对地层条件了解得十分清楚的情况下才可采用。

亦有的工程采用定时与定量相接合的方式,其原则为:

(1) 浆液纯灌入时间达到一定值,且灌浆速率小于或等于一定值时;

(2) 累计单位灌入量达到一定值,且纯灌入时间大于或等于一定值时;

(3) 当遇到断层破碎带或软弱夹层时控制灌浆速率大于或等于一定值,且纯灌注时间大于或等于一定值时。

当灌浆孔段满足上述条件之一时灌浆即可结束。

五、管路冲洗

灌浆结束后,所有管路及设备应立即清洗。根据所灌浆材的性质,若是水溶性浆材,如丙烯酰胺、丙烯酸盐、水玻璃等采用清水冲洗即可;对于环氧树脂或聚氨酯类需采用丙酮等溶剂清洗。

第七节 基岩固结化学灌浆

一、灌浆前的准备工作

在进行灌浆之前,首先应对固结灌浆的岩体进行详细调查。了解被灌部位岩石的种类、成分以及力学性能。了解需固结灌浆的部位是属于断层破碎带,还是属于软弱夹层,或局部的岩石裂隙,并查明分布范围、走向,裂隙中充填物的种类及其密实程度。了解岩石的渗透性以及地下水位、流速及水质成分等。

二、钻孔冲洗及压水试验

钻孔完毕后,即可进行钻孔冲洗。钻孔冲洗可采用压水冲洗或风水联合冲洗,应按设计要求进行,或通过现场试验确定。对易产生抬动的地层,冲洗时应严格控制冲洗压力,必要时应设置抬动观测装置进行监视。

钻孔冲洗结束,即可选择部分有代表性的孔段进行压水试验,通过压水资料,选定适当的浆材配方,并大致估算配浆量。但使用环氧浆液处理低渗透地层时,一般不作压水试验,如必须进行该项试验可用压丙酮代替。基岩固结化学灌浆裂隙冲洗和压水试验可参见 DL/T 5406—2010 规范相关内容。

三、灌浆

(1)浆液配制。根据选用的浆材和配比进行配浆。浆液的配制量每次不宜太多,以免造成浪费。浆液的固化时间,应根据吸浆量的大小确定,施工中随时予以调整。

(2)灌浆。灌浆时应严格控制灌浆压力,特别注意观察岩层是否发生抬动现象,如发现岩层抬动或串冒浆现象应立即采取措施予以处理。

四、灌浆结束条件

若无明确设计要求时,基岩化学固结灌浆结束条件为:灌浆段在最大设计压力下,注入率不大于 $0.05L(min \cdot m)$ 后,继续灌注 30min 或达到胶凝时间。各段灌浆结束后,进行闭浆,待浆液胶凝后再钻灌下一段。

第八节 灌浆施工中应注意的事项

一、孔内积水问题

孔内积水特别是在渗透性比较弱的孔段内的积水在灌浆前必须排除,否则当浆液进入充满积水的孔段时,会被地下水稀释或影响浆液对被灌体的渗入,直接影响灌浆质量。排除孔内积水可采用压缩空气排水或以浆顶水等措施。

二、钻孔内大量涌水问题

在具有承压水条件下进行灌浆时,对有涌水的孔段,应采取有效措施,确保在规定的结束条件下结束灌浆。若在灌浆结束时,浆液还需长时间才能胶凝,则有可能被地下水冲走或稀释,严重影响灌浆质量。采取的措施包括:缩短浆液胶凝时间、提高浆液浓度、延长闭浆时间或化学灌浆与水泥浆液混合使用等。

三、露天施工问题

在露天施工,特别是炎热的夏季,所用的设备及管路应采取遮蔽措施,以免受阳光直接曝晒而影响浆液的温度。如遇雨天,聚氨酯浆液要避免与水接触,否则会发泡胶凝。因此,化学灌浆应特别注意尽量在棚内作业。

四、灌浆中断的处理

化学浆液的胶凝时间一般较水泥浆要短得多,在灌浆过程中一旦发生灌浆中断事故,对该孔段的灌浆质量,有极大的影响,甚至成为废孔段。因此要求在灌浆前充分做好各项准备工作,并严格检查设备的技术状况是否正常,管路的接头是否牢固等。遇有中断事故,首先应查明原因,并尽快设法恢复灌浆。

五、孔内占浆

化学灌浆材料价格较高,除应采取措施尽量减少管路占浆外,孔内占浆也应尽量设法减少。一般采用小口径钻具进行钻孔,也可根据化灌浆材的品种酌情在钻孔内采取不同措施减少孔内占浆。如用塑料硬管或木屑水泥块做占浆管或在孔内填入砾石占据部分钻孔容积等。

六、管路漏浆问题

化学浆液较贵,灌浆管路应尽量短,管路接头应严密,防止漏失浆液。

第九节　灌　浆　质　量　检　查

一、一般规定

施工过程中应对化学灌浆材料和各道工序的质量进行检测并记录。

基岩化学灌浆施工质量检查应按表10-7执行,其他类化学灌浆施工质量检查可参见 DL/T 5406—2010 相关内容。

检测时间应根据所灌材料的性能在灌浆结束后适时进行。

二、基岩化学灌浆质量检查

帷幕化学灌浆检查孔宜在以下部位布置：

（1）帷幕中心线上。

（2）断层、岩体破碎带、裂隙发育等地质条件复杂的部位。

（3）钻孔偏斜较大、灌浆过程异常等经资料分析认为可能影响灌浆质量的部位。

帷幕化学灌浆检查孔的数量不宜少于灌浆孔总数的10%，固结化学灌浆检查孔的数量不宜少于灌浆孔总数的5%。一个坝段或一个单元工程内，至少应布置一个检查孔。

检查孔压水试验宜采用单点法，也可采用五点法。

表 10-7 化学灌浆施工质量检查方法一览表

项目类别		应采取的方法	必要时可采取的方法
基岩化学灌浆	帷幕灌浆	1. 钻孔取芯，绘制钻孔柱状图； 2. 检查孔压水试验	孔内电视录像
	固结灌浆	1. 钻孔取芯，绘制钻孔柱状图； 2. 声波测试； 3. 检查孔压水试验	1. 变模测试； 2. 孔内电视录像； 3. 岩芯物理力学试验； 4. 大口径钻孔观察及取芯检测

第十一章

灌浆工程质量评定

第一节 基 本 规 定

一、一般规定

本章适用于灌浆工程单元工程施工质量评定。对于各类灌浆工程的质量标准,设计有明确要求的,应按照设计要求执行;设计未提出明确要求的,可参照《水利水电工程单元工程施工质量验收评定标准-地基处理与基础工程(及混凝土工程)》(SL 633(及 632)—2012)中相关规定执行。

根据施工过程质量控制的需要,灌浆施工前应进行单元工程划分,一个灌浆单元工程往往包含若干个灌浆单孔,每个灌浆单孔的施工又包括钻孔、灌浆等工序,对于施工工序的质量检查又可分为主控项目和一般项目。单元工程施工质量验收评定,应在单孔施工质量验收评定合格的基础上进行,单孔施工质量验收评定应在工序施工质量验收评定合格的基础上进行。

对于混凝土坝体接缝灌浆这类工程,因灌浆孔道布置较复杂,其单元工程宜为某个灌浆区(段),质量检查对象是单元内灌浆系统的综合情况,所以无灌浆单孔质量评定。对于这类灌浆工程,在施工工序质量评定后,可直接进行单元工程质量评定。

二、工序施工质量评定

工序施工质量评定分为合格和优良两个等级,其标准应符合下列规定:

1. 合格等级标准的规定

（1）主控项目，检验结果应全部符合标准要求。

（2）一般项目，应逐项有 70% 及以上的检验点合格，不合格点不应集中分布，且不合格点的质量不应超出有关规范或设计要求的限值。

（3）各项报验资料应符合标准要求。

2. 优良等级标准的规定

（1）主控项目，检验结果应全部符合标准要求。

（2）一般项目，逐项应有 90% 及以上的检验点合格，不合格点不应集中分布，且不合格点的质量不应超出有关规范或设计要求的限值。

（3）各项报验资料应符合标准要求。

三、单元工程施工质量评定

单元工程施工质量评定分为合格、优良两个等级。对于含有灌浆单孔质量评定的灌浆工程（如帷幕灌浆、固结灌浆、回填灌浆、钢衬接触灌浆、覆盖层灌浆等），其评定标准见本章第二节至第五节，评定表格见 SL 633—2012 附录 A 相关表格。对于混凝土坝体接缝灌浆工程单元质量评定见本章第六节，评定表格见 SL 632—2012 附录 A 相关表格。

单元工程施工质量验收评定未达到合格标准时，应及时进行处理，处理后应按下列规定进行验收评定：

（1）全部返工重做的，重新进行验收评定。

（2）经加固补强并经设计和监理单位鉴定能达到设计要求时，其质量评定为合格。

（3）处理后单元工程部分质量指标仍未达到设计要求时，经原设计单位复核，建设单位及监理单位确认能满足安全和使用功能要求，可不再进行处理；或经加固补强后，改变了建筑物外形尺寸或造成工程永久缺陷的，经建设单位、设计单位及监理单位确认能基本满足设计要求，其质量可评定为合格，并按规定进行质量缺陷备案。

第二节　基岩帷幕灌浆和固结灌浆

一、一般规定

本节适用于基岩帷幕灌浆和固结灌浆工程施工质量评定。

基岩帷幕灌浆宜按一个坝段（块）或相邻的 10～20 个孔划分为一个单元工程；对于 3 排以上帷幕，宜沿轴线相邻不超过 30 个孔划分为一个单元工程。基岩帷幕灌浆单孔施工工序宜分为钻孔（包括冲洗和压水试验）、灌浆（包括封孔）2 个工序，其中灌浆为主要工序。

基岩固结灌浆宜按混凝土浇筑块（段）划分，或按施工分区划分为一个单元工程（隧洞围岩固结灌浆工程的单元划分原则可参照隧洞回填灌浆）。基岩固结灌浆单孔施工工序宜分为钻孔（包括冲洗）、灌浆（包括封孔）2 个工序，其中灌浆为主要工序。

二、检查项目、质量要求及检测方法

基岩帷幕灌浆和固结灌浆的单孔施工质量标准分别见表 11-1 和表 11-2。

表 11-1　基岩帷幕灌浆单孔施工质量标准

工序	项次		检验项目	质量要求	检验方法	检验数量
钻孔	主控项目	1	孔深	不小于设计孔深	测绳或钢尺测钻杆、钻具	逐孔
		2	孔底偏差	符合设计要求	测斜仪量测	
		3	孔序	符合设计要求	现场查看	逐段
		4	施工记录	齐全、准确、清晰	查看	抽查
	一般项目	1	孔位偏差	≤100mm	钢尺测量	逐孔
		2	终孔孔径	≥46mm	测量钻头直径	
		3	冲洗	沉积厚度小于200mm	侧身量测孔深	逐段
		4	裂隙冲洗和压水试验	符合设计要求	目测和检查记录	

工序	项次		检验项目	质量要求	检验方法	检验数量
灌浆	主控项目	1	压力	符合设计要求	压力表或记录仪检测	逐段
		2	浆液及变换	符合设计要求	比重秤、记录仪等检测	
		3	结束标准	符合设计要求	体积法或记录仪检测	
		4	施工记录	齐全、准确、清晰	查看	抽查
	一般项目	1	灌浆段位置及段长	符合设计要求	测绳或钢尺测钻杆、钻具	抽查
		2	灌浆段口距灌浆段底距离(仅用于循环式灌浆)	≤0.5m	钻杆、钻具、灌浆管量测或钢尺、测绳量测	逐段
		3	特殊情况处理	处理后不影响质量	现场查看、记录检查	逐项
		4	抬动观测值	符合设计要求	千分表等量测	逐段
		5	封孔	符合设计要求	现场查看或探测	逐孔

注：本质量标准适用于自上而下循环式灌浆和孔口封闭灌浆法，其他灌浆方法可参照执行。

表 11-2　　基岩固结灌浆单孔施工质量标准

工序	项次		检验项目	质量要求	检验方法	检验数量
钻孔	主控项目	1	孔深	不小于设计孔深	测绳或钢尺测钻杆、钻具	逐孔
		2	孔序	符合设计要求	现场查看	
		3	施工记录	齐全、准确、清晰	查看	抽查
	一般项目	1	终孔孔径	符合设计要求	卡尺或钢尺测量钻头	逐孔
		2	孔位偏差	符合设计要求	现场钢尺测量	
		3	钻孔冲洗	沉积厚度小于200mm	测绳量测	
		4	裂隙冲洗和压水试验	回水变清或符合设计要求	目测或计时	

工序	项次		检验项目	质量要求	检验方法	检验数量
灌浆	主控项目	1	压力	符合设计要求	压力表或记录仪检测	逐孔
		2	浆液及变换	符合设计要求	比重秤、记录仪等检测	
		3	结束标准	符合设计要求	体积法或记录仪检测	
		4	抬动观测值	符合设计要求	千分表等测量	
		5	施工记录	齐全、准确、清晰	查看	抽查
	一般项目	1	特殊情况处理	处理后不影响质量	现场查看、记录检查分析	逐项
		2	封孔	符合设计要求	现场查看	逐孔

注：本质量标准适用于全孔一次灌浆，分段灌浆可按表 11-1 执行。

三、质量评定

（1）基岩帷幕灌浆和固结灌浆单孔施工质量验收评定标准应符合下列规定：

1）工序施工质量验收评定全部合格，该孔评定合格。

2）工序施工质量验收评定全部合格，其中灌浆工序达到优良，该孔评定优良。

（2）基岩帷幕灌浆和固结灌浆单元工程施工质量验收评定标准应符合下列规定：

1）在单元工程灌浆效果检查符合设计和规范要求的前提下，灌浆孔 100%合格，优良率小于 70%，该单元工程评为合格。

2）在单元工程灌浆效果检查符合设计和规范要求的前提下，灌浆孔 100%合格，优良率不小于 70%，单元工程评为优良。

第三节　隧洞回填灌浆

一、一般规定

本节适用于隧洞回填灌浆工程（其他水工结构的空洞、

缝隙的回填灌浆也可参照执行)。隧洞回填灌浆单元工程以施工形成的区段划分,宜按 50m 一个区段划分为一个单元工程。隧洞回填灌浆单孔施工工序宜分为灌浆区(段)封堵与钻孔(或对预埋管进行扫孔)、灌浆(包括封孔)2 个工序,其中灌浆为主要工序。

二、检查项目、质量要求及检测方法

隧洞回填灌浆单孔施工质量标准见表 11-3。

表 11-3 隧洞回填灌浆单孔施工质量标准

工序	项次		检验项目	质量要求	检验方法	检验数量
封堵与钻孔	主控项目	1	灌区封堵	密实不漏浆	通气检查,观测	分区
		2	钻孔或扫孔深度	进入基岩不小于100mm	观察岩屑	逐孔
		3	孔序	符合设计要求	现场查看	
	一般项目	1	孔径	符合设计要求	量测钻头直径	逐孔
		2	孔位偏差	≤100mm	钢尺	
灌浆	主控项目	1	灌浆压力	符合设计要求	现场查看压力记录仪记录	逐孔
		2	浆液水灰比	符合设计要求	比重秤检测	抽查
		3	结束标准	符合规范要求	现场查看,查看记录仪记录	逐孔
		4	施工记录	齐全、准确、清晰	查看	抽查
	一般项目	1	特殊情况处理	处理后不影响质量	现场查看,记录检查	逐项
		2	变形观测	符合设计要求	千分表等量测	逐孔
		3	封孔	符合设计要求	目测或探测	

注:本质量标准适用于钻孔回填灌浆施工法,预理管路灌浆施工法可参照执行。

三、质量评定

1. 隧洞回填灌浆单孔施工质量验收评定标准应符合下列规定:

(1) 工序施工质量验收评定全部合格,该孔评定合格。

（2）工序施工质量验收评定全部合格，其中灌浆工序达到优良，该孔评定优良。

2. 隧洞回填灌浆单元工程施工质量验收评定标准应符合下列规定：

（1）在单元工程回填灌浆效果检查符合设计和规范要求，灌浆区封堵密实不漏浆的前提下，灌浆孔100%合格，优良率小于70%，单元工程评为合格。

（2）在单元工程回填灌浆效果检查符合设计和规范要求，灌浆区封堵密实不漏浆的前提下，灌浆孔100%合格，优良率不小于70%，单元工程评为优良。

第四节　钢衬接触灌浆

一、一般规定

本节适用于钢衬接触灌浆工程。钢衬接触灌浆宜按50m一段钢管划分为一个单元工程。钢衬接触灌浆单孔施工工序宜分为钻（扫）孔（包括清洗）灌浆2个工序，其中灌浆为主要工序。

二、检查项目、质量要求及检测方法

钢衬接触灌浆单孔施工质量标准见表11-4。

表11-4　　　　钢衬接触灌浆单孔施工质量标准

工序	项次		检验项目	质量要求	检验方法	检验数量
钻孔	主控项目	1	孔深	穿过钢衬进去脱空区	用卡尺测量脱空间隙	逐孔
		2	施工记录	齐全、准确、清晰	查看	抽查
	一般项目	1	孔径	≥12mm	卡尺测量钻头	逐孔
		2	清洗	使用清洁压缩空气检测缝隙串通情况，吹除空隙内的污物和积水	压力表检测风压、现场查看	

工序	项次		检验项目	质量要求	检验方法	检验数量
灌浆	主控项目	1	灌浆顺序	自低处开始	现场查看	逐孔
		2	钢衬变形	符合设计要求	千分表等测量	
		3	灌注和排出的浆液浓度	符合设计要求	比重秤或记录仪检测	
		4	施工记录	齐全、准确、清晰	查看	抽查
	一般项目	1	灌浆压力	≤0.1MPa，或符合设计要求	压力表或记录仪检测	逐孔
		2	结束标准	在设计灌浆压力下停止吸浆，并延续灌注5min	体积法或记录仪检测	
		3	封孔	丝堵加焊或焊补法，焊后磨平	现场查看	

三、质量评定

（1）钢衬接触灌浆单孔施工质量验收评定标准应符合下列规定：

1）工序施工质量验收评定全部合格，该孔评定合格。

2）工序施工质量验收评定全部合格，其中灌浆工序达到优良，该孔评定优良。

（2）刚衬接触灌浆单元工程施工质量验收评定标准应符合下列规定：

1）在单元工程接触灌浆效果检查符合设计和规范要求的前提下，灌浆孔100%合格，优良率小于70%，单元工程评为优良。

2）在单元工程接触灌浆效果检查符合设计和规范要求的前提下，灌浆孔100%合格，优良率不小于70%，单元工程评为优良。

第五节 覆盖层灌浆

一、一般规定

本节适用于采用循环钻灌法和预埋花管法(也称套阀管法)在砂、砾(卵)石等覆盖层地基中的灌浆工程。覆盖层地基灌浆宜按一个坝段(块)或相邻的 20～30 个灌浆孔划分为一个单元工程。

循环钻灌法单孔施工工序宜分为钻孔(包括冲洗)、灌浆(包括灌浆准备、封孔)2 个工序,其中灌浆为主要工序。

预埋花管法单孔施工工序宜分为钻孔(包括清孔)、花管下设(包括花管加工、花管下设及填料)、灌浆(包括注入填料、冲洗钻孔、封孔)3 个工序,其中灌浆为主要工序。

二、检查项目、质量要求及检测方法

循环钻灌法灌浆单孔施工质量标准见表 11-5,预埋花管法灌浆单孔施工质量标准见表 11-6。

表 11-5　　　循环钻灌法灌浆单孔施工质量标准

工序	项次		检验项目	质量要求	检验方法	检验数量
钻孔	主控项目	1	孔序	符合设计要求	现场查看	逐孔
		2	孔底偏差	符合设计要求	测斜仪测量	
		3	孔深	不小于设计孔深	测绳或钢尺测钻杆、钻具	
		4	施工记录	齐全、准确、清晰	查看	抽查
	一般项目	1	孔位偏差	≤100mm	钢尺量测	逐孔
		2	终孔孔径	符合设计要求	测量钻头直径	
		3	护壁泥浆密度、黏度、含砂量、失水量	符合设计要求	重秤、漏斗、含砂量测量仪、失水量测量仪	逐段及定时

工序	项次		检验项目	质量要求	检验方法	检验数量
灌浆	主控项目	1	灌浆压力	符合设计要求	压力表、记录仪检测	逐段
		2	灌浆结束标准	符合设计要求	体积法或记录仪检测	
		3	施工记录	齐全、准确、清晰	查看	抽查
	一般项目	1	灌浆段位置及段长	符合设计要求	测绳或钻杆、钻具量测	逐段
		2	灌浆管口距灌浆段底距离	符合设计要求	钻杆、钻具量测	
		3	灌浆浆液及变换	符合设计要求	比重秤或记录仪检测	
		4	灌浆特殊情况处理	处理后符合设计要求	现场查看、记录检查	逐项
		5	灌浆封孔	符合设计要求	现场查看或探测	逐孔

表 11-6   预埋花管法灌浆单孔施工质量标准

工序	项次		检验项目	质量要求	检验方法	检验数量
钻孔	主控项目	1	孔序	符合设计要求	现场查看	逐孔
		2	孔深	不小于设计孔深	测绳或钢尺测钻杆、钻具	
		3	孔底偏差	符合设计要求	测斜仪测量	
		4	施工记录	齐全、准确、清晰	查看	抽查
	一般项目	1	孔位偏差	不大于孔排距的3‰~5‰	钢尺量测	逐孔
		2	终孔孔径	≥110mm	测量钻头直径	
		3	护壁泥浆密度	符合设计要求	比重秤检测	逐段或定时
		4	孔洗	孔内泥浆黏度20~22s,沉积厚度小于200mm	量测孔内泥浆黏度和孔深	逐孔

工序	项次		检验项目	质量要求	检验方法	检验数量
花管下设	主控项目	1	花管下设	符合设计要求	钢尺量测、现场查看	逐孔
		2	施工记录	齐全、准确、清晰	查看	抽查
	一般项目	1	花管加工	符合设计要求	钢尺量测、现场查看	逐孔
		2	周边填料	符合设计要求	检查配合比	
灌浆	主控项目	1	开环	符合设计要求	压力表、比重秤、计时表或记录仪检测	逐段
		2	灌浆压力	符合设计要求	记录仪、压力表检测	
		3	灌浆结束标准	符合设计要求	体积法或记录仪检测	
		4	施工记录	齐全、准确、清晰	查看	抽查
	一般项目	1	灌浆塞位置及灌浆段长	符合设计要求	量测钻杆、钻具和灌浆塞	逐段
		2	灌浆浆液及变换	符合设计要求	比重秤或记录仪检测	
		3	灌浆特殊情况处理	处理后符合设计要求	现场查看、记录检查	逐项
		4	灌浆封孔	符合设计要求	现场查看或探测	逐孔

三、质量评定

（1）覆盖层地基灌浆单孔施工质量验收评定标准应符合下列规定：

1）工序施工质量验收评定全部合格，该孔评定合格。

2）工序施工质量验收评定全部合格，其中灌浆工序达到优良，该孔评定优良。

（2）覆盖层地基灌浆单元工程施工质量验收评定标准应符合下列规定：

1）在单元工程灌浆效果检查符合设计要求的前提下，

灌浆孔100％合格,优良率小于70％,单元工程评为合格。

2) 在单元工程灌浆效果检查符合设计要求的前提下,灌浆孔100％合格,优良率不小于70％,单元工程评为优良。

第六节　混凝土坝体接缝灌浆

一、一般规定

本节适用于混凝土坝体或其他大体积混凝土接缝灌浆工程。混凝土坝体接缝灌浆工程宜以设计、施工确定的灌浆区(段)划分,每一灌浆区(段)为一个单元工程。混凝土坝体接缝灌浆单元工程分为灌浆前检查和灌浆2个工序,其中灌浆工序是主要工序。

二、检查项目、质量要求及检测方法

混凝土坝体接缝灌浆工程施工质量标准见表11-7。

表11-7　混凝土坝体接缝灌浆工程施工质量标准

工序	项次		检验项目	质量要求	检验方法	检验数量
灌浆前检查	主控项目	1	灌浆系统	埋设、规格、尺寸、进回浆方式等符合设计要求	观察、尺量	逐区
		2	灌浆管路通畅情况	灌区至少应有一套灌浆管路畅通,其流量宜大于30L/min	通水试验,测量出水量	
		3	缝面畅通情况	两根排气管的单开出水量均宜大于25L/min	采用"单开通水检查"方法	
		4	灌区封闭情况	缝面漏水量宜小于15L/min	通水试验	
		5	灌区两侧坝块及压重块混凝土的温度	符合设计要求	充水闷管测温法或设计规定的其他方法	
	一般项目	1	灌浆前接缝张开度	符合设计要求、灌浆前接缝张开度宜大于0.5mm	测缝计、孔探仪或厚薄规量测等	逐区
		2	管路及封面冲洗	冲洗时间和压力符合设计要求,回水清净	检查冲洗记录,查看压力表压力和回水	

工序	项次		检验项目	质量要求	检验方法	检验数量
灌浆	主控项目	1	排气管管口压力或灌浆压力	符合设计要求	压力表量测	逐区
		2	浆液浓度变换及结束标准	符合设计要求	查看记录、用比重秤、自动记录仪及量浆尺检测	
		3	排气管出浆密度	两根排气管均出浆,其出浆密度均大于 $1.5g/cm^3$	观察、比重秤量测	
		4	灌浆记录	灌浆过程各项指标均记录真实、齐全、完整。记录人、检验人等责任人签字并注明时间	查阅原始记录	全面
	一般项目	1	灌浆过程中接缝张开度变化	符合设计要求	千(百)分表量测	逐区
		2	灌浆中有无串漏	应无串漏。或稍有串漏,但处理后不影响灌浆质量	观察、测量和分析	
		3	灌浆中有无中断	应无中断。或虽有中断,但处理及时,措施合理,经检查分析不影响灌浆质量	根据施工记录和实际情况检查	

三、质量评定

混凝土坝体接缝灌浆单元工程施工质量评定分为合格、优良两个等级,其标准应符合下列规定:

(1)合格等级标准应符合下列规定:

1)各工序施工质量验收评定应全部合格。

2)各项报验资料应符合标准要求。

(2)优良等级标准应符合下列要求:

1)各工序施工质量验收评定应全部合格,其中优良工序应达到50%及以上,且主要工序应达到优良等级。

2)各项报验资料应符合本标准的要求。

第十二章

灌浆工程安全生产

第一节 水泥灌浆工程

知识链接

★进入施工生产区域人员应正确穿戴安全防护用品，进行2m（含2m）以上高空作业应佩戴安全带并在其上方固定物处可靠栓挂，3.2m以上高空作业时，其下方应铺设安全网。安全防护用品使用前应认真检查，不应使用不合格的安全防护用品。

——《水利工程建设标准强制性条文》
（2016年版）

一、设备安装及拆除

钻机平台应平整坚实牢固,满足最大负荷 1.3～1.5 倍的承载安全系数,钻架脚周边一般应保证有 50～100cm 的安全距离,临空面应设置安全栏杆。基台大小应依钻机设备而定,一般钻浅孔的钻机,枕木不小于 15cm×15cm×400cm,台板不小于 5cm × 25cm × 400cm,其铺置的间距不能超过 1.5m。

安装、拆卸钻架应在机长或其指定人员统一指挥下进行,参加安拆人员应全神贯注,听从指挥信号动作,不得擅动。人的身体不得在腿架起落范围内。严格按照起重架设的有关安全操作规程有秩序地进行。按先立钻架后装机、先拆机后拆钻架、立架自下而上、拆架自上而下的原则。立、放架的准备工作就绪后,指挥人员应确认各部位人员已就位、责任已明确和设施完善牢固，方能发出信号。

钻架腿应用坚固的杉木或相应的钢管制作。在深孔或处理故障时，若负载过大，架腿应安座在地梁上，并用夹板螺栓固定牢靠。钻架正面（钻机正面）两支腿的倾角以 $60°\sim65°$ 为宜。两侧斜面应对称。移动钻架、钻机应有安全措施。若以人力移动，支架腿不应离地面过高，并注意拉绳，抬动时应同时起落，并清除移动范围内的障碍物。钻架立毕后进行加固，首先在腿根部位打凿牢固的柱窝或其他防滑设施，然后在支架上绑扎加固拉杆，再绑扎缆风绳，缆绳与水平夹角一般不大于 $45°$。

机电设备拆装应遵守下列规定：

（1）机械拆装解体的部件，应用支架稳固垫实，对回转机构应卡死。

（2）拆装各部件时，禁止用铁锤直接猛力敲击，可以硬木或铜棒承垫。铁锤活动方向不得有人，卸下的零件、仪表、油管等应装箱妥善保存。气孔、油眼应堵严，空腔、精密部件应遮盖严密，装复后应检查有无杂物、通道是否畅通，并进行必要的清擦，各连接螺栓、螺帽、轴座、销子等拆卸后仍应装回原位，以防丢失。

（3）用扳手拆装螺栓时，用力应均匀对称，同时应一手用力，一手做好支撑防滑措施。

（4）应使用定位销等专用工具找正孔位，禁止用手伸入孔内试探；拆装传动皮带时，禁止将手指伸进皮带里面。

知识链接

★各种施工设备、机具传动与转动的露出部分，如传动带、开式齿轮、电锯、砂轮、接近于行走面的联轴节、转轴、皮带轮和飞轮等必须安设拆装方便、网孔尺寸复核安全要求的封闭的钢防护网罩或防护挡板或防护栏杆等安全防护装置。

——《水利工程建设标准强制性条文》
（2016年版）

（5）机电设备应放置在干燥、清洁的场所，严防油水杂物侵入；电机及起动、调整装置的外壳应有良好的保护接地装置；有危险的传动部位应装设安全保护罩；照明电线应与铁架绝缘。

二、钻进

1. 开机前，应进行下列检查工作，确认无误后，方能开钻

各部位螺丝、水龙头丝扣已拧紧，机身平稳；将各操纵手把放在不同位置，油压调到最大限度检查油路系统是否正常，并按规定对各部位加注润滑油脂；各操作手把和离合器、电气控制装置灵活可靠；机械传动正常，转向正确，防护设施齐备牢固；动力系统正常，线路绝缘良好；清除机身、机旁异物，使运转无阻；卡盘松开状态下，机上钻杆能上下滑动自然；如有异常，应修整卡紧装置；钻机安装好后，滑车、立轴、钻孔三者的中心应在同一条直线上，钻杆应卡在卡盘的中心位置；未送冲洗液前，应保证钻具底部在孔底50cm以上，并确认冲洗液已送至孔底后。

水龙头应系保护绳，开车时应随时注意机上钻杆和送水胶管情况，不得出现较大摆动和缠绕。

钻杆应根据新旧程度和材质情况分孔、分组使用，以避免或减少钻具折断事故。凡钻杆直径单边磨损达2mm或均匀磨损达3mm、每米弯曲超过3mm、岩芯管磨损超过壁厚1/3、每米弯曲超过2mm，以及各种钻具上有微小裂隙、丝扣严重磨损、旷动或变形明显时，应作报废或加工处理，否则，不得下入孔内。

开孔、扩孔、扫孔、扫脱落岩芯或钻进不正常时，应由班长或熟练工人操作。扫孔或钻进中遇阻力过大时，不得强行开车。

2. 升降钻具（灌浆机具）

施工作业人员应严格执行岗位分工，各负其责，动作一致，紧密配合。升降机具前，应认真检查塔架支腿、回转、给进机构是否安全稳固，确认卷扬提引系统符合起重工作规定。升降钻具过程中应遵守下列规定：

（1）升降钻具进行中，不得兼负现职以外的其他工作。

（2）提升的最大高度，以提引器距天车不得小于 1m 为准；遇特殊情况时，应采取可靠安全措施。

（3）操作卷扬，不得猛刹猛放；任何情况下都不准用手或脚直接触动钢丝绳，如缠绕不规则时，可用木棒拨动。

（4）孔口操作人员，应站在钻具起落范围以外，摘挂提引器时应注意回绳碰打。

（5）使用普通提引器，倒放或拉起钻具时，开口应朝下，钻具下面不得站人。

（6）起放粗径钻具，手指不得伸入下管口提拉，亦不得用手去试探岩芯，应用一根有足够拉力的麻绳将钻具拉开。

（7）跑钻时，禁止抢插垫叉，抽插垫叉应提持手把，禁止使用无手把垫叉。

（8）升降钻具时，若中途发生钻具脱落，不得用手去抓。

（9）钻具提离出孔口后，应盖好孔口盖，以防工具或其他物件掉入孔内。

三、灌浆

每段灌浆工作确保连续进行，不应中途停顿。灌浆前，应对机械、管路系统进行认真检查，并进行 10～20min 该灌注段最大灌浆压力的耐压试验。对高压调节阀应设置防护设施。

灌浆中应有专人控制高压阀门并监视压力指针摆动，避免压力突升或突降。在运转中，安全阀应确保在规定压力时动作；经校正后不得随意调节。最大灌浆压力应在压力表最大刻度的 1/4～3/4 之间。压力表应经常核对，超出误差允许范围的不得使用。

对曲轴箱和缸体进行检修时，不得一手伸进试探、另一手同时转动工作轴，更不准两人同时进行此动作。

严格按环境保护的有关规定进行灌浆施工，灌浆过程中产生的废浆、弃浆等，不得直接排入河流、土壤中，防止其中含有的有害物质可能会对水源土质造成影响。

四、孔内事故处理

事故发生后,应将事故深度、钻具位置、钻具规格、种类和数量、所用打捞工具及处理情况等详细填入当班报表。班长应判明情况、积极处理,复杂事故由机长主持处理,短期不能排除的重大事故,应组织专门会议研究处理。

1. 处理卡、埋钻(塞)事故,应遵守下列规定:

(1)发现钻具(塞)刚被卡时,应立即活动钻具(提塞),严禁无故停泵。

(2)钻具(塞)在提起中途被卡时,应用管子钳搬扭或设法将钻具(塞)下放一段,同时开泵送水冲洗,上下活动、慢速提升,严禁使用卷扬机和立轴同时起拔事故钻具。

(3)在孔壁不稳定的情况下,应先护孔,然后再处理。

(4)处理卡钻事故用的扩孔钻具,应带有内导向。导向器应连接可靠。

2. 处理钻具折断与脱落(塞)事故,应遵守下列规定:

(1)钻杆如是多头脱断,应先探明情况,先捞活头,后捞死头。

(2)采用掏芯方法处理岩芯管事故时,一般应使用比事故钻具小一至二级的钻具。

(3)钻进中发生钻具断、脱事故,用丝锥对上拧紧后,应立即提钻。

3. 使用打吊锤处理事故,应遵守下列规定。

(1)由专人统一指挥,检查钻架、天车的绷绳是否安全牢固。

(2)吊锤处于悬挂状况打吊锤时,周围不得有人。

(3)一般不应在钻机立轴上打吊锤;必要时,应对立轴作好防护措施。

4. 使用千斤顶处理事故,应遵守下列规定:

(1)操作时,场地应平整坚实,千斤顶应安放平稳,并将卡瓦及千斤顶绑在机架上,以免顶断钻具时卡瓦飞出伤人;

(2)禁止使用有裂纹的丝杆、螺母;

(3)使用油压千斤顶时,禁止站在保险塞对面;

（4）装紧卡瓦时，不得用铁锤直接打击，可用铁锤作承垫，同时卡瓦塞应缠绑牢固，受力情况下，禁止面对顶部进行检查；

（5）扳动螺杆时，用力应一致，手握杆棒末端，并做好防滑措施；

（6）使用管钳或链钳扳动事故钻具时，禁止在钳把回转范围内站人，也不准用两把钳子进行前后反转。掌握限制钳者，应站在安全位置。

五、职业健康

钻孔灌浆人员在施工时应正确佩戴安全帽、防护手套、防护靴及工作服等劳动保护用品。

在进行风钻作业或制浆作业时，要积极做好防尘设施和正确穿戴防尘保护用品，在钻孔井口要采取可靠的除尘或降尘措施，并保持作业面的通风。

在进行灌浆作业时，应正确佩戴护目镜。水泥浆液不慎溅入眼睛时，要及时用清水冲洗，并尽快到医院救治。

第二节 化学灌浆工程

化学灌浆材料中的有毒物质一般经由呼吸道、消化道和皮肤接触进入人体，引起中毒或者造成环境污染。化学灌浆材料中的易燃、易爆、腐蚀性药品如果使用不当，亦会对操作人员身体造成危害，甚至使国家财产遭受重大损失。为此，必须高度重视化学灌浆的安全生产与管理。

一、安全及环境保护

加强施工人员的安全生产教育，提高作业人员的业务水平，充分认识安全生产的重要意义，严格遵守安全技术操作规程。

施工现场应配备足够的防火设施，不得在现场大量存放易燃品；施工现场严禁吸烟和使用明火，严禁非工作人员进入现场。易燃药品不允许接触火源、热源和靠近电器起动设备，若需加温可用水浴等方法间接加热。

加强灌浆材料的保管，按灌浆材料的性质不同，采取不同的存储方法，防曝晒、防潮、防泄漏。对于易燃易爆的灌浆材料，应按照国家关于化学危险品的运输要求进行运输。在储存时也必须按照相应的要求配备必要的通风、消防设施。

按环境保护的有关规定进行施工，防止化灌材料对环境造成污染，尤其应注意施工对地下水的污染。灌浆过程中产生的废浆、弃浆等，如果任其注入河流、土壤中，其中含有的有害物质可能会对水源土质造成影响，因此是不允许的。由于绝大多数的浆液的固结体是无毒的，故可采用加入固化剂使其凝胶固化，以减少对环境的污染。

二、职业健康

为保证化学灌浆施工人员的健康，施工场所应尽量保证通风良好，对于室内（或洞内）的操作，则必须有足够的排风设备，并且施工人员应尽可能在上风操作，以减少操作人员与化学灌浆材料中有害气体的接触。

目前应用的化学灌浆材料除硅酸盐类之外，都具有不同程度的毒性，有些化学材料还具有易燃、易挥发特性。如化学灌浆材料中的主剂、溶剂、固化剂及其他助剂等，许多都含有一定的毒性，它可以通过人的呼吸道、消化道吸入，或通过皮肤黏膜渗入，对人体造成伤害，因此规定在进行化学灌浆作业时，需穿好防护服、戴防毒口罩、护目眼镜和防护手套。

当化学药品溅到皮肤上时，应用肥皂水或酒精擦洗干净，不得使用丙酮等渗透性较强的溶剂洗涤，以防有毒物质渗入皮肤。当浆液溅到眼睛里时，应立即用大量清水或生理盐水彻底清洗，冲洗干净后迅速到医院检查治疗。

在试验室及施工现场禁止进食和吸烟，主要是防止有害物质进行人体内部，对人造成更大的伤害。许多有机溶剂（如丙酮等）对皮肤黏膜有刺激作用，特别是如果皮肤有破损，灌浆材料容易通过溶剂渗入人体，对人体造成伤害，因此应禁止使用丙酮等渗透性强的溶剂洗手、洗饮食器具及衣服。

对参加化学灌浆工作的人员，应根据国家劳动保护法，给予必要的保健待遇，并定期进行体格检查。

知识链接

★灌浆作业应符合下列要求：

交叉作业场所，各通道应保持畅通，危险出入口、井口、临边部位应设有警告标志或钢防护设施。

——《水利工程建设标准强制性条文》
（2016年版）

参 考 文 献

[1] 王大纯. 水文地质学基础[M]. 北京:地质出版社,2005.

[2] 李智毅,杨裕云. 工程地质学概论[M]. 北京:中国地质大学出版社,1994.

[3] 孔思丽. 工程地质学(第二版)[M]. 重庆:重庆大学出版社,2005.

[4] 胡辰光. 钻探工程技术及标准规范实务全书[M]. 安徽:安徽文化音像出版社,2003.

[5] 王珊. 岩土工程新技术实用全书[M]. 长春:银声音像出版社,2012.

[6] 李世忠. 钻探工艺学[M]. 北京:地质出版社,1989.

[7] 孙钊. 大坝基岩灌浆[M]. 北京:中国水利水电出版社,2004.

[8] 夏可风. 水利水电工程施工手册 地基与基础工程[M]. 北京:中国电力出版社,2002.

[9] 夏可风. 夏可风灌浆技术文集[M]. 北京:中国水利水电出版社,2015.

内容提要

本书是《水利水电工程施工实用手册》丛书之《灌浆工程施工》分册,以国家现行建设工程标准、规范、规程为依据,结合编者多年工程实践经验编纂而成。全书共 12 章,内容包括:水文地质与工程地质学基础知识,灌浆工程设备,钻孔技术,水泥灌浆材料与浆液,基岩帷幕灌浆,基岩固结灌浆,隧洞灌浆,接缝、接触灌浆,覆盖层灌浆,化学灌浆,灌浆工程质量评定,灌浆工程安全生产。

本书适合水利水电施工一线工程技术人员、操作人员使用。可作为水利水电灌浆工程施工作业人员的培训教材,亦可作为大专院校相关专业师生的参考资料。

《水利水电工程施工实用手册》